稳态磁场的生物学效应
Biological Effects of Static Magnetic Fields

张　欣　〔加〕Kevin Yarema　许　安　著

张　磊　刘娟娟　译

科学出版社

北　京

图字：01-2018-0436 号

内 容 简 介

随着现代电器的发展和日益普及，以及磁共振成像等设备在医院中的广泛应用，磁场对人类健康的潜在影响引起了人们的日益关注。本书主要总结了现有的从分子、细胞组分、细胞到生物个体的稳态磁场生物学效应的科学依据，并探讨稳态磁场在肿瘤等疾病治疗中的潜在应用。这将帮助澄清本领域研究中的一些困惑，可以使我们对稳态磁场的生物学效应有更好的了解。本书的目的在于鼓励更多学者进行相关研究，从而在不久的将来可以更科学、更理性地将稳态磁场应用于临床诊断和治疗中。

本书可供高等院校、研发机构和医院等对磁场生物学相关领域感兴趣的人员阅读和参考。

图书在版编目(CIP)数据

稳态磁场的生物学效应 / 张欣，（加）凯文·雅瑞玛（Kevin Yarema），许安著；张磊，刘娟娟译 . —北京：科学出版社，2018.3
　ISBN 978-7-03-056598-3

Ⅰ.①稳… Ⅱ.①张… ②凯… ③许… ④张… ⑤刘… Ⅲ.①磁场-生物学效应-研究 Ⅳ.①Q689

中国版本图书馆 CIP 数据核字（2018）第 036249 号

责任编辑：钱　俊　周　涵 / 责任校对：彭珍珍
责任印制：肖　兴 / 封面设计：无极书装

科学出版社 出版
北京东黄城根北街 16 号
邮政编码：100717
http://www.sciencep.com

北京汇瑞嘉合文化发展有限公司 印刷
科学出版社发行　各地新华书店经销
*
2018 年 3 月第 一 版　开本：720×1000　1/16
2019 年 3 月第三次印刷　印张：13　1/2
字数：273 000
定价：**128.00 元**
（如有印装质量问题，我社负责调换）

前　　言

随着现代科技的发展，人类会接触到越来越多的磁场。本书侧重于讨论稳态磁场（SMF，也叫静磁场、恒定磁场等），即强度不随时间变化的磁场。稳态磁场不同于动态磁场（也叫动磁场、时变磁场等）。例如，手机或微波炉等产生的是不同频率的动磁场，所以不在本书中讨论。生活中最常见的稳态磁场是家用的磁铁、医院中磁共振成像仪（MRI）的核心部件以及微弱但广泛存在的地磁场，它们都是强度不同的稳态磁场。人们接触到的磁场强度从 0.05mT（地磁场）到接近 10T（临床前研究中的高场强 MRI）不等。

为了建立人体暴露于稳态磁场的安全标准，科学家们进行了很多关于磁场在分子、细胞、动物以及人体水平影响的研究。因此，世界卫生组织（WHO）和国际非电离辐射保护委员会（ICNIRP）公布了一些指导性意见，确保人们不会过度暴露于磁场中。同时，虽然磁疗从未被主流医学所接受，但是它却作为替代或辅助治疗手段被广泛应用。目前，磁疗大多被用于缓解疼痛，以及其他一些非紧急情况。然而，目前还没有足够全面的科学证据来证实和解释磁疗的效果。只有正确和翔实地认识磁场的生物学效应，人们才可以在日常生活中最大限度地正确使用磁场而避免伤害到自己的身体。所以，我们需要对生物系统的磁效应进行严谨和实用的研究，以期在医学和科学方面获得实用的知识。

需要注意的是，本书将不讨论关于磁性纳米颗粒的研究，尽管该领域研究发展迅速，而且在未来医学治疗中有广泛的应用前景；我们将着重探讨作用于人和动物的外加磁场，而不是活的有机体（生物）产生的磁场。我们尽可能使本书囊括稳态磁场对人体细胞的生物学效应的绝大部分研究进展，同时对任何有遗漏的研究发现深表歉意。我们的目标是努力为读者提供稳态磁场生物学效应的最新研究成果的概述，希望更多的科学家能够涉足这一领域，使得该领域在不久的将来能够获得更清晰、更科学的研究成果。

本书的三位作者，均是曾经或目前正在从事磁场生物学效应研究的学者，他们分别是：张欣博士，中国科学院强磁场科学中心研究员（撰写第 1、2、4、6 章）；Kevin Yarema 博士，美国约翰·霍普金斯大学医学院生物医学工程系副教授（撰写第 3、7 章）；许安博士，中国科学院合肥物质科学研究院技术生物与农业工程研究所研究员（撰写第 5 章）。

张　欣　中国合肥

Kevin Yarema　美国马里兰州巴尔的摩

许　安　中国合肥

2017 年 7 月 10 日

目　　录

第 1 章
磁场参数及其生物学效应的差异[①]

　　本章的主要内容是对磁场的不同参数所导致的不同生物学效应进行介绍和总结，其中包括磁场的种类、强度、均匀性、方向和曝磁时间等。目的是解释和讨论磁场的生物学效应研究过程中普遍出现的实验结果缺乏一致性的原因。

1.1　引　　言

　　研究发现，磁场的不同参数直接导致了磁场生物学效应的差异。根据磁场强度随时间的变化情况，研究人员将磁场分为稳态磁场和动态磁场（或交变磁场），后者根据频率的不同又有更细致的划分。而根据强度的不同，磁场又可以分为弱磁场、中等磁场、强（高）磁场和超强（高）磁场。此外，部分研究中涉及的均匀磁场和非均匀磁场则是根据磁场的空间分布情况来分类的。本章将讨论磁场参数的多样性及其导致的生物学效应的差异。

1.2　稳态磁场和动态磁场

　　研究人员将强度不随时间变化的磁场定义为"稳态磁场"，而将强度随着时间变化的磁场称为"动态磁场"或是"交变磁场"，如生产生活中常见的 50Hz 或 60Hz（赫兹）交变电磁场和射频磁场等。在过去的几十年里，人们对这些电磁场的潜在影响的担心与日俱增，同时也促成了大量相关的流行病学和实验室研究。因此，世界卫生组织（WHO）创立了国际电磁场计划，用来评估频率范围在 0～300GHz（千兆赫兹）的稳态或交变电磁场对于健康和环境的影响（图 1.1）。

---

　　① 本章原英文版作者为 Xin Zhang（中国科学院强磁场科学中心的张欣研究员），因此本章节中的"笔者"均指张欣研究员。

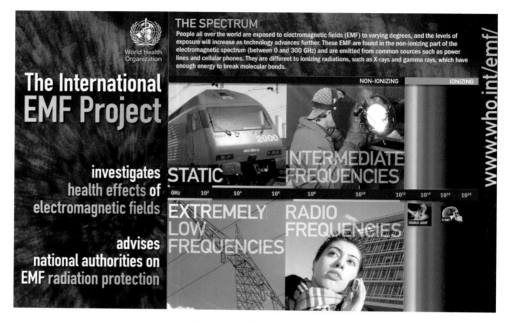

图 1.1　国际电磁场计划

该计划的目的是评估稳态磁场和动态/交变电磁场对暴露于其中的人体健康和环境的影响,包含了
目前常见的电磁场(图片摘自世卫组织网站 http://www.who.int/entity/peh-emf/project/en/)

　　从目前的研究结果来看,细胞对于不同种类和不同强度的磁场的响应明显不同。2004 年,Grassi 等发现 50Hz、1mT(毫特斯拉)的交变电磁场能够促进大鼠垂体 GH3 细胞的增殖[1];而在 2009 年,Rosen 和 Chastney 发现,同样是 GH3 细胞,其增殖却能被 0.5T 的稳态磁场明显抑制[2]。此外,多项证据表明,相同磁场强度的不同类型磁场对同一生物样品可能产生完全不同的效应。已有文献报道,0.4mT/50Hz 和 2μT/1.8GHz 的交变电磁场均可以促进表皮生长因子受体(EGFR)的磷酸化,但是相同磁场强度的非相干磁场(也称"噪声磁场")却能逆转上述效应[3,4]。因此,虽然非相干磁场如何逆转交变磁场所引起的磷酸化效应的机制尚不清楚,但是磁场类型直接影响生物学效应这一事实已毋庸置疑。

　　已有研究表明不同频率的动态电磁场对于细胞增殖呈现不同的作用效果,这说明动态电磁场参数的可变性(如磁场强度和频率等)会导致利用其对磁场的生物学效应机制进行全面系统的研究比较困难。因此,与交变/动态磁场相比,稳态磁场因其较少的可变参数成为研究磁场生物学效应更好的工具。众所周知,人们常常暴露在永磁铁产生的磁场中,通常这些磁铁的强度并不是很高

（小于 1T），如家用冰箱的磁吸、玩具配件等；相比之下，目前医院中广泛使用的核磁共振成像仪（MRI）的核心部件却是一个强度比较高的电磁体，能产生范围在 0.5～3T 的稳态磁场。

近年来国内外的研究发现，相较于交变磁场，稳态磁场对人体的影响是较温和的，而且通常都是有益的。因此，我们将研究的注意力集中到稳态磁场的生物学效应，这也是本书所要介绍和讨论的主要内容。对于想要了解动态电磁场（如由交流输电线、微波炉和手机等产生的电磁场）的读者而言，也有一些相关的书籍和文章可供阅读，如 1996 年出版的《磁场和电磁场的生物学效应》（*Biological Effects of Magnetic and Electromagnetic Fields*；作者 Shoogo Ueno），2015 年出版的《生物磁学：生物磁效应刺激和成像的原理及应用》（*Biomagnetics：Principles and Applications of Biomagnetic Stimulation and Imaging*；Shoogo Ueno 与 Masaki Sekino 合著）；2015 年出版的《生物学和药学领域中的电磁场》（*Electromagnetic Fields in Biology and Medicine*，作者 Marko S. Markov）以及其他一些综述[5,6]。除了这些著作和国际非电离辐射防护委员会（ICNIRP）于 2014 年发布的指南，张成岗课题组[7]和 J. P. McNamee 课题组[8]于 2016 年的最新研究成果也表明人体在日常生活中所接受的射频磁场剂量对动物模型是无害的。总之，据笔者所知，目前仍然没有足够的证据证明动态磁场对人体健康一定有不利影响。当然，科学家们还需要继续进行详细和长期的流行病学和实验研究，以期在未来能获得明确可信的结论。

1.3　不同的磁场强度：弱、中等、强（高）和超强（高）磁场

根据磁感应强度，用来研究磁场生物学效应的稳态磁场通常被分为弱磁场（小于 1mT），中等磁场（1mT～1T），强（高）磁场（1～20T）和超强（高）磁场（20T 及以上）。

$$1T（特斯拉）＝10\ 000Gs（高斯）$$
$$1Gs＝100μT$$

因为不同的研究领域中使用的稳态磁场的分类是有所区别的，所以研究人员在实验过程中应当清楚地标记所使用的磁场强度。随着现代科技的进步，人类会越来越多地接触各种稳态磁场。图 1.2 展示了生活和医疗中常见的多种强度的稳态磁场，包括无处不在的微弱的地磁场，不同强度的永磁体（通常为中等强度），医院里的磁共振成像仪和研究机构中的高强度和超高强度的磁场。值得一提的是，近年来学术界对强磁场和超强磁场的应用越来越广泛，不仅只局

限于凝聚态物理和材料科学的研究，还延伸到了各种抗磁性物质，例如，人体的组成成分大部分为抗磁性物质。

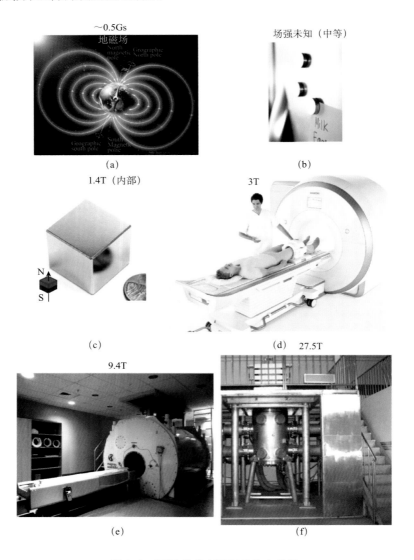

图 1.2　不同磁感应强度的稳态磁场

（a）地磁场（大约 50μT，强度很弱），照片摘自美国国家航空航天局（NASA）网站；（b）一类家用小型永磁铁，s 图中显示的规格是 22mm×6mm，强度属于中等，常常用于磁性书写板、冰箱及办公室橱柜上。照片摘自亚马逊网站（amazon.com）；（c）一块正方体永磁铁（规格是 N50，强度为 1.4T），旁边放置一美分硬币作为尺寸对照，照片摘自亚马逊网站；（d）一台西门子公司生产的强度为 3T 的 MRI，照片摘自西门子公司网站；（e）位于明尼苏达大学医学院的内径为 65cm 的 9.4T MRI，可用于人体头部检测；（f）位于中国国家强磁场科学中心的水冷磁体之一（产生高达 27.5T 超强稳态磁场）

由于目前医院使用的 MRI 仪器（图 1.2（d））的稳态磁场场强范围多在 0.5~7T，所以公众对该范围内的稳态磁场对人体健康所产生的潜在影响非常关注。事实上 MRI 的成像过程是比较复杂的，包括了非电离的稳态磁场、梯度磁场和射频磁场。目前的多项研究表明 MRI 总体来讲对人体是安全的，实验显示受试人群在 7T 的高场 MRI 中耐受性良好，并且没有过度不适[9-11]、DNA 损伤[12]或其他的细胞异常[13]。与此同时，因为更强的磁场能够提供更高的分辨率以及检测更多的指标，所以研究人员和工程师正紧锣密鼓地研究开发具有更高场强的 MRI 仪器。事实上，目前科学家不仅利用如图 1.2（e）所示的 9.4T 的 MRI 仪器进行了动物实验，而且在健康人类志愿者身上也进行了临床前期实验[14-16]。此外，科研人员已经研发出了场强高达 21.1T 的 MRI，并且已应用于小鼠脑组织成像[17-19]（见第 2 章，图 2.3）。

尽管美国食品和药品监督管理局（FDA）将稳态磁场安全强度限制提高到了 8T，但是对于人体长时间接触该强度磁场是否有健康隐患，目前并没有确切结论，高于 8T 的磁场对于人体是否安全更是未知。随着高场 MRI 仪器的发展，其安全问题将越来越受到人们的关注。到目前为止，关于 9T 左右高场下动物细胞和人体细胞的研究还非常有限。2011 年，赵国平等发现 8.5T 稳态磁场降低了人-仓鼠杂合细胞（AL）的 ATP 水平，同时升高了其 ROS 水平[20]。还有文献报道 10T 稳态磁场并不影响中国仓鼠卵巢细胞（CHO）的细胞周期和增殖，但是与 X 射线联合作用后其指标会发生明显变化[21]。最近，我们课题组发现 9T 稳态磁场并不影响 CHO 细胞，但是会抑制结肠癌细胞（HCT116）和鼻咽癌细胞（CNE-2Z）等多种人类肿瘤细胞的增殖[22]。此外，科研人员将人脑胶质瘤细胞 A172 嵌入胶原凝胶后再暴露于 10T 稳态磁场中，发现细胞会垂直于磁场方向排列，而单独的 A172 细胞在磁场中却没有这种现象[23]，这是由胶原纤维的抗磁各向异性所造成的。另外，有研究发现 13T 稳态磁场处理后的仓鼠永生化细胞和人原代成纤维细胞的细胞周期和细胞活力均未发生变化[24]；而 14T 超强稳态磁场处理后的平滑肌细胞的细胞形态及细胞集落形态则受到影响，导致细胞沿着磁场方向生长排列[25]。另外有文献报道 7~17T 的磁场影响了大鼠成纤维细胞（Rat2）、小鼠胚胎成纤维细胞（NIH-3T3）和人宫颈癌细胞（HeLa）的细胞贴壁以及神经细胞的分化，免疫组化分析结果显示这可能是由于磁场影响了细胞微丝骨架[26]。综上所述，科学家们必须进行大量系统严谨的研究，以证明（超）高场 MRI 的安全性，使其可以完全应用于人体。

由于技术上的限制，至今关于高于 20T 的超高稳态磁场生物学效应的报道非常有限。虽然目前最先进的超高核磁共振仪（NMR）能够产生大约 20T 的稳态磁场，但是它们非常狭窄的孔径使得在其中进行细胞实验是不切实际的。另外，动物细胞和人体细胞的培养需要精确的温度、湿度和 CO_2 浓度，这在 NMR 中也难以实现。目前国际上只有少数可以产生大于 20T 的稳态磁场的大口径磁体，而且多用于材料科学和物理学研究。如果科学家想利用它们来研究细胞及动物等生物样品，就必须建造出特殊的样品架。我们课题组最近设计建造了一套适用于大口径超高场磁体系统（图 1.2（f），图 1.3）的生物培养装置。该装置可以提供精确的温度和气体控制，从而能够进行超强磁场下的细胞培养和小动物模型试验（图 1.3）。利用这套装置，我们研究了 27T 磁场下的人体细胞生物学效应，发现 27T 稳态磁场对人鼻咽癌细胞并没有直接的细胞毒性效应，但却能影响细胞纺锤体的方向及形态[27]。

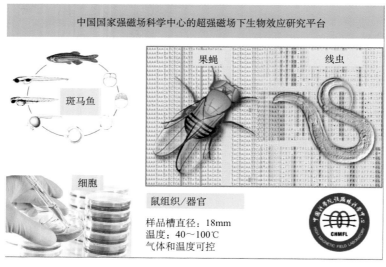

图 1.3　中国国家强磁场科学中心的超强磁场下生物效应研究平台

该生物平台的 18mm 培养皿适合研究多种生物样品，包括人和动物细胞、真核和原核生物，以及小动物模型（如果蝇、线虫和斑马鱼等）

　　众多研究表明，磁场强度是造成生物学效应差异的关键因素之一。例如，Okano 等的研究表明，0.7T 中等强度的梯度稳态磁场显著降低了青蛙神经纤维的神经传导速度；而 0.21T 的梯度磁场对其却没有效果[28]。我们最近还发现，不同于微弱磁场，1～9T 的强（高）稳态磁场能通过影响人表皮生长因子受体（EGFR）的蛋白取向来抑制 EGFR 的激酶活性，从而抑制相关肿瘤细胞的生长；并且，EGFR 纯化蛋白的体外活性测试结果显示，稳态磁场对其活性抑制呈磁场强度依赖性[22]。同样的，27T 超强稳态磁场影响了细胞内纺锤体的取向，而中等强度的磁场则完全没有作用[27]。

另外，磁场强度和相对应的生物学效应之间的关系也不可一概而论。有多个研究小组发现稳态磁场的生物学效应与场强是呈正相关的，具体说来就是场强越高，效应越明显[22,29-32]。例如，Bras 等于 20 世纪 90 年代便发现稳态磁场能够使微管沿着磁场方向排列，并且该效应随着场强的升高而增强[29]（图 1.4）。日本学者研究了 0.5~14T 范围内稳态磁场对 DNA 完整性的影响，发现在 0.5~2T 范围内，DNA 损伤程度与场强呈正相关，但是高于 2T 之后直到 14T 其损伤程度便再无明显升高[30]。有趣的是，部分实验还发现较高场强条件下会出现与低场强不同甚至是截然相反的生物学效应。例如，Morris 等学者用 10mT 或 70mT 的稳态磁场处理由组胺引起水肿的大鼠 15 分钟或 30 分钟后，其水肿程度显著减轻，但是 400mT 的磁场却没有此效应[33]。还有我国西北工业大学的商澎课题组通过实验证实了 500nT 和 0.2T 的稳态磁场能够促进破骨细胞的分化、形成和吸收，然而 16T 的磁场却对其有抑制作用[34]。

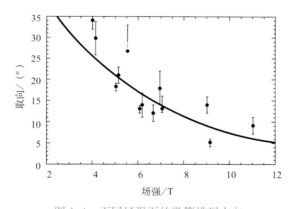

图 1.4　不同场强下的微管排列方向

Bras 等的研究表明微管装配方向与磁场方向的夹角随着场强的升高而减小（图片摘自文献 [29]）

1.4　均匀磁场和非均匀磁场

根据磁感线的空间分布情况，稳态磁场可以被分为均匀场（场强在一定空间范围内处处相等）和非均匀场（场强在一定空间范围内分布不同）。在大部分情况下均匀场和非均匀场是同时存在的。对于产生稳态场的电磁铁，其中心部位的场强一般是均匀的。2002 年，Nakahara 等在发表的文章中报道了他们使用的一台 10T 磁体的场强分布和梯度分布[21]。文中以 "0" 代表磁体的中心位置，该处的磁感应强度最高但是磁场梯度为 "0"；但是一旦样品被移动到远离中心位置，其所受到的磁场便成为非均匀场（文章中远离磁体中心 20cm 的场强降为 5T 且磁场梯度最大）。图 1.5 展示了一台位于中国国家强磁场科学中心的水冷磁体产生的 27T 超高稳态磁场的场强和梯度的空间分布（图 1.5）。从图中可以看出，磁体中心位置的磁感应强度最高，但是磁场梯度为 0，而在距离中心 7cm 的位置磁场梯度最大，但是场强却已降低到 20T 以下。与此类似的是，尽管 MRI 仪器中心位置的磁场是均匀场，但是远离中心的操作人员是处于非均匀场中的。

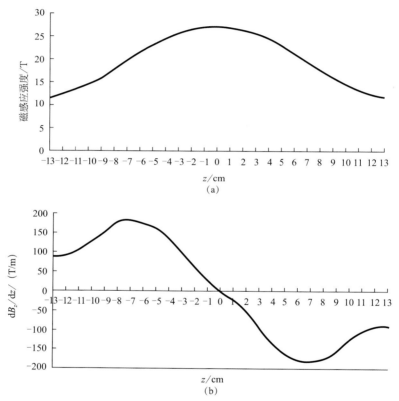

图 1.5 水冷磁体产生的 27T 超高稳态磁场的场强和梯度的空间分布

该数据来源于中国国家强磁场科学中心的水冷 4 号磁体。(a) 磁感应强度分布；(b) 磁场梯度分布。横轴为离磁体中心位置的距离（该图由强磁场科学中心的张磊提供）

为了评估暴露于 1.5T 和 3T 的 MRI 产生的梯度场中的工作人员所受到的潜在影响，Iachininoto 等模拟了上述两种梯度场（1.5T 方案和 3T 方案）并研究了它们对造血干细胞的影响。他们将六位 MRI 工作人员的 CD34＋血细胞暴露于上述两种方案的梯度场中三天，然后继续培养四周。结果显示处理后细胞增殖虽不受影响，但是在暴露三天并继续培养三周后就出现了红细胞和单核细胞前体细胞的膨大；

然而直接从 MRI 工作人员中获得的 CD34＋细胞并没有明显的变化，该结果表明其他细胞和（或）微环境因素可能抑制了梯度场对人体造血干细胞的影响[35]。并且，到目前为止还未见可以确定 MRI 对工作人员的健康有不利影响的报道。

目前应用于磁悬浮的磁力是由非均匀稳态磁场产生的。其原理是磁场强度沿轴心向上逐渐减弱，使位于其中的抗磁性物质受到向上的磁力来平衡重力，从而使物体悬浮。著名的"会飞的青蛙"就是利用超导磁体产生的 16T 稳态梯度场使其中的青蛙"飞了起来"（图 1.6）。当然，磁悬浮只能在稳态磁场中实现，脉冲场是达不到这个要求的。

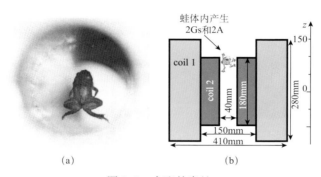

图 1.6　会飞的青蛙

（a）一只小青蛙悬浮在 16T 磁体的磁力与重力平衡区域；

（b）青蛙在整个磁体装置位置的示意图（图片摘自文献［36］）

除了"会飞的青蛙"，笔者还想给读者介绍一个更有趣的利用磁悬浮让更小的生命体——细胞"飞"起来的例子。2015 年，Durmus 等在 PNAS 上发表了一篇文章，报道了他们制作的可以用来分离不同细胞类型的小型磁悬浮装置（图 1.7（a））。该装置的原理是利用每个细胞所具有的独特的磁特性，而这种特性是由细胞内的顺磁活性氧等物质所决定的。比如癌细胞、白细胞（WBC）和红细胞（RBC）的磁特性各不相同（图 1.7（b））。由于细胞比起青蛙来讲要小而轻，所以该装置比"会飞的青蛙"装置要小很多（图 1.7（c）），磁场强度也比较低（图 1.7（d））。实际上，它们是用中等强度的永磁体（几百 mT）做成的（图 1.7（d））。因为每个细胞都具有独一无二的悬浮模式，所以这种相对简单的装置却能够进行超灵敏的密度测量（图 1.7（e））[37]。文章作者认为这项技术可以用来对各种生理条件下的多种生物样品进行无标签识别和检测，例如个性化医疗中的药物精准筛选等。

事实上，已经有多个研究小组利用磁悬浮技术模拟"失重"状态，并且研究磁悬浮对细胞的影响。商澎课题组利用一台大梯度的超强磁体所产生的垂直方向梯度场做了一系列生物学效应研究[38－40]。他们将生物样品分别放置于三个

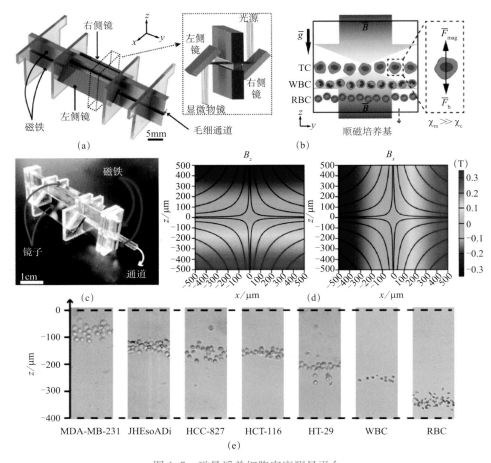

图 1.7 磁悬浮单细胞密度测量平台

（a）装置示意图。（b）MagDense 中的不同细胞的最终平衡高度。由于磁场（B）和重力（g）的共同作用，细胞悬停在磁力（F_{mag}）与浮力（F_{b}）彼此平衡的平衡面。装置中液体介质的磁感率（χ_{m}）远大于细胞的磁感率（χ_{c}）。不同密度（注：这里指的是细胞本身的质量密度，而不是本书中其他地方提到的细胞铺板密度）的各种细胞（癌细胞、白细胞和红细胞）位于不同的位置从而区分开来。（c）装置照片。一条毛细管道被安置于两个同极相对的（N 极对 N 极，S 极对 S 极）平行放置的钕铁硼磁铁中。镜子用来观察毛细管道内部情况。（d）利用有限元软件分析管道内磁感应强度在 z 和 x 两个方向的分量。总的磁感应强度（$B_{z}+B_{x}$）也显示在图中。（e）各种肿瘤和血液细胞的分布（HCC-827，非小细胞肺癌细胞；HCT-116，结肠癌细胞；HT-29，结直肠癌细胞；JHEsoADi，食道癌细胞；MDA-MB-231，乳腺癌细胞）（图片摘自文献 [37]）

位置：磁体中心 0 梯度点 [1g（g 表示重力加速度），表明重力正常]，中心上方失重点（0g）和中心下方超重点（2g）。因为"0g"和"2g"两个位置的磁场强度（12.5T）和方向（向上）均相同，所以在这两个位置所受到的磁场力的方向便是两者的唯一差别。"0g"点的生物样品所受磁力与重力大小相等但方向相反，因此可以模拟失重状态。而"2g"点，顾名思义，该点的生物样品所受的力是重力的 2 倍，属于超重状态。而磁体中心位置的磁场是均匀无梯度的，可以用来研究磁场本身的生物学效应。他们发现磁场和失重共同作用影响成骨样细胞中整合素蛋白的表达。此外，MTT 法检测发现以上三个位置的人成骨肉瘤细胞（MG-63）和小鼠胚胎成骨细胞前体细胞（MC3T3-E1）的细胞活力均升高。然而他们还是观察到了"1g"（16T）和"0g/2g"（12.5T）之间确实存在一定的区别，并且认为有可能是这两个位置之间 4T 的场强差异所造成。

还有其他一些研究报道了稳态磁场的均匀度可以对生物学效应产生影响。这并不奇怪，因为作用于任何一个物体的磁力大小均与场强、场强梯度和该物体的磁化率成正比。低梯度或无梯度的稳态磁场只能给位于其中的磁各向异性物质一个磁力矩，而不是磁力（磁力作用于磁性物体，使它们沿着磁场梯度移动）。有学者于 2013 年比较了永磁体产生的均匀场和非均匀场，发现两者均能显著降低小鼠的疼痛，但是他们认为这并非是磁场本身的作用，而是由磁场梯度所造成的[41]。此外，大梯度稳态磁场目前已被应用于红细胞分离以及疟疾感染红细胞分离和诊断[42-44]，笔者将会在第 4 章对其进行详细论述。

当然也有一些人认为磁场强度才是最关键的因素，而并非磁场梯度。Denegre 等发现 16.7T 的稳态磁场能够改变青蛙卵的卵裂面，并与青蛙卵是处于中心位置（均匀场）还是远离中心位置（非均匀场）无关[45]。因此，他们认为是磁场强度本身对青蛙卵造成了上述影响，与磁场梯度无关。但是基于实验现象和理论研究，我们认为他们之所以观察到该现象与梯度无关，可能是因为实验所使用的磁场强度足够大，梯度的影响被掩盖。而均匀场和非均匀场在其他生物样品上是否会产生不同的效应，仍然需要进行系统深入的研究。至少有一个明显的区别就是，梯度场能够让青蛙"飞起来"，但是均匀场却做不到这一点。

1.5 曝 磁 时 间

当今社会，人类接触到的电磁辐射越来越多，如手机、输电线路等，而它们对人体健康的影响仍然存在争议。其中一个制约因素就是对于长期暴露的影响尚不清楚。事实上，相对于地球磁场，人体暴露于其他常见稳态磁场的时间十分有限。例如，医院里 MRI 检查的持续时间通常只有几分钟到几个小时。即使对于操作 MRI 仪器的工作人员，暴露于磁场的时间也是有限的。由于大家都能够遵守 MRI 操作规范，目前还未见重复暴露于 MRI 磁场中会对人体有确定的不利影响的报道。

同时，事实证明曝磁时间的不同是引起磁场生物学效应差异的一个关键因素。曝磁时间会影响多个方面。2003 年，研究人员利用 6mT 的稳态磁场处理组织细胞淋巴瘤 U937 细胞 24 小时后，发现只有细胞表面微绒毛形状发生了改变。但是在处理更长时间后，整个细胞的形状都发生了扭曲[46]。Chionna 等发现 6mT 稳态磁场能影响人肝癌细胞（Hep G2）的细胞骨架，并且效应随处理时间延长而逐渐增强[47]。2008 年的另一研究发现，587mT 稳态磁场能够降低红细胞流速和功能性血管密度，并且从 1 分钟到 3 小时，随着处理时间的延长，其效果越明显[48]。还有普渡大学的学者发文表示，0.5T 稳态磁场对大鼠垂体瘤细胞（GH3）生长的影响具有时间依赖性：曝磁一周后，实验组 GH3 细胞增殖降低了 22%，但是撤磁后继续培养一周又恢复到和对照相同的状态；曝磁四周后，实验组细胞增殖降低了 49%，撤磁后再培养四周恢复到与对照组相同[2]。2011 年 Sullivan 等提出，中等强度稳态磁场处理 18 小时能够显著增加胎儿肺成纤维细胞 WI-38 的 ROS 水平，不过处理 5 天的细胞却无此效应，但是具体机制尚不清楚[49]。同年，Tatarov 等研究了 100mT 稳态磁场对荷瘤小鼠（EpH4-MEK-Bcl2）的影响，发现每天曝磁 3 小时或 6 个小时持续 4 周能够明显抑制肿瘤生长，但是每天只曝磁 1 小时是无效的[50]。到了 2014 年，又有研究发现，虽然单次曝磁和反复曝磁均能增加血管渗透性和减少功能性肿瘤微血管，但是还是反复曝磁的效果更为明显[51]。最近，我们实验室的研究发现 1T 稳态磁场对人皮肤癌细胞 A431 的影响也具有时间依赖性，细胞 ROS 水平随曝磁时间的延长而逐渐升高（图 1.8）。上述研究均表明于稳态磁场中的曝磁时间对于生物系统效应是一个关键因素，所以人们在设计实验和查阅文献的时候应当考虑到这个因素。

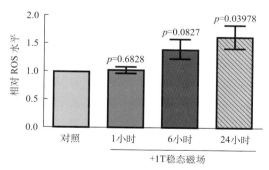

图 1.8　1T 稳态磁场能升高人皮肤癌细胞 A431 的 ROS 水平且具有时间依赖性

在培养皿中接种（4~5）×10⁵ cells/ml 的 A431 细胞，过夜贴壁后用 1T 磁场处理不同时间点，检测其 ROS 水平。实验组培养皿被放置在 5cm³ 的正方体钕铁硼磁铁上表面中央（场强约 1T，N 极朝上）。对照组培养皿被放置在离磁体 30~40cm 的位置（场强约为 0.9Gs，低于 1T 磁铁约 1 万倍）（我们实验室未发表的数据，图片由王慧珍提供）

1.6　磁极和不同的磁场方向

尽管缺乏科学论证，但是一些报道声称永磁铁的不同磁极对生物体的影响不同。提出这些观点的大多是磁疗领域人士，其中最著名的当属 1974 年 Albert Roy Davis 和 Walter C. Rawls 两位学者的论断。他们合著了一本有趣的著作《磁性及其对生命系统的影响》（*Magnetism and Its Effects on the Living Systems*），宣称磁体的 N 极和 S 极对生命系统的影响差别显著。该发现源于 1936 年的 "蚯蚓事件"，该事件中使用的磁场强度约为 3000Gs（0.3T）。他们偶然发现，位于 S 极附近的蚯蚓会将纸箱容器啃透，但是放置于 N 极附近的蚯蚓却没有该行为。进一步的实验分析表明 S 极附近饲养的蚯蚓 "更大、更长、非常活跃"。在这本书中，他们还描述了许多有趣的现象，例如，发现绿番茄的成熟速度，萝卜种子发芽情况，小动物以及癌症细胞等在不同磁极作用下均有不同的效应。从而他们认为 N 极是 "负能量极"，具有抑制生命生长或发展的作用；而 S 极是 "正能量极"，促进生命的生长和发展。虽然目前他们的理论还没有得到科学证明，但是仍然有一些 "非科学性" 报道支持该理论。同时，由于他们的书中没有提供有关这些实验的具体细节，如示意图或者照片，所以蚯蚓和其他生物样品相对于磁体的位置并不清楚。此外还有一些其他的问题，例如，在样品放置于磁体顶部或者底部还是侧面等不同位置时，N 极或 S 极产生的效果是否一致，这都是完全未知的。所以笔者认为科学家们应该精心设计一系列实验，并仔细检验他们的结论。就个人而言，笔者认为产生这些差异的原因很有可能是磁场方向的不同，而不是磁极本身。当然这仍需要大量细致的研究才能得出最后的结论。

事实上，目前的确已有两项在老鼠和细胞上的研究阐述了不同的磁场方向能够引发不同的生物学效应。2016 年，Milovanovich 等发现 128mT 稳态磁场影响了小鼠的多个器官[52]（图 1.9）。他们比较了两个方向的稳态磁场，向上磁场（磁场方向与重力方向相反）和向下磁场（与重力方向相同）。两种磁场均增加了小鼠血清中的高密度脂蛋白水平（HDL），降低了血清中白细胞、淋巴细胞以及脾粒细胞的含量，并且减轻了肾脏炎症（图 1.9（a））。然而有趣的是，向上磁场增加了脾细胞的数量而向下磁场却没有（图 1.9（b）），向下磁场降低了血清粒细胞数量，然而向上磁场却没有显著影响（图 1.9（a））。

此外，最近另一个研究小组还发现不同方向的中等强度磁场对小鼠脑中铜含量有不同程度的影响[53]。他们将小鼠暴露于不同方向的稳态磁场（最大值

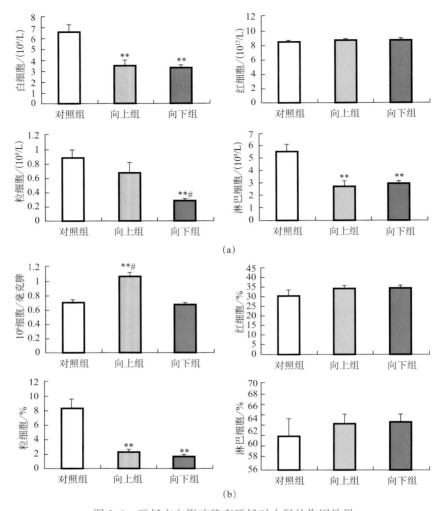

图 1.9　磁场方向影响稳态磁场对小鼠的作用效果

向上组指该组小鼠所受磁场方向向上；向下组指该组小鼠所受磁场方向向下，该实验中磁感应强度为 128mT。
(a) 不同方向曝磁后的小鼠血细胞密度，包括总的血清白细胞数、血清红细胞数、血清粒细胞数和血清淋巴细胞数。** $p < 0.01$，♯ $p < 0.05$。(b) 不同方向曝磁后的小鼠脾脏细胞数，包括总脾细胞数、脾红细胞数、脾粒细胞数和脾淋巴细胞数。** $p < 0.01$，♯ $p < 0.05$（图片摘自文献 [52]）

98mT）中，然后测量了不同器官的锌和铜含量，发现不同器官中的锌铜水平受磁场的影响程度不同，而且更有趣的是，向下的磁场的影响更明显（虽然差异本身并不是特别显著，但是却具有统计学意义）。

同时，也有证据表明磁场方向或者磁极并不会产生差异。如图 1.10 所示，研究人员将人胎儿成纤维细胞 WI-38 放置于 N-S 极相对的磁体之间，改变 N-S

极的位置从而改变磁场方向（图 1.10）。这样，放置于磁体间的细胞暴露于不同方向的磁场中，同时它们也相对靠近于 N 极或 S 极。他们发现两种曝磁方式均能抑制细胞黏附和细胞生长，但是两者之间并无明显差异[49]。然而，笔者认为上述研究结果的差异很可能是由生物样品的不同导致的。因为在上面两项支持"方向差异论"的研究中，不仅小鼠在不同磁场方向中的响应不同，而且不同组织器官受不同磁场方向的影响也有差异[52,53]。在不同磁场方向的处理下，某些器官或细胞表现出了区别，而另外一些器官或细胞则没有。因此，反对"方向差异论"的学者只用一种细胞来研究该效应是不够充分的。对于这一点，我们需要更系统性地进行研究。

图 1.10　磁场方向的差异并不影响磁场对人胎儿成纤维细胞 WI-38 黏附和增殖的抑制作用

2011 年，Sullivan 等比较了不同曝磁方式对 WI-38 的影响，发现并无明显差异（该图基于文献［49］描述）

总的来说，磁场方向和磁极引起的生物学效应的差异目前还没有得到学术界的广泛认同，这是因为目前依然缺乏科学研究和理论解释。但是，如果 Albert Roy Davis 和 Walter C. Rawls 提出的不同磁极导致不同效果的观点是正确的，将有助于解释目前文献报道中出现的一些实验结果不一致的地方，因为多数人（包括我们课题组早期）并没有注意到研究过程中使用的磁极。然而根据我们最近研究的初步结果，发现磁极差异产生的效应可能并不像上面两位学者描述的那么简单明确。我们实验室目前正在系统性地研究不同磁极和磁场方向对不同类型细胞各方面影响的差异，初步研究结果表明该效应似乎与细胞种类和细胞活力相关（本课题组未发表的数据）。因为之前的大多数研究都没有提供有关磁极的信息，所以笔者强烈建议研究人员要注意实验中所使用的磁铁，除了磁场强度等基本信息之外，要清晰地记录实验中的磁极和/或磁场方向。这实际上是非常重要的，并可能导致截然不同的结果。

1.7　磁场生物学效应一致性缺乏的影响因素

如上所述，尽管已经有众多的科学研究和非科学案例报道了磁场的生物学效应，但是依然受到了许多该研究领域以外的科学家的怀疑，包括主流医学界。

这主要是因为这些效应缺乏坚实的科学证据与解释，学术界无法达成共识。不可否认的是，很多的科学研究和非科学案例之间初步看起来是相互矛盾的，这使其看起来十分可疑（包括几年之前的笔者）。但是在仔细阅读了文献报道中的磁场生物学效应，并且以科学的角度分析它们之后，我们发现这些不一致是有科学理论解释的。例如，本章提到的各种磁场参数（磁场种类、强度、频率、均匀性、方向、磁极和曝光时间等）以及研究使用的不同生物样品，均会影响磁场的生物学效应的结果。我们实验室最近就发现细胞种类和细胞铺板密度均会影响 1T 稳态磁场对细胞的作用效果[54]。实验结果显示相同组织来源的肿瘤和非肿瘤细胞对相同条件磁场的响应完全不同；更有意思的是，不同铺板密度的同一细胞系对相同条件磁场的响应也有差异，并且 EGFR-mTOR-Akt 信号通路可能是其调控机制之一。事实上，之前已有报道阐明同一组织来源的不同类型的非肿瘤细胞对磁场的响应也是不同的。商澎课题组比较了 500nT、0.2T 和 16T 稳态磁场对成骨细胞（MC3T3-E1）和前破骨细胞（Raw264.7）的影响，发现成骨细胞和破骨细胞对磁场的响应是完全相反的[34,55,56]。中低磁场抑制成骨细胞的分化，却促进破骨细胞分化、形成和再吸收；但是 16T 的高场的效果却正好相反。他们还在一篇综述中系统性地总结了稳态磁场对于骨的效应，值得我们仔细阅读学习[55]。更有趣的是，还有一些人（包括我们课题组）发现细胞传代次数和状态都会影响实验结果，这将会在第 4 章详述。

2009 年，Colbert 等写了一篇很全面的综述《稳态磁场疗法：治疗参数评论》[57]，主要是总结了应用在人体上的永磁体的稳态磁场研究现状。在这篇综述中，他们谨慎评估了现有研究中的 10 个磁场剂量和治疗参数，并且提出了一套未来稳态磁场临床试验的治疗参数报告建议（图 1.11）。他们回顾了 56 项磁疗研究，其中 42 项在患者人群中进行，14 项在健康志愿者中进行。正如我们在本章前面部分讨论的，磁场参数对生物系统效应的影响很大。然而遗憾的是，文中在分析了 10 个磁场相关参数：磁铁材料、磁铁尺寸、南北极、测量场强、使用频率、使用时间、使用部位、磁铁支撑材料、作用组织和离磁体表面距离之后发现，有 61% 的研究并没有提供足够的实验细节描述，从而使得后期的重复研究很难成功。显而易见的是，稳态磁场参数详细信息的缺乏大大阻碍了人们从这些研究中获得共识，因此我们希望磁场研究领域的学者们在研究过程中能够详细地记录实验中的各种参数，尤其是 Colbert 论文中列出的 10 个参数（图 1.11）。

最后值得注意的是，也有一些其他因素会影响这些差异，例如仪器装置的灵敏度，这在过去的几十年里得到了极大的改善。现在人们已经发明出比几十年前更先进的装置和技术，所以可能会有更多以前无法检测到的新发现。之前一些未见报道的磁场效应也可能只是由于技术上的限制或是实验条件不足，所

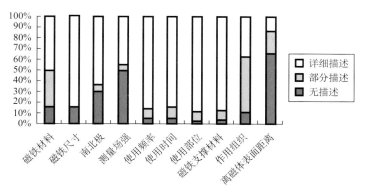

图 1.11　56 项人体实验中的 10 种磁场剂量和治疗参数的描述情况总结
（图片摘自［57］）

以我们应该利用现代技术来解决相关问题。我们最近就利用先进的溶液扫描隧道显微镜（L-STM）得到了高清晰度的蛋白质单分子图像，并且结合生物化学、细胞生物学和分子动力学模拟等手段，揭示了中高强度稳态磁场通过改变 EGFR 排列从而抑制其活性和一些肿瘤细胞生长[22,58]。此外，在对相关文献进行研究和分析时，还应考虑磁场类型、强度、细胞类型和铺板密度等因素，这将有助于减少该领域结论的多样性和矛盾，也有助于我们正确理解磁场引起的生物学效应的机制。

1.8　结　　论

人体本身就是一个电磁体，所以磁场能对其产生影响并不奇怪。目前磁场对于某些生物大分子（如细胞骨架微管、磷脂双分子层以及一些蛋白质等）的影响，已经有许多令人信服的实验证据和理论解释（本书将在第 3 章中讨论）。然而，由于不同实验中使用的磁场参数的差异，文献中报道的大部分关于磁场的生物学效应及对健康影响的研究看起来是不确定的，甚至是矛盾的。另外，原子/分子水平与细胞/组织/生物体水平之间也有很大的空白亟待科学家们填补，从而能够更科学地研究和探索磁场的生物学效应。此外，由于目前的实验和理论研究尚处于初步阶段，为了能更完整地了解磁场的生物学效应及其机制，我们需要更系统更充分地设计并记录实验细节；更重要的是，物理、生物和化学各领域科学家之间的更多合作与交流，将对这个新兴领域的发展起到极大的推动作用。

伦 理

本章中提到的青蛙实验得到了动物伦理方面的许可。Okano 等 2012 年的文章中明确表明 "动物实验是经日本千叶大学动物伦理委员会批准进行的（千叶，日本）"[28]。

参 考 文 献

[1] Grassi，C．，et al．，*Effects of 50 Hz electromagnetic fields on voltage-gated Ca^{2+} channels and their role in modulation of neuroendocrine cell proliferation and death*．Cell Calcium，2004. **35**（4）：p. 307-315.

[2] Rosen，A. D. and E. E. Chastney，*Effect of long term exposure to 0.5 T static magnetic fields on growth and size of GH3 cells*．Bioelectromagnetics，2009. **30**（2）：p. 114-119.

[3] Wang，Z．，et al．，*Static magnetic field exposure reproduces cellular effects of the Parkinson's disease drug candidate ZM241385*．PLoS One，2010. **5**（11）：p. e13883.

[4] Li，Y．，et al．，*Low strength static magnetic field inhibits the proliferation，migration，and adhesion of human vascular smooth muscle cells in a restenosis model through mediating integrins beta1-FAK，Ca^{2+} signaling pathway*．Ann Biomed Eng，2012. **40**（12）：p. 2611-2618.

[5] Simko，M. and M. O. Mattsson，*Extremely low frequency electromagnetic fields as effectors of cellular responses in vitro：Possible immune cell activation*．Journal of Cellular Biochemistry，2004. **93**（1）：p. 83-92.

[6] Funk，R. H. W．，T. Monsees，and N. Ozkucur，*Electromagnetic effects—From cell biology to medicine*．Progress in Histochemistry and Cytochemistry，2009. **43**（4）：p. 177-264.

[7] Gao，Y．，et al．，*A Genome-wide mRNA expression profile in caenorhabditis elegans under prolonged exposure to 1750MHz radiofrequency fields*．PLoS One，2016. **11**（1）：p. e0147273.

[8] McNamee，J. P．，et al．，*Analysis of gene expression in mouse brain regions after exposure to 1.9 GHz radiofrequency fields*．Int J Radiat Biol，2016. **92**（6）：p. 338-350.

[9] Miyakoshi，J．，*The review of cellular effects of a static magnetic field*．Science and Technology of Advanced Materials，2006. **7**（4）：p. 305-307.

[10] Simko，M．，*Cell type specific redox status is responsible for diverse electromagnetic field effects*．Curr Med Chem，2007. **14**（10）：p. 1141-1152.

[11] Heilmaier，C．，et al．，*A large-scale study on subjective perception of discomfort during 7 and 1.5 T MRI examinations*．Bioelectromagnetics，2011. **32**（8）：p. 610-619.

［12］Fatahi，M．，et al．，*DNA double-strand breaks and micronuclei in human blood lympho-cytes after repeated whole body exposures to 7T Magnetic Resonance Imaging.* Neuroim-age，2016. **133**：p. 288-293.

［13］Sakurai，H．，et al．，*Effect of a 7-tesla homogeneous magnetic field on mammalian cells.* Bioelectrochem Bioenerg，1999. **49**（1）：p. 57-63.

［14］Adair，R. K．，*Static and low-frequency magnetic field effects：Health risks and thera-pies.* Reports on Progress in Physics，2000. **63**（3）：p. 415-454.

［15］Miyakoshi，J．，*Effects of static magnetic fields at the cellular level.* Progress in Bio-physics & Molecular Biology，2005. **87**（2-3）：p. 213-223.

［16］Zhang，L．，et al．，*1 T moderate intensity static magnetic field affects Akt/mTOR path-way and increases the antitumor efficacy of mTOR inhibitors in CNE-2Z cells.* Science Bulletin，2015. **60**（24）：p. 2120-2128.

［17］Schweitzer，K. J．，et al．，*A novel approach to dementia：High-resolution 1H MRI of the human hippocampus performed at 21. 1 T.* Neurology，2010. **74**（20）：p. 1654.

［18］Victor D. Schepkin，et al．，*In vivo chlorine and sodium MRI of rat brain at 21. 1 T.* MAGMA，2014. **27**（1）：p. 63-70.

［19］Nagel，A. M．，et al．，*（39）K and（23）Na relaxation times and MRI of rat head at 21. 1 T.* NMR Biomed，2016. **29**（6）：p. 759-766.

［20］Zhao，G. P．，et al．，*Cellular ATP content was decreased by a homogeneous 8. 5 T static magnetic field exposure：Role of reactive oxygen species.* Bioelectromagnetics，2011. **32**（2）：p. 94-101.

［21］Nakahara，T．，et al．，*Effects of exposure of CHO-K1 cells to a 10-T static magnetic field.* Radiology，2002. **224**（3）：p. 817-822.

［22］Zhang，L．，et al．，*Moderate and strong static magnetic fields directly affect EGFR ki-nase domain orientation to inhibit cancer cell proliferation.* Oncotarget，2016. **7**（27）：p. 41527-41539.

［23］Hirose，H．，T. Nakahara，and J. Miyakoshi，*Orientation of human glioblastoma cells embedded in type I collagen，caused by exposure to a 10 T static magnetic field.* Neurosci Lett，2003. **338**（1）：p. 88-90.

［24］Zhao，G. P．，et al．，*Effects of 13 T static magnetic fields（SMF）in the cell cycle dis-tribution and cell viability in immortalized hamster cells and human primary fibroblasts cells.* Plasma Science & Technology，2010. **12**（1）：p. 123-128.

［25］Iwasaka，M．，J. Miyakoshi，and S. Ueno，*Magnetic field effects on assembly pattern of smooth muscle cells.* In Vitro Cell Dev Biol Anim，2003. **39**（3-4）：p. 120-123.

［26］Valiron，O．，et al．，*Cellular disorders induced by high magnetic fields.* J Magn Reson Imaging，2005. **22**（3）：p. 334-340.

［27］Zhang，L．，et al．，*27 T ultra-high static magnetic field changes orientation and mor-*

phology of mitotic spindles in human cells. Elife，2017. **6**：doi：10.7554/eLife.22911.

[28] Okano，H.，et al.，*The effects of moderate-intensity gradient static magnetic fields on nerve conduction.* Bioelectromagnetics，2012. **33**（6）：p.518-526.

[29] Bras，W.，et al.，*The susceptibility of pure tubulin to high magnetic fields：A magnetic birefringence and X-ray fiber diffraction study.* Biophys J，1998. **74**（3）：p.1509-1521.

[30] Takashima，Y.，et al.，*Genotoxic effects of strong static magnetic fields in DNA-repair defective mutants of Drosophila melanogaster.* J Radiat Res，2004. **45**（3）：p.393-397.

[31] Glade，N. and J. Tabony，*Brief exposure to high magnetic fields determines microtubule self-organisation by reaction-diffusion processes.* Biophys Chem，2005. **115**（1）：p.29-35.

[32] Guevorkian，K. and J. M. Valles，Jr.，*Aligning Paramecium caudatum with static magnetic fields.* Biophys J，2006. **90**（8）：p.3004-3011.

[33] Morris，C. E. and T. C. Skalak，*Acute exposure to a moderate strength static magnetic field reduces edema formation in rats.* Am J Physiol Heart Circ Physiol，2008. **294**（1）：p.H50-H57.

[34] Zhang，J.，et al.，*Regulation of osteoclast differentiation by static magnetic fields.* Electromagn Biol Med，2017. **36**（1）：p.8-19.

[35] Iachininoto，M. G.，et al.，*Effects of exposure to gradient magnetic fields emitted by nuclear magnetic resonance devices on clonogenic potential and proliferation of human hematopoietic stem cells.* Bioelectromagnetics，2016. **37**（4）：p.201-211.

[36] Simon，M. D. and A. K. Geim，*Diamagnetic levitation：Flying frogs and floating magnets（invited）.* Journal of Applied Physics，2000. **87**（9）：p.6200-6204.

[37] Durmus，N. G.，et al.，*Magnetic levitation of single cells.* Proc Natl Acad Sci U S A，2015. **112**（28）：p.E3661-3668.

[38] Qian，A. R.，et al.，*Large gradient high magnetic field affects the association of MACF1 with actin and microtubule cytoskeleton.* Bioelectromagnetics，2009. **30**（7）：p.545-555.

[39] Di，S.，et al.，*Large gradient high magnetic field affects FLG29.1 cells differentiation to form osteoclast-like cells.* Int J Radiat Biol，2012. **88**（11）：p.806-813.

[40] Qian，A. R.，et al.，*Large gradient high magnetic fields affect osteoblast ultrastructure and function by disrupting collagen I or fibronectin/alphabeta1 integrin.* PLoS One，2013. **8**（1）：p.e51036.

[41] Kiss，B.，et al.，*Lateral gradients significantly enhance static magnetic field-induced inhibition of pain responses in mice—a double blind experimental study.* Bioelectromagnetics，2013. **34**（5）：p.385-396.

[42] Owen，C. S.，*High gradient magnetic separation of erythrocytes.* Biophys J，1978. **22**（2）：p.171-178.

［43］Paul，F.，et al.，*Separation of malaria-infected erythrocytes from whole blood：Use of a selective high-gradient magnetic separation technique.* Lancet，1981. **2**（8237）：p. 70-71.

［44］Nam，J.，et al.，*Magnetic separation of malaria-infected red blood cells in various developmental stages.* Analytical Chemistry，2013. **85**（15）：p. 7316-7323.

［45］Denegre，J. M.，et al.，*Cleavage planes in frog eggs are altered by strong magnetic fields.* Proc Natl Acad Sci U S A，1998. **95**（25）：p. 14729-14732.

［46］Chionna，A.，et al.，*Cell shape and plasma membrane alterations after static magnetic fields exposure.* Eur J Histochem，2003. **47**（4）：p. 299-308.

［47］Chionna，A.，et al.，*Time dependent modifications of Hep G2 cells during exposure to static magnetic fields.* Bioelectromagnetics，2005. **26**（4）：p. 275-286.

［48］Strieth，S.，et al.，*Static magnetic fields induce blood flow decrease and platelet adherence in tumor microvessels.* Cancer Biol Ther，2008. **7**（6）：p. 814-819.

［49］Sullivan，K.，A. K. Balin，and R. G. Allen，*Effects of static magnetic fields on the growth of various types of human cells.* Bioelectromagnetics，2011. **32**（2）：p. 140-147.

［50］Tatarov，I.，et al.，*Effect of magnetic fields on tumor growth and viability.* Comp Med，2011. **61**（4）：p. 339-345.

［51］Gellrich，D.，S. Becker，and S. Strieth，*Static magnetic fields increase tumor microvessel leakiness and improve antitumoral efficacy in combination with paclitaxel.* Cancer Lett，2014. **343**（1）：p. 107-114.

［52］Milovanovich，I. D.，et al.，*Homogeneous static magnetic field of different orientation induces biological changes in subacutely exposed mice.* Environ Sci Pollut Res Int，2016. **23**（2）：p. 1584-1597.

［53］De Luka，S. R.，et al.，*Subchronic exposure to static magnetic field differently affects zinc and copper content in murine organs.* Int J Radiat Biol，2016. **92**（3）：p. 140-147.

［54］Zhang，L.，et al.，*Cell type-and density-dependent effect of 1 T static magnetic field on cell proliferation.* Oncotarget，2017. **8**（8）：p. 13126-13141.

［55］Zhang，J.，et al.，*The effects of static magnetic fields on bone.* Prog Biophys Mol Biol，2014. **114**（3）：p. 146-152.

［56］Zhang，J.，C. Ding，and P. Shang，*Alterations of mineral elements in osteoblast during differentiation under hypo，moderate and high static magnetic fields.* Biol Trace Elem Res，2014. **162**（1-3）：p. 153-157.

［57］Colbert，A. P.，et al.，*Static magnetic field therapy：A critical review of treatment parameters.* Evid Based Complement Alternat Med，2009. **6**（2）：p. 133-139.

［58］Wang，J. H.，et al.，*Sub-molecular features of single proteins in solution resolved with scanning tunneling microscopy.* Nano Research，2016. **9**（9）：p. 2551-2560.

第 2 章
稳态磁场对人体的作用

　　本章总结了稳态磁场（SMF）对人体的影响。文中将介绍一些常见的稳态磁场，例如每个人都接触到的地球微弱磁场，医院和研究机构中常见的中等到超高场强的磁共振成像（MRI）以及具有悠久历史但尚缺乏坚实科学依据的磁疗等。此外，磁生物学和生物磁学也将在本章做简单讨论。

2.1 引　　言

　　简单地说，人体主要是由弱抗磁性物质组成的，包括水、蛋白质和脂类物质。抗磁性是指磁场中的物质内部产生的磁场方向与外加磁场方向相反，也称反磁性。在磁场中，抗磁性分子中电子运动方式会发生微弱的变化，从而产生与外加磁场方向相反的微弱磁场。尽管大部分物质的抗磁性是很弱的，但是由于梯度磁场作用于其上的磁力与场强和梯度的乘积成正比，所以这种作用力可以被超强磁场放大。最著名的例子就是我们在第 1 章中提到过的"会飞的青蛙"。人们将水滴、花朵、蝗虫以及小青蛙等小的抗磁性物质放进一个 16T 的竖直稳态磁场中，发现它们都能够悬浮。从理论上讲，人体也是可以通过磁力作用悬浮起来的；然而，由于人体的大小和重量，需要更高场强和更大口径的磁体才可以做到，目前的技术还不够成熟。

　　随着科技的进步，人们暴露于各种磁场的程度越来越大，其中大部分是动态磁场，例如，50～60Hz 的输电线产生的磁场以及射频电磁场等。因此，在过去的几十年里，特别是 1970～2000 年期间，这些动态磁场的生物学效应吸引了人们大量的关注。在 20 世纪 70 年代末到 80 年代初，有多个流行病学研究阐述了职业电磁暴露与白血病发病率增高，以及其他包括乳腺癌等疾病发生之间的关系。虽然这种论调引起了公众的关注与担心，但是进一步的科学研究却并没有能够在曝磁与这些疾病的发生上建立起直接确凿的联系。对此已有许多综述和书籍进行总结和讨论，本书将不再赘述。本书的重点是探讨不随时间变化的磁场（0Hz），即稳态磁场。人类接触到的稳态磁场中，最常见的就是虽然微弱但无处不在的地磁场（约 0.5Gs，50μT）、医院的磁共振成像扫描仪（MRI，0.5～3T）、被一些人用来代替药物以缓解包括疼痛等慢性症状的不同磁场强度的永磁铁，以及如冰箱贴、玩具和其他生活用品的小磁铁，等等。

世界卫生组织（WHO）和国际非电离辐射保护委员会（ICNIRP）于 2006年发表了稳态磁场安全使用指南。对于关心电磁场暴露剂量标准的人们，可以在 ICNIRP 网站查阅最新修订的相关指南（http://www.icnirp.org/）。ICNIRP是一个独立组织，旨在为人们提供非电离辐射（NIR，是一种电磁辐射，没有足够的能量去电离原子或分子）对健康和环境影响的科学建议和指导（http://www.icnirp.org/en/frequencies/index.html）。除了稳态磁场，该委员会还涵盖了多种非电离辐射，从太阳电磁辐射到家用电器，如移动电话、Wi-Fi 以及微波炉等。虽然他们制定的标准也许并不一定能被所有人完全接受，但是 ICNIRP的标准仍然是目前世界上最权威的。值得一提的是，随着公众的关注、技术的发展以及大量的研究，由 WHO 和 ICNIRP 制定的针对高频电磁场的指南也已于 2014 年正式发表。同时，稳态磁场所引起的安全性相关的担心要比手机少很多。WHO 和 ICNIRP 针对稳态磁场的最新版本的安全指南还是 10 年之前制定的。此外也有一些很好很全面的评论和综述值得大家阅读学习[1-3]。

同时，随着医院里高场 MRI 的发展应用，人们暴露于强稳态磁场的机会也逐渐增加，这无疑引起了人们的关注。2011 年，日本学者 Yamaguchi-sekino 等写了一篇关于电磁场生物学效应的综述，并提出了关于稳态磁场的最新安全指南[4]，人们可以从中找到很多有用的信息。目前已经有很多研究开始揭示稳态磁场对人类潜在的有益作用的机制，这可能为历史悠久但饱受争议的磁疗提供合理的解释。因此，稳态磁场及其对人体的影响仍然需要更多的研究才能得到更好更全面的理解。

2.2　地　磁　场

人体所接触的最常见的稳态磁场是地球磁场（也称地磁场，GMF），其场强大约是 0.5Gs/50μT（地球上不同位置场强不同，场强在 0.3～0.6Gs）。它实际上是准静态场，因为有时也会发生微小的变化。虽然地磁场相对其他稳态磁场较弱，但是它几乎是无处不在的，而且对地球上的生物非常重要。有一种观点认为，没有完整的全球磁场保护的行星，其大气会受到太阳风的剥离。例如火星，因为它没有全球磁场，所以太阳风造成了水的损失和大气的侵蚀。而地球正因为有地磁场，所以保护了地球上的生物免受太阳风的伤害（图2.1）。

图2.1　地球的磁层

（该图来源于 NASA 网站：https://commons.wikimedia.org/wiki/File：Magnetosphere _ rendition.jpg）

众所周知，鸟类、蜜蜂、海龟和其他一些动物在迁徙过程中能感知到地球磁场的方向[5~7]。有很多关于地球磁场和动物磁感应的研究。人们相信许多鸟的眼睛里有指南针，因为它们的视网膜里有磁场感应器，所以它们除了具备正常视力外，还可以"看见"地球磁场。多年以来学者们都认为磁感受器是隐花色素蛋白（CRY），直到最近又发现另一种蛋白，即磁受体蛋白（MagR）参与了磁感应（将在第5章详述）。CRY 和 MagR 对于鸟类的磁感应似乎是非常重要的，但是其在体内的机制还需要进一步研究确定。有趣的是，最近有学者发现秀丽隐杆线虫挖洞和迁徙方向均与地磁场有关，且该现象需要 AFD 感觉神经元对的 TAX-4 环核苷酸门控离子通道介入[8,9]。

关于稳态磁场对微生物、植物和动物的影响，我们将在第5章详细讨论。虽然在过去的几年中该领域的进展非常大，但是想要通过确切和详细的机制去解释与地磁场相关的动物行为还需要科学家们更多的努力。例如，有人发现了一些有趣但神秘的现象：狗在排泄时（排便和排尿）喜欢把身体顺着地球磁场的方向[10]。

虽然人类也有一些被认为是磁场感应受体的蛋白，如 CRY 和 MagR，但是却没有坚实的证据表明人类可以感应磁场。然而，虽然目前我们还认为人类本身不能探测，或至少不能感受到地球磁场，但是磁感应仍然是生物领域最重要的悬而未决的问题之一。事实上，研究人员敲除果蝇隐花色素基因后使其失去了磁感应能力，但是再转入人类隐花色素基因后果蝇的磁感应能力又可以恢复[11]。这意味着人类隐花色素至少在果蝇中是一个磁感受元件。然而，为什么人类不能像鸟类那样感应磁场？Roswitha Wiltschko 是首先发现鸟类磁感应功能的科学家之一，他曾经说过"人类要感受磁场，不仅需要如隐花色素这样的磁受体蛋白分子，而且还需要一整套系统去检测受体蛋白的变化并传导到大脑中。果蝇显然有这套系统，但是人类呢？我表示怀疑。"我们可能具有其他感觉器官比磁感应本身更具主导地位，或者我们在进化中丢失了磁感应信号通路的关键组成部分。2003 年和 2007 年，Thoss 等发现了一个有趣的现象，地磁场确实会影响人的视觉系统，但是对于机制并不清楚[12,13]。显而易见，这个领域还有很多未解之谜，想要弄清楚磁感应在动物甚至是人体内的具体机制还任重而道远。所以人们需要进行更多的研究来回答这些基本问题。

　　有趣的是，一些研究表明地磁场会对人体的神经系统和心血管系统有一定的影响，Burch 等认为可能是由于地磁场会影响褪黑激素的分泌[14]。甚至有学者觉得地磁场与人类稀奇古怪的梦也有关系[15]。然而，也有一些研究结果声称地磁场对人类并没有什么影响。例如，2002 年 Sastre 等检查了地磁场对 50 个志愿者的脑电图（EEG）的影响，并没有发现任何明显的相关性[16]。然而笔者认为，这些研究的检测指标不一，所以它们之间其实并没有可比性，因此人们需要进行更多的研究才能解决这个问题。

　　另外，也有一些证据显示，在屏蔽了地磁场的条件下（通常称之为亚磁场，hypomagnetic field，简称 HMF，不同于同样简称为 HMF 的高磁场 high magnetic field），某些人类肿瘤细胞的基因表达、细胞增殖、迁移和黏附均可能受到影响[17-20]。中国科学院生物物理研究所的赫荣乔课题组进行了一系列的工作，研究了亚磁场对神经母细胞瘤细胞 SH-SY5Y 的影响。2013 年，他们发现持续暴露亚磁场会促进细胞周期的进程，进而显著增加了 SH-SY5Y 的增殖（图 2.2）[18]。2014 年，他们比较了暴露于亚磁场和 GMF（地磁场）的 SH-SY5Y 的基因表达谱，发现有多个基因的表达有差别，其中包括 MAPK1 和 CRY2[19]。到了 2016 年，他们还发现亚磁场减少了神经母细胞瘤细胞 F-actin 细胞骨架，从而抑制其黏附和迁移[20]。此外，研究人员还发现亚磁场可以降低人胰腺癌细胞 AsPC-1 和牛肺动脉内皮细胞（PAEC）的活性氧簇（ROS）水平[17]，而另一些文献报道了稳态磁场升高了另外几种肿瘤细胞的 ROS 水平（将在第 4 章讨论）。此外，赫荣乔组还通过非洲爪蟾实验发现亚磁场可能导致蛙卵水平第三卵裂沟的减少和蛙卵形态的异常[21]。实验结果表明，亚磁场短时间（2 小时）作用于蛙卵就足以阻碍其卵裂阶段的胚胎正常发育。笔者认为，虽然他们研究的是青蛙，但是亚磁场对于有丝分裂纺锤体和细胞分裂的影响也可能会与其他生物（包括人类）有关。这对于胚胎发育尤为重要。

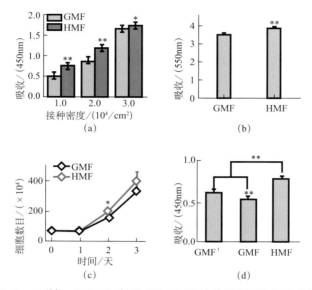

图 2.2　亚磁场（HMF）促进 SH-SY5Y 神经母细胞瘤细胞的增殖

（a）利用 CCK-8 试剂盒做的细胞增殖实验结果（$n=6$）。（b）六孔板中接种密度为 2.0×10^4 cells/cm^2 的细胞后置于 GMF（地磁场）和 HMF（亚磁场）中培养 48 小时，然后用结晶紫染色法测量细胞增殖（$n=6$）。（c）60mm 培养皿中接种密度为 2.0×10^4 cells/cm^2 的细胞后置于 GMF 和 HMF 中培养 48 小时，其中每天用血球计数板计数（$n=3$）。（d）96 孔板中接种密度为 1.5×10^4 cells/cm^2 的细胞后置于参考场（GMF′，置于另外一个细胞培养箱内），GMF 和 HMF 中培养 48 小时后的细胞增殖情况（$n=6$）。误差线显示标准差；$n=3$；* $p<0.05$；** $p<0.01$（图片摘自文献 [18]）

2.3　核磁共振成像

当今社会，除了微弱的地球磁场（50μT），人们也会有很多机会接触到更强的稳态磁场，如医院中常用的核磁共振成像扫描仪（MRI）。与其他放射性成像方法相比，MRI 具有优越的软组织对比度，这使得它成为生理病理功能检测的有力工具。相对于地球磁场，MRI 系统的磁场非常强。目前，医院中大多数患者使用的 MRI 中稳态磁场的场强是 0.5～3T，是地球磁场的 1 万～6 万倍。图 2.3 展示了核磁共振成像扫描仪和磁共振动脉血管造影照片（MRA）。

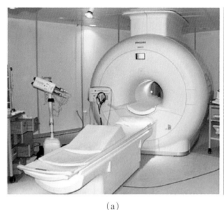 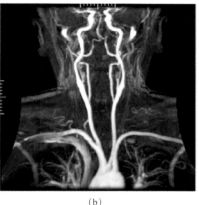

(a)　　　　　　　　　　　　　　　　(b)

图 2.3　核磁共振成像（MRI）

（a）医院中的核磁共振成像扫描仪（https://commons.wikimedia.org/wiki/File：MRI-Philips.JPG）；
（b）磁共振动脉血管造影照片（https://commons.wikimedia.org/wiki/File：Mra1.jpg）

只要按照操作规范来进行操作，MRI 就是一项安全的技术。经过数年的监测，到目前为止还没有 MRI 操作人员、患者或者 NMR（核磁共振）仪器使用人员的伤害报告。另外，在细胞水平上也有一些关于磁共振成像的实验研究。2003 年，Schiffer 等用患者使用的 MRI 条件处理人早幼粒白血病细胞（HL60）和 EA2 细胞。他们研究了几种不同的磁场：1.5T 和 7.05T 的稳态磁场，两种极低频梯度场（ELFMGFs 梯度＋/－10mT/m，频率 100Hz；梯度＋/－100mT/m，频率 100Hz），射频脉冲频段的高频磁场（63.6MHz，5.8mT），还有这几种场的混合场。他们将细胞曝磁长达 24 小时，发现其细胞周期并没有发生明显变化[22]。最近，美国学者 Sammet 写了一篇综述讨论磁共振的安全性问题[23]。例如，佩戴起搏器的人不能够使用 MRI，因为磁场可能会将其重新编程甚至关闭。体内有其他植入物（如颅内血管夹）的人也应该避免使用 MRI，因为强磁场可能会导致其在体内移动。人们在接受 MRI 诊断时应当将手机和信用卡置于 MRI 室外，因为磁场会损坏它们。此外还有一些应该注意的细节，例如，患者应当被缓慢移动到 MRI 磁体腔中，以减少眩晕和恶心的可能性。据观察，暴露于 8T 磁场后的患者并没有短期心脏不适和认知障碍[24]。国际非电离辐射防护委员会发布的 2009 年度指南（ICNIRP 2009）上指出，没有迹象表明静止的人体会被 8T 稳态磁场在短期内严重影响健康，但人们可能会有如眩晕感之类的不适症状。基于现有的研究数据，学界将公众曝磁限度设定在 400mT。这是在 2T 的基础上应用 5 倍的换算系数计算得来的，并且也已经被证实对动物和人体没有明显影[25,26]。而 8T 以上的曝磁研究需要通过一个机构审查委员会的批准和受试者的知情同意书才可以进行。一般性地使用 MRI 确实会对人造成一些不适感，如常见的恶心和头痛等，但这些都是暂时的和可恢复的。

虽然目前人们认为医院中使用的 MRI 的磁共振强度范围（0.5～3T）对人体是安全的，但是还需要进行更深入的研究才能更确切的了解。大量数据表明稳态磁场并不会增加白血病或其他癌症的风险。事实上，越来越多的生物实验室的研究表明，稳态磁场能够抑制一些肿瘤细胞生长，甚至将来有可能成为一种癌症治疗的方法，关于这一点我们将在本书的第 6 章详述。此外，将小鼠全身暴露于临床 MRI 的 3T 匀强稳态磁场中的结果显示，该条件下的磁场的显著降低对疼痛刺激敏感性的作用具有统计学意义[27]。然而，除了 0.5～3T 的 MRI 具有的潜在的有益影响之外，我们还应注意到一些研究中所提到对人体的其他效应。例如，实验显示 3T 稳态磁场能抑制体外培养的人软骨细胞生长，并且影响模式动物猪体内受损膝关节的恢复[28]。

科研人员已经开始研发具有较高磁场强度的 MRI 仪器，目前已有 7～9.4T 的 MRI 用于动物实验和人体的临床前研究[24,29-31]。对健康志愿者和患者进行短期曝磁的临床实验并未发现有健康风险。此外，自从 2009 年 ICNIRP 安全指南出版以来，已经有大量研究评估了高达 9.4T 的稳态磁场对人体生理学和神经行为学上的影响，结果发现场强高达 9.4T 的 MRI 对人体并没有确定的不良影响。与此同时，人们还在研究搭建超高磁场 MRI，因为提高磁场强度可以提高 MRI 的灵敏度和分辨率，并且减少图像采集时间。例如，高场强 MRI 提高了我们观察和研究体内生物过程的能力，这一点是低场强 MRI 无法做到的。2010 年，Schepkin 等学者利用位于美国国家强磁场中心的目前世界最高场强的 21.1T MRI 对鼠类脑部进行扫描，其分辨率达到了 50μm（图 2.4），这比低场 MRI 要高很多。此外，他们还比较了 21.1T 和 9.4T 的 MRI 的成像效果，发现 21.1T 能够提供更详细的啮齿类动物大脑内组织和血管的信息[32]，这表明发展研究类似的 MRI 在将来应用于人体是非常有希望的。然而，对强磁场的生物学效应，特别是 20T 及以上的超高磁场的效应还不是很清楚。我们所掌握的磁场生物学效应的知识，将会指导我们在医疗诊断和治疗中应用更高场的 MRI，因此我们需要更努力地研究超高磁场的生物学效应，以期为未来超高场 MRI 应用于人体打好理论与实验基础。

因此，尽管目前医院里的 MRI 被认为是安全的，但其对人体的长期作用以及潜在的有益影响仍需进一步确定。此外，提高 MRI 的场强所具有的明显优势也鼓励人们去进一步研发超高场 MRI 仪，这同时也意味着随之而来的安全性问题需引起注意。科研人员需要继续努力去帮助 MRI 从业者和使用 MRI 的患者制定更专业的技术指导。

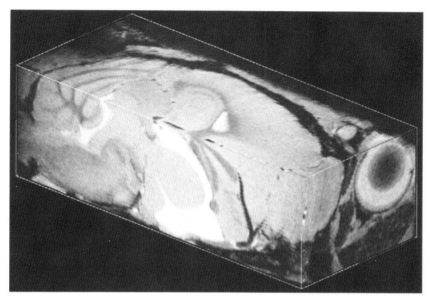

图 2.4　21.1T 的核磁共振成像（MRI）小鼠脑成像图

MRI 的梯度回波（FLASH）产生的小鼠头部质子 MR 图像，图像平面分辨率是 $50\mu m \times 50\mu m$，

第三方向分辨率是 $50\mu m$（图片摘自文献 [32]）

2.4　稳态磁场磁疗

回顾历史，几千年来，人们对磁疗的作用一直争论不休，有着多次的起落[33]。有趣的是，尽管目前仍缺乏磁场对人体机能影响的机制方面的科学解释，但是依然有人会自愿地使用磁铁进行磁疗。虽然磁疗从未被主流医学界所认可，但是目前仍有许多人利用它作为一种替代和补充疗法来治疗一些慢性疾病，如关节炎、创伤和疼痛治疗等。每年，磁疗产品在全球拥有数十亿美元的销售额，这主要是因为许多使用过某些磁疗产品的患者发现它们确实有效果，比如明显的镇痛作用。亚马逊网站（amazon.com）上就有相关的磁疗产品，其中的一些产品有数百个积极的反馈意见，声称它们确实可以减轻疼痛和不适，尤其是一些嵌入有相对较强磁场强度的磁铁的手镯。浏览磁疗产品市场之后会发现，效果不错的磁性手镯的场强范围大都在数百到数千高斯（0.01~1T）。

尽管磁疗有着悠久的历史，但它目前仍未被主流医学界所接受。在某些情况下，它甚至被认为是伪科学，因为它们的效果性研究缺乏一致性，也缺乏合理的科学解释（正如第 1 章所述）。有很多学者一直致力于解决这个问题，其中也确实获得了积极的成果。例如，1997 年美国学者 Vallbona 等对 50 例小儿麻痹症后患者进行对照研究，发现 300~500Gs（0.03~0.05T）稳态磁场（电磁装置）能显著降低患者疼痛程度，从 9.6 降到 4.4（$p < 0.0001$；最高等级 10）[34]（表 2.1（a））。有趣的是，研究人员发现假曝磁系统（最大限度地模仿曝磁组的电磁装置）也有一些安慰剂效应，并将患者的疼痛水平从 9.5 降到 8.4。然而很明显，曝磁组的镇痛效率要比假曝磁组（安慰剂组）高出 5 倍（5.2 比 1.1，$p < 0.0001$）。此外，76％的患者曝磁后表示疼痛大大减轻，而假曝磁的患者只有 19％觉得有效[34]（表 2.1（b））。因此，这项研究被许多人所熟知，因为它从科学的角度来看要远远优于其他的磁疗研究。这给人们提供了很具有说服力的证据：稳态磁场确实具有镇痛作用。当然今后还需要更多这样的科学严谨的研究来为磁疗正名。

表 2.1　中等强度稳态磁场减轻小儿麻痹症后患者的疼痛程度

(a) 治疗前和治疗后的疼痛评分

	电磁装置组（$n=29$）	假电磁装置组（$n=21$）	差异显著性
治疗前（平均值±标准差）	9.6±0.7	9.5±0.8	不显著
治疗后（平均值±标准差）	4.4±3.1	8.4±1.8	$p < 0.0001$
变化值（平均值±标准差）	5.2±3.2	1.1±1.6	$p < 0.0001$

(b) 磁疗装置治疗后疼痛缓解的受试者比例

	电磁装置组（$n=29$）	假电磁装置组（$n=21$）
疼痛缓解	$n=22$（76％）	$n=4$（19％）
疼痛未缓解	$n=7$（24％）	$n=17$（81％）

注：(a) 说明电磁装置有效降低了疼痛指数。(b) 说明电磁装置使得更多患者疼痛感减轻。两表数据均来自文献［34］

此外，Alfano 和 Juhasz 等在磁疗领域也进行了另外两项科学研究。2001 年，Alfano 等学者发表文章阐述他们的研究结果，他们于 1997~1998 年的六个月时间里，对纤维组织肌痛症患者进行了随机的安慰剂对照的磁疗试验[35]。除了与安慰剂组比较，他们还比较了两种不同磁疗方式的患者疗效。一组患者使用能提供弱的均匀静磁场的负极性睡眠垫（功能垫 A），另一组则使用空间和极性均变化的磁场的睡眠垫（功能垫 B）。最后他们发现功能垫 A 的效果最明显，而且在实验六个月后，两个实验组患者的功能状态、疼痛强度、压痛点数目以及压痛点强度等指标均有所好转，然而与安慰剂组相比并无十分明显的差异[35]。因此，虽然该研究表明磁疗床垫可能有效，但是并没有统计学意义。笔者认为他们的治疗效果不显著的原因，很有可能是磁场强度太低（低于 1mT）。如果增加磁场强度至成百上千高斯的话就有可能有显著效果。当然，这一点还需要进一步的人体研究来证实。之后在 2014 年，有学者做了一项随机的有对照的，以及安慰剂（装置外观等都一致，只是无磁）对照的双盲实验，对象是 16 名被诊断为糜烂性胃炎的患者。他们将非均匀稳态磁场置于患者胃下胸骨区，该区域磁感应强度峰值为 3mT，靶点的磁场梯度为 30mT/m。实验结果表明稳态磁场组比安慰剂组对糜烂性胃炎的疗效更具有临床效果和统计学意义。症状的平均抑制效果达到了 56%（$p=0.001$），这表明非均匀稳态磁场很可能是一个潜在的治疗糜烂性胃炎的替代或补充方法[36]。有趣的是，这项研究用的磁场强度似乎远远低于其他大多数有效果的研究。

现有的证据表明，磁场强度是磁疗应用的关键因素。总的来说，太弱的场强不足以产生足够的能量。许多利用永磁铁进行磁疗的研究发现它们还是有效果的，其场强从数百到数千高斯不等。2002 年，Brown 等学者发现 0.05T 稳态磁场处理四周可以缓解慢性盆腔痛症状[37]。2011 年，学者对 15 名健康的年轻志愿者进行研究发现，用非均匀的峰值为 0.33T（B_{max}）的稳态磁场处理 30 分钟，可以增加受试者的热痛阈值（TPT）[38]。然而笔者认为不同的症状对磁场强度及其他参数的要求很有可能是不同的。

除了人体实验，对稳态磁场潜在应用于多种疾病治疗的研究也在一些动物和细胞上进行着。例如，Gyires 等发现非均匀的 2～754mT 稳态磁场可显著降低预处理小鼠（腹腔注射 0.6% 醋酸）的内脏痛（57%，$p<0.005$）[39]。2009 年，匈牙利学者 Laszlo 和 Gyies 发现 3T 的 MRI 能够显著缓解小鼠疼痛[27]。日本学者冈野荣之于 2012 年发现中等强度梯度稳态磁场（$B_{max}=0.7T$）处理 4～6 小时能够降低 C 类神经纤维（负责传导痛觉）的传导速度[40]。还有学者发现中等强度非均匀（3～477mT）和均匀（145mT）稳态磁场都可以显著缓解小鼠疼痛[41]。2013 年，Vergallo 等发现非均匀磁场（$B_{max}=0.476T$）能够影响人淋巴细胞和巨噬细胞的细胞因子的产生[42]。他们在实验中发现与对照组相比，中等强度非均匀场处理 6～24 小时会显著抑制人巨噬细胞的促炎性细胞因子 IL-6、IL-8 和 TNF-α 的释放，却能够增加人淋巴细胞的抗炎细胞因子 IL-10 的释放。总的来讲，报道过的能够减轻疼痛和减少炎症的研究所用的稳态磁场强度大多在几百到几千高斯。当然我们不排除较低的场强也会对一些生物样品产生作用或者其他不同效果的可能性。此外，还有一些稳态磁场引起的疼痛缓解的机制研究的报道。例如，Gyires 等发现非均匀稳态场（2～754mT）的镇痛作用可被纳洛酮、β-funaltrexamine（不可逆微阿片受体拮抗剂）和纳曲吲哚（δ-阿片受体拮抗剂）皮下给药抑制，但不被 norbinaltorphimine（κ-阿片受体拮抗剂）所抑制，这表明磁场镇痛作用可能是通过微阿片受体和 δ-阿片受体介导的[39]。更多的细节和信息将在第 6 章和第 7 章详细论述。

与此同时，也有一些实验证据表明某些有足够场强的磁疗产品并没有积极影响。例如，Richmond 等比较了一个磁性腕带（1502~2365Gs），一个去磁腕带（小于 20Gs），一个衰减腕带（250~350Gs）和一个铜手镯的效果。他们的研究结果表明与去磁腕带相比，磁性腕带和铜手镯对类风湿性关节炎似乎没有任何有意义的治疗效果[43]。目前我们还不确定无效的原因，但是正如第 1 章中所提到的，磁场参数的不同会大大影响磁场的生物学效应。此外，在本书的第 4 章我们还会提到很多其他的导致临床或研究结果重复性低的因素。例如，虽然到目前为止还缺乏科学的机制解释，但有趣的是，存在着多个有关两个不同的磁极会对人体造成不同效应的声明（表 2.2）。事实上，最近还有两篇论文报道了不同磁场方向的生物学效应也是不同的[44,45]。虽然还需要更多的研究来证实他们的结果，但是笔者认为研究人员还是应该注意所用磁铁的磁极或磁场方向，尤其是在研究磁场的生物学效应，或者是尝试一些磁疗产品的时候。

表 2.2　部分磁疗产品声明北磁极和南磁极有不同的"疗效"

不同磁极的不同"疗效"	
北磁极—"阴性"	南磁极—"阳性"
抑制疼痛缓解	促进疼痛缓解
抑制炎症	促进炎症
产生碱效应	产生酸效应
减轻症状	加剧症状
抗感染	促进微生物
促进疗效	抑制疗效
缓解水肿	促进水肿
增加细胞含氧量	降低组织含氧量
促进深度睡眠	刺激清醒
产生良性心理效应	有一种过度保护心理效应
减肥	增肥
促进愈合	抑制愈合
刺激褪黑激素分泌	刺激身体机能
调节体内天然碱性 pH	

注：不同磁场方向会产生一些差异，但目前尚不清楚这是否真实。虽然从科学的角度目前无法解释，但是笔者并不排除其真实存在的可能性，因此需要有更多的科学研究来探讨这个问题

很明显，磁场方向和南北极不同导致的生物学效应的差异需要更多的科学研究来进一步证实，并且最终给出明确的科学解释。目前笔者也不明白为何两个不同磁极的效应会有差异，因为从目前的知识范畴而言，磁铁的南北极在物理上并没有明显的差异，然而也可能会存在某些未知的机制可以解释这一现象。此外，实验已经证实当梯度磁场方向朝上并且使磁力与重力相平衡的时候，磁铁可以使单细胞悬浮[46]。笔者认为磁场方向不同造成的效应差异更具有研究意义，而不是磁极本身。更有趣的是，Durmus 等发现每种细胞（如肿瘤、血液、

细菌和酵母）都具有独特的悬浮模式，他们还发现乳腺癌、结肠癌、直肠癌和非小细胞肺癌细胞均具有不同的悬浮和密度蓝图，以及这些看似同质的细胞群体的异质性[46]。这表明人体内不同种类的细胞对磁场的响应可能完全不同，当然这也需要更多的研究来证实。

值得一提的是，目前许多有关磁疗的研究以及关于磁场生物学效应的研究都缺乏详细的描述和适当的对照。2008 年和 2009 年，Colbert 等写了两篇重要的学术综述[47,48]，文中提到"迄今为止发表的大多数用于人类的磁疗相关研究均缺乏完整的关于所使用的稳态磁场参数的描述，在不知道作用到靶组织的稳态磁场参数的前提下，我们不能从临床试验的结果中得出有意义的结论。在磁疗进展的研究过程中，工程师、物理学家和临床医生需要继续共同努力，优化磁场剂量和临床参数条件。将来关于稳态磁场生物学效应的研究结果在发表时应当明确提出对磁场剂量和治疗参数的评估，以便自己或其他学者能重复出之前的结果。这样才能对该研究结果做出客观、科学的评价"。文中提到的参数包括永磁体材料、磁体尺寸、磁极配置、磁场强度、磁场频率、使用时间、曝磁位置、磁体支撑装置、曝磁靶组织、靶组织距磁体表面距离等，这些因素都会对磁疗最终效果产生影响（表 2.3）[47]。很多相关的研究成果需要被重复，并且我们希望在学习了磁场与生物系统的相关知识之后这些工作能有重大进展，这样不仅有利于世界卫生组织客观评估磁疗的潜在应用价值，而且能够改善那些仍需要更严格地进行实验研究的磁疗领域的现状。事实上，美国食品和药品监督管理局（FDA）已经批准使用肿瘤治疗场（TTF）。该装置产生低强度、中等频率的交变电场（100～300kHz），通过破坏肿瘤细胞的分裂却不损伤正常非分裂细胞，从而治疗新诊断以及复发的胶质母细胞瘤（一种脑部肿瘤）[49-51]。虽然 TTF 并不是稳态磁场，而是一种利用低强度电场产生的电磁场治疗方法，但是 TTF 却为稳态磁场的潜在临床应用的研究提供了借鉴。

表 2.3　10 个稳态磁场参数

序号	稳态磁场参数
1	曝磁靶组织
2	曝磁位置
3	靶组织距磁体表面距离
4	磁场强度
5	永磁体材料
6	磁体尺寸：大小、形状和体积
7	磁极配置
8	磁体支撑装置
9	磁场频率
10	使用时间

注：该表根据文献［47］内容整理。我们建议研究人员在报道他们的研究成果时应当遵循上述标准

2.5 磁生物学和生物磁学

总的来说，磁生物学是研究磁场对生物体的影响，这是本书的研究重点。而生物磁学是研究生物体本身所产生的磁场，这并不是本书讨论的主要内容，但也将在这里做简要讨论。

正如本章开始所提到的，人体主要是由弱抗磁性物质构成的，如水、蛋白质和脂类等。然而，我们的身体也会产生微弱的电流，进而产生微型磁场[52]。我们脑部的神经元、神经细胞和肌肉纤维都是可兴奋细胞，当它们被激活时会产生电流。人体产生的磁场实际上是非常微弱的，经测量一般只有 $10^{-10} \sim 10^{-5}$ Gs。目前大多数由身体所产生的波动磁场，如来自心脏和大脑的磁场已被广泛研究和开发。临床上使用的心电图（ECG）是用来监测心脏电活动，脑电图（EEG）则是用来监测脑部的电活动。

目前学术界普遍认为人脑可以分为多个区域，每个区域负责控制人类某种行为，这些区域之间准确有效的连接对于大脑行使正常功能至关重要。虽然单个神经元只能产生非常微弱的电流，但当其聚集排列并同时兴奋时便会将电流信号放大。在这种情况下，神经元可以产生足够强大的可以用超导量子干涉仪（SQUIDs）检测的磁场[53,54]。研究表明人脑部的 α 节律电流会在头皮外部产生微弱的交变磁场，靠近头皮部位的场强大约 1×10^{-9} Gs（峰值）[55]。脑磁图描记术（MEG；图 2.5），简称脑磁图，是一种非侵入性的尖端技术，通过捕捉由神经细胞同步电活动产生的磁场从而得到人脑功能的空间、光谱和时间特征，具有丰富的信息。它能够对电生理学的大脑活动进行成像监测，其空间分辨率达到约 5mm，时间分辨率达到约 1ms，该技术为阐明健康和疾病人体神经连接体的神经动力学提供了重要的依据[56]。目前已有很多关于该技术的非常有用的综述和研究文章，均提到了脑磁图这种神经影像学方法能让科学家更全面地研究正常和异常脑功能的机制[45,56−61]。同样，心磁波描记术（MCG）可以用来检测心脏产生的磁场，是冠状动脉疾病无创检测的补充或替代工具[62,63]。

此外，研究发现脑磁图似乎比脑电图更敏感，能够提供相较于脑电图更多的和不同的信息[64]。脑磁图不仅能应用于功能性神经外科，还能用于连通性分析。在研究复杂的神经网络功能时，由于它能够提供 MRI 无法提供的额外信息，所以研究人员便将脑磁图（具有很高的时间分辨率）与功能性磁共振成像（fMRI）结合起来使用，能获得较高的空间分辨率，提供更多的与人脑功能的相

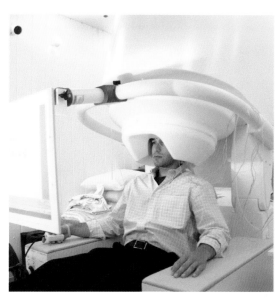

图 2.5　患者正在使用美国国家心理健康研究所的脑磁图（MEG）扫描仪
（该图为公开获取，来源于美国国家心理健康研究所和美国卫生与人力资源服务部：
https://en.wikipedia.org/wiki/File：NIMH_MEG.jpg）

关信息[65]。目前 MEG 应用最多的领域是癫痫的研究，这是一种导致患者癫痫
发作的脑部疾病[66,67]。此外，脑磁图/脑电图的同时记录分析可以提供详细的信
息和更高的检测灵敏度，用于跟踪原发性癫痫活动[61,68]。对于如癫痫之类的慢
性神经系统疾病，通过血流动力学（功能性磁共振成像）和电磁技术（脑磁图/
脑电图）检测功能连接，有助于确定癫痫活动和生理神经网络在不同尺度之间
的相互作用。功能性磁共振成像和脑磁图/脑电图功能连接性检测不仅可以对癫
痫活动重要病灶进行定位，而且可以帮助预测手术后的结果[69]。此外，目前临
床上除了脑磁图，还有一种先进的电磁诊疗法——经颅磁刺激（TMS；图 2.6）。
该技术是将一个"线圈"放置在头部附近，以电磁场刺激大脑的部分区域从而
诊断或治疗多种疾病，如中风和抑郁症。事实上，目前在美国，利用 TMS 治疗
抑郁症等部分疾病是可以纳入医疗保险的。

2.6　结　　论

综上所述，由于人体本身就是一个电磁体，所以磁场会对我们产生一些影
响并不奇怪。然而，人体内的电化学过程是非常复杂的，到现在仍未完全明晰，

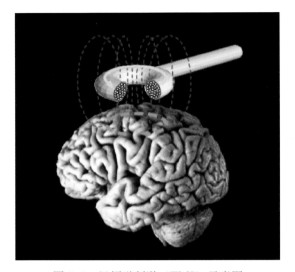

图 2.6　经颅磁刺激（TMS）示意图

（该图为公开获取，来源于美国国家卫生研究院：https://en. wikipedia. org/wiki/
Transcranial ＿ magnetic ＿ stimulation♯/media/File：Transcranial ＿ magnetic ＿ stimulation. jpg）

因此磁场对人体的实际物理效应仍然需要进行不断的努力探索，才可能达到完整的认知。在此期间，磁场也许可以作为临床上的一种替代或补充疗法，尤其是在传统治疗方案无效或者不可用的情况下。此外，需要指出的是，磁疗是否有效并不依赖于我们对其背后潜在生物学机制的了解。正如 Basford 博士在他的综述中所说[33]："电疗或磁疗最初是由大众发现的，却被医疗机构所抵制，然后被抛弃，然而未来可能会以稍微不同的形式再次出现。虽然会更加复杂，但是这种疗法可能会继续下去，直到获得明确的疗效，这样就会有希望明确其中的机制。"笔者认为目前我们应该尽力去解开这些谜团，使得我们能够从这些自然的力量中最大限度地受益。与此同时，我们也要提醒人们，不要盲目相信某些不可靠的磁疗网站或产品。随着磁场研究领域合理和科学方法的应用，以及学者们的不懈努力，笔者相信我们将会探索到更多的机制，从而促进磁疗技术的临床应用并且使其更加可信。

参 考 文 献

[1] Schenck，J. F. ，*Safety of strong，static magnetic fields*. J Magn Reson Imaging，2000. **12**（1）：p. 2-19.

[2] Valentinuzzi，M. E. ，*Magnetobiology：A historical view*. IEEE Eng Med Biol Mag，

2004. **23** (3)：p. 85-94.

[3] Feychting，M.，*Health effects of static magnetic fields—a review of the epidemiological evidence*. Prog Biophys Mol Biol，2005. **87** (2-3)：p. 241-246.

[4] Yamaguchi-Sekino，S.，M. Sekino，and S. Ueno，*Biological effects of electromagnetic fields and recently updated safety guidelines for strong static magnetic fields*. Magn Reson Med Sci，2011. **10** (1)：p. 1-10.

[5] Lohmann，K. J. and S. Johnsen，*The neurobiology of magnetoreception in vertebrate animals*. Trends Neurosci，2000. **23** (4)：p. 153-159.

[6] Wiltschko，W. and R. Wiltschko，*Magnetic orientation and magnetoreception in birds and other animals*. J Comp Physiol A Neuroethol Sens Neural Behav Physiol，2005. **191** (8)：p. 675-693.

[7] Johnsen，S. and K. J. Lohmann，*Magnetoreception in animals*. Physics Today，2008. **61** (3)：p. 29-35.

[8] Rankin，C. H. and C. H. Lin，*Finding a worm's internal compass*. Elife，2015. **4**：p. e09666.

[9] Vidal-Gadea，A.，et al.，*Magnetosensitive neurons mediate geomagnetic orientation in Caenorhabditis elegans*. Elife，2015. **4**：p. e07493.

[10] Hart，V.，et al.，*Dogs are sensitive to small variations of the Earth's magnetic field*. Front Zool，2013. **10** (1)：p. 80.

[11] Foley，L. E.，R. J. Gegear，and S. M. Reppert，*Human cryptochrome exhibits light-dependent magnetosensitivity*. Nat Commun，2011. **2**：p. 356.

[12] Thoss，F. and B. Bartsch，*The human visual threshold depends on direction and strength of a weak magnetic field*. J Comp Physiol A Neuroethol Sens Neural Behav Physiol，2003. **189** (10)：p. 777-779.

[13] Thoss，F. and B. Bartsch，*The geomagnetic field influences the sensitivity of our eyes*. Vision Research，2007. **47** (8)：p. 1036-1041.

[14] Burch，J. B.，J. S. Reif，and M. G. Yost，*Geomagnetic activity and human melatonin metabolite excretion*. Neurosci Lett，2008. **438** (1)：p. 76-79.

[15] Lipnicki，D. M.，*An association between geomagnetic activity and dream bizarreness*. Medical Hypotheses，2009. **73** (1)：p. 115-117.

[16] Sastre，A.，et al.，*Human EEG responses to controlled alterations of the Earth's magnetic field*. Clin Neurophysiol，2002. **113** (9)：p. 1382-1390.

[17] Martino，C. F. and P. R. Castello，*Modulation of hydrogen peroxide production in cellular systems by low level magnetic fields*. PLOS ONE，2011. **6** (8)：p. e22753.

[18] Mo，W. C.，et al.，*Magnetic shielding accelerates the proliferation of human neuroblastoma cell by promoting G1-phase progression*. PLOS ONE，2013. **8** (1)：p. e54775.

[19] Mo，W.，et al.，*Transcriptome profile of human neuroblastoma cells in the hypomagnetic field*. Sci China Life Sci，2014. **57** (4)：p. 448-461.

[20] Mo，W. C.，et al.，*Shielding of the geomagnetic field alters actin assembly and inhibits cell motility in human neuroblastoma cells*. Sci Rep，2016. **6**：p. 22624.

[21] Mo，W. C.，et al.，*Altered development of Xenopus embryos in a hypogeomagnetic field*. Bioelectromagnetics，2012. **33**（3）：p. 238-246.

[22] Schiffer，I. B.，et al.，*No influence of magnetic fields on cell cycle progression using conditions relevant for patients during MRI*. Bioelectromagnetics，2003. **24**（4）：p. 241-250.

[23] Sammet，S.，*Magnetic resonance safety*. Abdom Radiol（NY），2016. **41**（3）：p. 444-451.

[24] Kangarlu，A.，et al.，*Cognitive，cardiac，and physiological safety studies in ultra high field magnetic resonance imaging*. Magn Reson Imaging，1999. **17**（10）：p. 1407-1416.

[25] Gaffey，C. T. and T. S. Tenforde，*Bioelectric properties of frog sciatic nerves during exposure to stationary magnetic fields*. Radiat Environ Biophys，1983. **22**（1）：p. 61-73.

[26] Tenforde，T. S.，*Magnetically induced electric fields and currents in the circulatory system*. Prog Biophys Mol Biol，2005. **87**（2-3）：p. 279-288.

[27] Laszlo，J. and K. Gyires，*3 T Homogeneous static magnetic field of a clinical MR significantly inhibits pain in mice.* Life Sciences，2009. **84**（1-2）：p. 12-17.

[28] Hsieh，C. H.，et al.，*Deleterious effects of MRI on chondrocytes*. Osteoarthritis Cartilage，2008. **16**（3）：p. 343-351.

[29] Adair，R. K.，*Static and low-frequency magnetic field effects：Health risks and therapies*. Reports on Progress in Physics，2000. **63**（3）：p. 415-454.

[30] Miyakoshi，J.，*Effects of static magnetic fields at the cellular level*. Progress in Biophysics & Molecular Biology，2005. **87**（2-3）：p. 213-223.

[31] Zhang，L.，et al.，*1 T Moderate intensity static magnetic field affects Akt/mTOR pathway and increases the antitumor efficacy of mTOR inhibitors in CNE-2Z cells*. Science Bulletin，2015. **60**（24）：p. 2120-2128.

[32] Schepkin，V. D.，et al.，*Initial in vivo rodent sodium and proton MR imaging at 21.1 T.* Magnetic Resonance Imaging，2010. **28**（3）：p. 400-407.

[33] Basford，J. R.，*A Historical perspective of the popular use of electric and magnetic therapy*. Archives of Physical Medicine and Rehabilitation，2001. **82**（9）：p. 1261-1269.

[34] Vallbona，C.，C. F. Hazlewood，and G. Jurida，*Response of pain to static magnetic fields in postpolio patients：A double-blind pilot study*. Arch Phys Med Rehabil，1997. **78**（11）：p. 1200-1203.

[35] Alfano，A. P.，et al.，*Static magnetic fields for treatment of fibromyalgia：A randomized controlled trial*. J Altern Complement Med，2001. **7**（1）：p. 53-64.

[36] Juhasz，M.，et al.，*Influence of inhomogeneous static magnetic field-exposure on pa-

tients with erosive gastritis: A randomized, self- and placebo-controlled, double-blind, single centre, pilot study. J R Soc Interface, 2014. **11** (98): p. 20140601.

[37] Brown, C. S., et al., Efficacy of static magnetic field therapy in chronic pelvic pain: A double-blind pilot study. Am J Obstet Gynecol, 2002. **187** (6): p. 1581-1587.

[38] Kovacs-Balint, Z., et al., Exposure to an inhomogeneous static magnetic field increases thermal pain threshold in healthy human volunteers. Bioelectromagnetics, 2011. **32** (2): p. 131-139.

[39] Gyires, K., et al., Pharmacological analysis of inhomogeneous static magnetic field-induced antinociceptive action in the mouse. Bioelectromagnetics, 2008. **29** (6): p. 456-462.

[40] Okano, H., et al., The effects of moderate-intensity gradient static magnetic fields on nerve conduction. Bioelectromagnetics, 2012. **33** (6): p. 518-526.

[41] Kiss, B., et al., Lateral gradients significantly enhance static magnetic field-induced inhibition of pain responses in mice—A double blind experimental study. Bioelectromagnetics, 2013. **34** (5): p. 385-396.

[42] Vergallo, C., et al., In vitro analysis of the anti-inflammatory effect of inhomogeneous static magnetic field-exposure on human macrophages and lymphocytes. PLOS ONE, 2013. **8** (8): p. e72374.

[43] Richmond, S. J., et al., Copper bracelets and magnetic wrist straps for rheumatoid arthritis—analgesic and anti-inflammatory effects: A randomised double-blind placebo controlled crossover trial. PLOS ONE, 2013. **8** (9): p. e71529.

[44] De Luka, S. R., et al., Subchronic exposure to static magnetic field differently affects zinc and copper content in murine organs. Int J Radiat Biol, 2016. **92** (3): p. 140-147.

[45] Milovanovich, I. D., et al., Homogeneous static magnetic field of different orientation induces biological changes in subacutely exposed mice. Environ Sci Pollut Res Int, 2016. **23** (2): p. 1584-1597.

[46] Durmus, N. G., et al., Magnetic levitation of single cells. Proc Natl Acad Sci U S A, 2015. **112** (28): p. E3661-E3668.

[47] Colbert, A. P., M. S. Markov, and J. S. Souder, Static magnetic field therapy: Dosimetry considerations. J Altern Complement Med, 2008. **14** (5): p. 577-582.

[48] Colbert, A. P., et al., Static magnetic field therapy: A critical review of treatment parameters. Evid Based Complement Alternat Med, 2009. **6** (2): p. 133-139.

[49] Kirson, E. D., et al., Disruption of cancer cell replication by alternating electric fields. Cancer Res, 2004. **64** (9): p. 3288-3295.

[50] Pless, M. and U. Weinberg, Tumor treating fields: Concept, evidence and future. Expert Opin Investig Drugs, 2011. **20** (8): p. 1099-1106.

[51] Davies, A. M., U. Weinberg, and Y. Palti, Tumor treating fields: A new frontier in

cancer therapy. Ann N Y Acad Sci，2013. **1291**：p. 86-95.

[52] Cohen，D.，et al.，*Magnetic fields produced by steady currents in the body*. Proc Natl Acad Sci U S A，1980. **77**（3）：p. 1447-1451.

[53] Zimmerman，J. E.，P. Thiene，and J. T. Harding，*Design and operation of stable Rf-biased superconducting point-contact quantum devices，and a note on properties of perfectly clean metal contacts*. Journal of Applied Physics，1970. **41**（4）：p. 1572-1580.

[54] Hamalainen，M.，et al.，*Magnetoencephalography—theory，instrumentation，and applications to noninvasive studies of the working human brain*. Reviews of Modern Physics，1993. **65**（2）：p. 413-497.

[55] Cohen，D.，*Magnetoencephalography：Evidence of magnetic fields produced by alpha-rhythm currents*. Science，1968. **161**（3843）：p. 784-786.

[56] O'Neill，G. C.，et al.，*Measuring electrophysiological connectivity by power envelope correlation：A technical review on MEG methods*. Phys Med Biol，2015. **60**（21）：p. R271-R295.

[57] Brookes，M. J.，et al.，*Investigating the electrophysiological basis of resting state networks using magnetoencephalography*. Proceedings of the National Academy of Sciences of the United States of America，2011. **108**（40）：p. 16783-16788.

[58] He，B.，et al.，*Electrophysiological imaging of brain activity and connectivity-challenges and opportunities*. IEEE Trans Biomed Eng，2011. **58**（7）：p. 1918-1931.

[59] Pizzella，V.，et al.，*Magnetoencephalography in the study of brain dynamics*. Funct Neurol，2014. **29**（4）：p. 241-253.

[60] Kida，T.，E. Tanaka，and R. Kakigi，*Multi-dimensional dynamics of human electromagnetic brain activity*. Front Hum Neurosci，2015. **9**：p. 713.

[61] Stefan，H. and E. Trinka，*Magnetoencephalography（MEG）：Past，current and future perspectives for improved differentiation and treatment of epilepsies*. Seizure，2017. **44**：p. 121-124.

[62] Kandori，A.，et al.，*Subtraction magnetocardiogram for detecting coronary heart disease*. Ann Noninvasive Electrocardiol，2010. **15**（4）：p. 360-368.

[63] Wu，Y. H.，et al.，*Noninvasive diagnosis of coronary artery disease using two parameters extracted in an extrema circle of magnetocardiogram*. 2013 35th Annual International Conference of the IEEE Engineering in Medicine and Biology Society（Embc），2013：p. 1843-1846.

[64] Cohen，D.，*Magnetoencephalography：Detection of the brain's electrical activity with a superconducting magnetometer*. Science，1972. **175**（4022）：p. 664-666.

[65] Hall，E. L.，et al.，*The relationship between MEG and fMRI*. Neuroimage，2014. **102**：p. 80-91.

[66] Kim D，et al.，*Accuracy of MEG in localizing irritative zone and seizure onset zone：*

Quantitative comparison between MEG and intracranial EEG. Epilepsy Res，2016. **127**：p. 291-301.

[67] Pang，E. W. and O. C. Snead Iii，*From structure to circuits：The contribution of MEG connectivity studies to functional neurosurgery*. Front Neuroanat，2016. **10**：p. 67.

[68] Hunold，A.，et al.，*EEG and MEG：Sensitivity to epileptic spike activity as function of source orientation and depth*. Physiological Measurement，2016. **37**（7）：p. 1146-1162.

[69] Pittau，F. and S. Vulliemoz，*Functional brain networks in epilepsy：Recent advances in noninvasive mapping*. Curr Opin Neurol，2015. **28**（4）：p. 338-343.

第3章
电磁场生物传感效应的分子机制①

　　几乎所有已被科学研究的生物样品都显示出了一些对磁场的生物响应，因此继续研究生物系统如何感知响应磁场并转化为生理反应从而治疗人类疾病便显得非常具有吸引力。为了实现这一目标，本章总结了已知的一组不同跨门类生物中的电磁传感现象，并讨论其应用于人类（或某些情况下不适用）的潜在机制。

3.1　引　　言

　　本章主要探讨的是电磁场（EMFs）疗效的生物学基础，重点是稳态磁场（SMFs；笔者将在 3.2 节简要回顾磁学的基本概念）对于人类的作用。目前还没有清楚的并被人们广泛接受的稳态磁场对人类健康的效用的结论；事实上，主流媒体以及一些科学文献还对稳态磁场是否有效果保持怀疑态度。例如，研究发现电磁场（通常）没有有害的作用，可是这个结果却被演绎成了电磁场缺乏有益影响。然而大量的证据表明，生活在（或接近）高压输电线附近并不会增加患癌症的风险[1-3]。但是对某些人来说，没有坏处也就意味着可能也没有任何好处。

　　另外，目前大家所公认的是，有一大部分生物体，包括从细菌、软体动物、甲壳动物到鱼类、两栖动物、爬行动物、鸟类和哺乳动物[4]，均利用地球的微弱磁场（地磁场）进行定位、导航、测向以及其他行为，笔者将在 3.3 节对此进行简要介绍（详细内容见本书第 2、4、5 章）。作为这一现象的证据，一些物种的磁感应的某些机制是高度特异性的，并且这些机制不能直接适用于人类。

---

　　① 本章原英文版作者为美国约翰·霍普金斯大学的 Kevin Yarema 教授，因此本章节中的"笔者"均指 Kevin Yarema 教授。

而在某些情况下，磁感应的潜在分子基础和许多门类生物所涉及的广泛机制至少能为人类细胞、组织和器官如何响应稳态磁场提供概念基础。至少，我们可以从非哺乳动物系统出发来研究人类磁场感应。例如，目前人们正在努力研究人体中磁铁颗粒（magnetite）的存在及活性，而该物质是半个世纪前于原核生物中发现的（磁铁颗粒的发现和研究情况将会作为一个"著名"的磁传感器的典型机制贯穿本章，将在 3.4 节与自然界中其他已知的磁感应现象一起详细介绍）。

虽然人们对磁感应如何发生已经明确，但是对磁场生物传感的很多方面依然知之甚少，某些情况下很可能存在仍然未被发现的基本机制。而这很有可能就存在于人体之中，所以人类究竟是否有能力感应磁场仍然是有争议的，更不用说对磁场做出反应（这一点在本书第 7 章中会详细讨论）。3.5 节将会概述自然界中发现的其他可能适用于人类的磁传感机制，以及对人类细胞、组织和器官能感知和响应磁场的"新奇"方式的推测。

3.2　磁学的基本概念

本节简要介绍与生物系统相关的磁学基本概念和定义；自然界中更多的磁现象详见本书第 1 章（或物理学入门教材或可靠的网络资源，如维基百科）。这里介绍的信息主要是为了给读者提供足够的基础而无需参考外部资料，从而了解本章的后续内容。

3.2.1　铁磁性、顺磁性和抗磁性

铁磁性是"日常"磁性，例如，永磁铁（如无处不在的冰箱磁吸）或是可移动的汽车保险杠贴纸都是铁磁性的。当暴露于磁场中时，铁磁性物质会被磁化，并在磁场移除后永久保留此特征。需要说明的是，从严格意义上说磁性并不是永久的，因为磁场强度往往会随着时间的推移而减弱，并且也会被随后的外加场所影响（即磁场方向会被逆转）；然而，铁磁体的磁场强度在很长一段时间里是非常稳定的。需要注意的第二点是，尽管概念中的"铁"字暗示我们铁磁体中含有铁，但是其他金属也是具有铁磁特性的，包括含有镍、钴、或一些稀土元素（如众所周知的钕）的大部分合金。对于生物磁感应而言，非常重要的最后一点特征就是这些金属并不是天然具有磁性的，但是必须具有较高的组织程度。例如，铁在溶液中或在大部分生理条件下（例如，当铁与红细胞中的血红蛋白络合时）不具有铁磁性。而金属原子（对于铁，通常指的是铁氧化物）

必须被组织成不同的晶体结构才具有铁磁性；这种结构在矿物界中以天然磁石（铁矿石）的形式大量出现，在某些特殊情况下也会出现在生物中，如磁铁颗粒。

顺磁性物质在磁场中具有"变磁性"，当磁场消失时，这种效应会迅速衰减。该类物质包括具有自由电子的金属和许多具有未成对电子的生物分子。事实上，在生物学中，许多蛋白与具有未成对电子的金属络合，从而导致了目前常用的电子顺磁共振（EPR）技术的发展[5]。抗磁性是所有材料均具有的性质，其在外加磁场条件下会被诱导产生与外加磁场相反的磁场；换言之就是诱导出来的磁场试图抵抗外加场（注意这与顺磁性相反，顺磁性是由外加场诱导产生的，且方向与之一致的磁场）。在从水到生物大分子的生物系统中发现的分子通常只有很微弱的抗磁性，并且很容易被外加磁场或是分子周围的顺磁性或铁磁性掩盖。

3.2.2　磁场种类和强度

生命的进化过程是在地球的磁场（即"地磁"）环境下进行的；地球表面地磁场（GMF）的方向和强度是随着时间和空间的变化而变化的，通常在 $25\sim65\mu T$〔微特斯拉；或 $0.25\sim0.65Gs$（$1T=10000Gs$）〕范围内。因为人们在日常生活中在没有专门的工具的情况下无法用有意义或者明显的方法检测这种磁场，所以这种磁场被认为是"微弱的"。为了使读者对磁场强度有直观的了解，笔者举几个例子：人脑会产生更加微弱的磁场（$0.1\sim1pT$），而常用的心脏起搏器能产生比地磁场高一个数量级的磁场（约 $500\mu T$）；冰箱磁吸的场强则更要高一个数量级（约 $5mT$）；图 3.1 显示了一台定制的能够培养人类细胞的磁场装置，它能提供比冰箱磁吸高约两个数量级的磁场（约 $0.25T$）；立体声扬声器或是 MRI 仪可以产生再高一个数量级的磁场（$1\sim3T$）；最后一个例子就是著名的能让青蛙"飞起来"的 17T 磁场了（详见本书第 1 章）。本章中，地磁场的强度范围被定义为"微弱"；而对于强度更高的磁场，低于 1T 的范围被认为是"中等"强度，高于 1T 的范围被定义为"强/高"场（大多数磁疗用磁场强度属于中等强度）。最后，虽然很多电磁场（EMFs）会随时间变化，但是本章主要讨论的是不随时间变化的稳态磁场（缩写是 SMFs；其他用于人类治疗的电磁场种类将在本书第 7 章讨论）。虽然某些文献中提到低于 100Hz 的电磁场与稳态磁场有相似甚至相同的生物学效应[6]，但是除非另有说明，本章中提到的稳态磁场即不随时间变化的磁场。

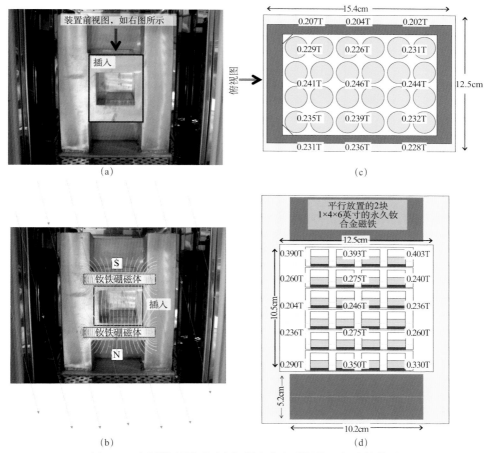

图 3.1　定制的利用"医疗"强度稳态磁场处理细胞的装置

(a) 该装置是在一台标准细胞培养箱中安装一套永久钕合金磁铁（表面镀上一层铝）。(b) 用灰线近似显示了该位置的地磁场分布（装置位于美国马里兰州巴尔的摩市），用彩线显示装置产生的稳态磁场分布情况。(c) 是 (a) 的俯视图，显示样品腔的尺寸和置于腔体上下中心位置的标准 24 孔板不同点的场强情况。(d) 是 (a) 的前视图，显示了钕磁铁的位置和垂直方向上磁场强度的变化（暗红色表示"细胞"，橙色表示细胞培养基）。该装置在进行生物学研究时，通常只用中间四层（最低一层放空板），所以使得细胞通常被暴露于 0.23～0.28T 的稳态磁场[7,8]中

3.3　各种生物磁感应现象综述

目前已知感应磁场（或称"磁感应"）的能力几乎存在于所有门类的能够移动的生物体，小到原始的利用地磁场在水中上下移动的趋磁细菌和利用磁场在

土壤中上下运动的线虫，大到如蝴蝶、鸟类甚至哺乳动物利用地磁场导航进行长途迁移，本节将简要介绍一些具有磁感应功能的生物和其中的初步机制。这部分内容并不是很全面（更多细节详见本书第 5 章），但是却为以后要论述的自然界中已知和假设的三种"著名的"磁感应模型（磁铁颗粒、化学和诱导）生物磁感应机制打下了基础，详见 3.4 节。

3.3.1　细菌

1963 年，意大利学者 Salvatore Bellini 在其专著中首次描述了趋磁细菌，12 年后 Robert Blakemore 在一篇开创性的同行评议报告中再次提到它，之后他在 1982 年的微生物学年度综述中再次对趋磁细菌进行了详细论述[9~11]。这种细菌含有纳米级的立方八面体铁颗粒构成的"永久"小磁体（平均尺寸约为 420Å），使得它们能利用地磁场（0.25~0.65Gs）或是外加磁场定位。这种定位在本质上是完全被动的（例如，死亡的趋磁细菌仍然会沿着外加磁场排布），活菌会沿着磁场方向游动，在北半球便主要向北方游动，而处于南半球则主要向南方游动[11]。半个世纪后的今天，随着对铁颗粒整合成为更高级结构（如"磁小体"）的理解逐步加深，对趋磁细菌的研究依然火热。因此，洞察这些结构的生物合成机制，探索这些微生物在变化环境中的铁代谢生理的动态控制便尤为重要[12]。虽然这与人体健康和磁疗并没有直接的关系，但是趋磁细菌恰好说明了即使"原始"的生物也有能力利用磁感应在竞争中提高生存率，获得进化优势。

3.3.2　无脊椎动物

如前所述，即使是如趋磁细菌这类单细胞生物也具有非凡的能力利用磁感应进行定向运动；接下来，我们继续讨论更加复杂的生物，来说明多种生命形式是如何使用附加的生化策略来获得感应和利用磁场的能力。

3.3.2.1　线虫

在实验室环境中，秀丽隐杆线虫（一种土壤线虫）是非常好的研究对象，是研究"简单"多细胞生物的典型生物模型。例如，这种生物的所有神经元都被映射解析，使得科学家可以在分子和基因水平上对脑功能进行细致的研究（至少是具有功能性大脑的秀丽隐杆线虫）。为了补充和扩展这些线虫的实验室研究，Vidal-Gadea 等学者在最近的一篇文章中提到了"野生"秀丽隐杆线虫中存在有趣的磁感应现象，实验发现世界各地不同区域分离得到的不同种群在它们的原土壤中均会沿外加磁场呈一定角度地运动，尤其偏好垂直运动，而北半球和南半球的线虫往往显示出相反的运动偏好[13]。1999 年，Mori 等学者研究发现秀丽隐杆线虫趋磁性相关的基因在一对温度感知神经元 AFD 中表达[14]。这些细胞的趋磁性的特定基因包括两个独立的突变型等位基因 ttx-1（对 AFD 分化非常重要）；三突变体缺乏的鸟苷酸环化酶 gcy-23、gcy-8 和 gcy-18（AFD 功能的关键基因）；还有两个独立的突变型等位基因 tax-4 和 tax-2，它们负责编码参与感觉神经元刺激传导的 cGMP 门控离子通道蛋白亚基[13]。

3.3.2.2　软体动物和甲壳类动物

早在 30 年前便有文献报道了一种海洋软体动物海蛞蝓（tritonia diomedea）具有类似于线虫的地磁场定位能力[15]，并且追踪到了特定的神经元。20 世纪 80 年代末开始了对软体动物磁感应的一系列研究，美国学者 Lohmann 等首次报道地磁强度的磁场扰动改变了软体动物单个神经元（LPd5）的电活动[16]；随后的研究又确定了另外三种类似的神经元：RPd5、LPd6 和 RPd6[17]。当环境磁场的水平分量发生旋转时，这些神经元便会产生更多的动作电位，而当来自大脑的神经信号被切断后这种反应便又消失了，该现象让科学家提出地磁传感器位于外周神经的猜想，即影响大脑功能的磁生物传感器（一般）"可能在大脚趾，甚至任何地方"[18,19]。

除了软体动物，甲壳类生物也是另一个著名的响应地磁场的海洋生物类别，其中最典型的就是刺龙虾（spiny lobster）[20]。Lohmann 和 Ersnt 认为刺龙虾具有类似于鲑鱼和鼹鼠的极性磁罗盘，该结构能够利用地磁场的水平分量确定北方（另一种自然界中发现的磁罗盘是鸟类和海龟使用的磁倾角罗盘，该结构将磁场方向与重力方向的夹角最小的位置定义为"极点"[20]）。到目前为止，类似于软体动物（其地磁传感器被认为存在于大脑本身之外）和线虫（实际上其分子水平的生物传感器仍然未知），具有磁感应功能的甲壳类动物的感应器位置尚不明确。有一种可能性是，如趋磁细菌一样利用直径约 50nm 的磁性纳米颗粒作为受体。支持这一观点的证据是虾和藤壶含有比背景水平高的能够响应地磁场的磁性材料；非常明显的是，对这些假定有磁受体功能的磁铁颗粒进行退磁处理之后，这些物种便会迷失方向，之后以另外一个方向使磁铁颗粒再次磁化后能够让它们的磁倾向偏转[20,21]。

除了磁铁颗粒，水生生物另一种磁感应方式是利用电磁诱导（详见 3.4.3 节），当导电材料以不平行于磁感线方向运动时便会产生该现象（海水特别有利于电流传导）。最终，物体中正负电荷粒子反向运动会产生电压，该电压大小取决于该物体相对于磁场的运动速度[20]。最后要提出的是，化学磁受体存在于多种动物中，但是在甲壳类动物中还未发现[20]，该内容将在 3.4.2 节中讨论。

3.3.2.3 昆虫

上文提到的甲壳类动物属于节肢动物，与昆虫属于同一门类，因此包括蚂蚁、蜜蜂等昆虫也具有磁感应功能和趋磁性就不足为奇[22]。目前对蜜蜂的磁感应研究的很多，因为它们是农业中重要的传粉工具；这一角色主要依赖于它们的测向能力和天生具有的指南针特性，使得它们能够找到和"记住"长达5公里远的食物。早期研究表明，蜜蜂具有磁性剩磁，推测其具有磁铁颗粒[23]，之后的电子顺磁共振（EPR）成像检测表明，蜜蜂的磁铁颗粒主要分布在腹部[24]。

尽管相关研究已有几十年，但是对蜜蜂磁感应的确切机制仍有争议。例如，对大黄蜂的最新研究表明，具有磁性的铁基颗粒不仅如蜜蜂一样存在于其腹部，而且还广泛分布于翅膀和头部的外周部位，该现象为研究以磁铁颗粒为基础的定向功能如何在此类昆虫中发挥作用提供了新的模型[25]。2012年，两名捷克学者发现了新的证据，表明蜜蜂可能具有包含光化学反应的双传感系统[26]。最近的一项研究淡化了这种机制，因为实验表明蜜蜂的磁感应功能在完全黑暗的条件下依然有效，而并不需要光化学反应来辅助[27]（自由基对模型将在3.4.2节详细论述，下面解释"化学"磁感应对光的需求）。具有定向和远距离迁移能力的昆虫和脊椎动物（特别是几种鸟类）的双传感器磁感应似乎都依赖于磁铁颗粒和化学磁感应。而另一种可能性是蜜蜂虽然具有两种感应方式，但是它们均具有相互独立的工作模式，而且化学磁感应属于"备用"机制[28]。

3.3.3 脊椎动物

3.3.3.1 综述

上述讨论的几种"古老的"生物往往具有独特的生物学功能，然而如脊椎动物的更高等门类生物却没有这些功能（例如，虽然磁铁颗粒也存在于多种高等动物体内，但趋磁细菌特有的铁基磁小体却未在高于原核生物的物种中发现）。然而，有一个事实是不容忽视的，那就是包括脊椎动物在内的许多高等生物至少在某些情况下也具有磁感应能力，而且是依赖于非磁性生物传感器。例如，多种鱼类——尤其是鲨鱼（将会在3.4.3节详细介绍）——均具有特殊的电感应器官，科学家认为该器官通过电磁感应实现磁感应的功能。而其他物种，如鲑鱼，则利用磁场进行远距离的航行，它们要从遥远广阔的海洋洄游到准确的出生地和繁殖地进行产卵，这需要它们在逆流前行时能够在多个河口间做出准确的选择。此外，许多两栖类和爬行类动物均具有检测磁场的能力（详见本书第5章）。虽然这些现象都非常有趣，但笔者对此不再做进一步描述，而是想着重讨论鸟类（3.3.3.2节）（化学磁感应；3.4.2节）和与人类有许多相似之处的哺乳动物（3.3.3.3 节），便于提出一个合理的科学理论来解释磁场是如何影响生物学活动，以及如何应用于人类治疗。

3.3.3.2　鸟类

多种鸟类都具有磁感应能力，这的确可能是鸟类所普遍拥有的。最典型的例子就是北极燕鸥，它真的能够从地球的一端导航迁徙到另一端。相比于北极燕鸥，信鸽的旅行距离虽然较短，但是却可以利用磁场信息进行精确定位，尤其是其惊人的归巢能力，据研究是归功于其喙上的磁铁颗粒受体。然而这些磁受体只记录磁场强度，因此只是鸟的多因素导航定位能力的一个组成部分[29]。越来越多令人信服的证据表明，鸟类似乎和蜜蜂一样使用磁铁颗粒和光感受体的双重传感系统来感应地磁场。鸟类的光传感能力已被证实与隐花色素蛋白相关，具体内容将在 3.4.2 节详述。简单地说，这种蛋白存在于一些视网膜细胞的细胞核中，并参与昼夜节律。最近，Bolte 和他的同事们发现了隐花色素（Cry1a 和 Cry1b）在候鸟（如欧洲知更鸟和信鸽）的视网膜细胞的胞质中的存在形式，这些候鸟利用光和磁场进行定向[30]。这些隐花色素独特的胞质定位提示它们并不参与昼夜节律，相反，它们的非核定位恰好说明它们参与了光感基础的磁感应。

3.3.3.3　哺乳动物

哺乳动物磁感应机制的研究相较于细菌和鸟类等其他物种来说是相对滞后的，尽管目前细菌和鸟类的磁感应机制还存在着疑惑，但已被很大程度地开发。尽管如此，近来在哺乳动物中的磁场感测研究[31]显示出许多有趣的（多是初步的和迄今为止还无法确定的）证据，一些证据可以表明与人类亲缘关系很近的哺乳动物利用多种方式响应磁场。值得注意的是，磁感应研究发现哺乳动物可以利用地磁场归巢和定位，因此有志于在哺乳动物中重现广泛存在于多门类生物的趋磁性功能的研究者们可以将注意力集中于这一特性。简言之，已有研究表明鲸类可以利用磁场信号迁徙数千公里；磁场导航归巢的最好例子就是啮齿类动物，它们可以从远离巢穴几百米（甚至更远）的地方成功返回；蝙蝠具有顺着磁场筑巢的习性；最后，牛、羊、鹿甚至狗都喜欢让身体沿着南北磁轴（原因不清楚）[31]。

哺乳动物不仅能利用地磁场定位和归巢，还能利用它进行其他活动。例如，赤狐在捕猎小鼠时，当视线被积雪或是高的植被遮挡后，它们会沿着地磁场方向进行跳跃攻击，这样往往会成功[32]。本章和本书的最终目标是对应用于人体的磁疗做出公正客观科学的评价，而与之相关的研究早在 1994 年已有报道，小鼠（可能是刚才那只"狐"口脱险的小鼠吧）应激镇痛实验（无法感受疼痛）

结果与稳态磁场有关[33]。随后的研究表明，环境磁场被屏蔽（亚磁环境或"HMFs"）会降低这些啮齿动物的应激镇痛[34,35]。目前相关研究已经证实，接触（或不接触）微弱磁场可能会在生物医学方面影响哺乳动物。这些研究尤其为磁疗即使在低场强条件下也对哺乳动物可行的观点提供了依据（详见本书第7章）。而且从理论上来讲，这些效应可以被具有更高磁场强度的、医疗领域的特制设备所补充、增强、并放大。

3.4　生物磁受体的种类

笔者在3.3节讨论生物磁感应时强调了两种在不同类别的物种中检测磁场的主要的分子机制。第一种就是在多种具有定位和其他生物响应功能的物种中最普遍存在的磁铁颗粒（详见3.4.1节）。而随着研究的进一步深入，越来越多的证据表明磁感应还有第二种模式，即自由基对模型（RPM），这也提醒了大家一点，就是我们并没有完全了解各种生物的磁感应机制[20]。RPM的生物迭代大多利用了隐花色素蛋白，而隐花色素蛋白作为磁罗盘的一部分则影响着从大黄蜂到鸟类的磁感应，甚至早在二十多年前被发现可通过光和磁场的双重调控影响小鼠的痛觉[33]。隐花色素和其他的磁感应化学机制将在3.4.2节进一步讨论。最后在3.4.3节还会给读者介绍第三种更特殊的磁感应模式——电诱导。

3.4.1　磁铁颗粒

3.4.1.1　原核生物中的结构与生物合成

磁铁颗粒可以被认为是原始的生物磁受体。说它"原始"主要有两个原因：一是从进化的角度来看，在进化早期的生命形式（如细菌和单细胞藻类）中便有了磁铁颗粒的存在[36]；二是从科学研究的角度来看，它是最早被科学家发现和研究的生物磁受体（早在半个世纪之前就发现它与生物的行为反应有关[9,10]）。磁铁颗粒广泛存在于非生物矿物界，是铁矿石的主要来源；其化学本质是氧化铁结晶（Fe_3O_4），是一种铁磁性晶体，因此在外加磁场处理后便会成为永磁体。在细菌中，单个磁铁颗粒的大小分布在 $35\sim120$ nm，比化学合成产物要窄很多[37]；而原核生物合成的磁铁颗粒的尺寸范围与单畴晶体相近，在 $20\sim100$ nm[38]。在趋磁细菌中，大约20个磁铁颗粒晶体沿着细胞长轴排列成"磁小体"（通常是线性）。每个磁铁颗粒晶体被膜包围着，并通过细胞骨架微丝连接到细胞壁[38]。原核生物中的磁小体生物合成的过程非常复杂，涉及独特的细胞器矿化过程。随着研究的深入，越来越多的谜题被科学家们解开，目前已知该过程需要很多基因的参与，包括启动成核和参与晶体生长的基因[38-41]。

3.4.1.2　包括人类在内的高等生物体内的分布与功能

目前已经在很多物种中发现了磁铁颗粒，包括甲壳动物、昆虫、鸟类、鲑鱼、海龟和其他动物（甚至是牛等哺乳动物），它们可以利用地磁场进行定位。虽然对此还存在争议，但是已有文献报道磁铁颗粒存在于人类大脑、心脏、脾脏和肝脏中[42,43]。由高等动物体内分离的磁铁颗粒通常以单畴晶体形式存在，这一点与趋磁细胞的磁小体组成类似[44]。然而，人类等高等生物的磁性颗粒的起源和来源目前还不是很清楚，因为还未发现与细菌磁铁颗粒生物合成相关基因功能相似的基因（Mms5、Mms6、Mms7/MamD、Mms13/MamC、MamF、ManG 和 MmsF[38]），此外磁铁颗粒的自发化学结晶也导致其粒径分布范围比自然界发现的更大[37]。

从机制上来讲，磁铁颗粒晶体可能通过多种方式将地磁场信息传导至神经系统（或其他器官系统）[20]。这些机制是根据细菌磁小体的研究结果推测而来的，在磁小体系统中，每个磁铁颗粒晶体被膜包裹，所构成的这个较大结构通过细胞骨架微丝连接到细胞壁，为力转导提供了一个化学机制[38]。值得注意的是，当晶体状磁铁纳米粒子试图顺着地磁场或外加磁场进行扭转时，扭力矩将由磁小体传递到细胞骨架上。如果高等生物中也有类似的系统，那么力将通过类似的机制传递到第二受体（如牵张力受体、毛细胞或机械刺激受体）；另一种可能是胞内的磁铁颗粒晶体的扭转直接（或间接）打开了离子通道[45]。

学者在对虾和藤壶的研究中发现，当假定的磁铁颗粒受体被退磁处理后，它们便会迷失方向，而在另一个方向外加磁场重新磁化后它们又可以进行重新定向，这成为磁铁颗粒和细胞骨架间的物理联系的间接证据[20,21]。如果磁铁颗粒晶体在细胞内能够自由旋转，它们将迅速采取随机取向，而这与观察到的现象并不一致，因为后者需要生物体内的所有（或至少部分）磁铁颗粒以一定的方式对齐。因此，磁铁颗粒可能必须要与更大的生物大分子连接，如细胞骨架（有两个功能，一是固定磁铁颗粒晶体，二是当纳米颗粒试图扭转到与地磁场或其他外加场方向相一致时，可以起到传递力的作用）。图 3.2 从概念上阐述了磁铁颗粒与细胞骨架之间的联系，以及力如何传递到膜组件上，同时 Cadiou 和 McNaughton 提出了这种力传递在真核细胞中的可能作用方式的详细描述[45]。

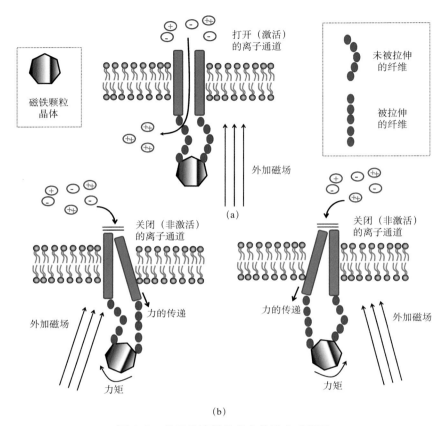

图 3.2 基于磁铁颗粒的力传递方式模型

（a）处于"开放"构象的离子通道，胞内的磁铁颗粒通过未拉伸的细胞骨架微丝与之相连；该状态下磁铁颗粒磁场与外加磁场方向一致。（b）当磁铁颗粒与外加磁场发生错位时，磁铁颗粒会试图偏转到与外加场相一致的方向，导致了力矩的产生，从而拉升微丝并且导致力传递到膜组件上（在这个过程中，离子通道发生扭曲，随后其活性发生变化）

3.4.2 化学磁感应

3.4.2.1 背景：自由基对模型（RPM）的化学基础

通过自由基中间体进行的化学反应可能受到改变反应速率，产率或产物分布的磁场效应（MFEs）的影响[46]；"自由基对模型"（RPM）引起这一效应。当基态前体物质（如 A 和 B）被激发产生两个单线态自由基，即一个自旋相关自由基对（RP）时，RPM 反应开始；单线态自由基对电子会导致自旋选择性反应从而产生单线态的产物（图 3.3）。然而，如果在单线态产物形成的类似（或更快）的时间尺度上自旋态的相干演化将单线自由基对转变为三线自由基对，则会产生三线态产物，最终导致不同的反应动力学或是产生不同的化学反应组分。

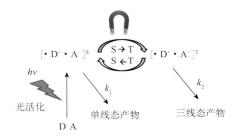

图 3.3 自由基对模型（RPM）概念图

（磁感应过程中激活）产生的自旋耦合的自由基对使得供体分子（D）传递一个电子到一个受体分子（A）。外加的磁场影响自由基对在单线态（S）和三线态（T）之间转换；通常情况下，外加磁场的存在增加了三线态的瞬时丰度从而导致更快地产生三线态产物（即在外加磁场或地磁场感应过程中，k_2 相较 k_1 要增大，使得反应的自旋耦合自由基对与外加场适当地对齐）（该图根据文献和维基百科内容绘制[46,47]）

当自旋相关的自由基对被磁相互作用驱动从而在单线态和三线态之间互相转换时，磁场就开始发挥作用了。值得注意的是，即使是微弱的外加磁场（对反应物的影响甚至小于生理温度下的热运动造成的影响）也可能深刻地影响RPM反应的产物形成。2009 年 Rodgers 做了一个很贴切的比喻，他将外加磁场的影响比喻成一列火车正在接近道岔[46]，机车牵引整列火车前进需要大量的能量，但到达最终的目的地（即反应产物的组成）和所花费的时间（即反应动力学）则完全取决于关键部位的少量能量输出（如某个人几秒钟的努力所提供的能量），用来"扳道岔"使得从一条路线转移到另一个目的地。这种相对较小的力就相当于磁场（甚至是微弱的地磁场）的作用，它能决定最终的 RPM 反应产物。

3.4.2.2 磁场生物感应中的自由基对模型

综上所述，RPM 反应为地磁场等微弱磁场提供了除磁铁颗粒以外的第二种生物传感器。所提出的这种机制需要在反应起始产生自由基中间体。在纯粹的化学系统中，为了达到此目的，适当的自由基诱导催化剂可以被引入系统中；而在此类催化剂不起作用的生物系统中，通常需要吸收光子（即来自可见光）从而引发 RP 的产生。因此，这种感应磁场的受体需要位于光可以穿透到达的有机体表面或是表面几百微米以下的部位。从逻辑上讲，这种受体很可能位于眼睛，因为它能够最大程度地接收光线；根据这一推断，隐花色素蛋白便成为磁感应受体的理想"候选者"。2000 年，Ritz 等提出隐花色素可能是感应磁场的受体[47]；他们认为这种受体蛋白在暴露于蓝光中时，会将一个电子转移到黄素腺嘌呤二核苷酸（FAD）中，从而使得蛋白质和类黄酮均含有未成对电子，即RPM反应所需要的"自由基对"。应当指出的是，精确的RPM反应物仍然不明确；虽然近期有文献报道推测，除了黄素以外，另一个RPM反应物可能是抗坏血酸[48]，但是学者们还是普遍认为另一个自由基对很可能是隐花色素蛋白上的三个色氨酸残基之一。然而，RPM反应通过化学磁感应方式"激活"隐花色素蛋白，通常与上面讨论的磁铁颗粒机制共同联合作用。

研究表明，隐花色素发挥功能需要持续的光激发[49]，这就解释了为什么需要光照与磁场同时存在——即上文提到的蜜蜂、鸟类和小鼠的"双重感应"机制。由于RPM反应中两个未成对电子的自旋会受到彼此和环境磁场（相对于地磁场或感应场的取向）的影响，所以外加磁场的存在与否、相对强度及方向均会影响隐花色素处于激活状态的时间[47]。同时，隐花色素的激活又会反过来影响视网膜神经元的光敏感性，最终导致的结果就是鸟（或蜜蜂）能够看见由磁场造成的色彩漂移[47]。事实上，双重感应机制所依赖的持续光激发理论上可能用于去卷积的磁感应行为；例如，虽然蜜蜂具有RPM磁感应的生化机制，但是它们在黑暗环境中也可以利用磁罗盘，这一现象表明利用磁场定向的能力是可以只通过磁铁颗粒机制实现的[27]。

3.4.3 电磁感应/诱导（electromagnetic induction）

3.4.3.1 生物感应先例：洛伦兹壶腹

早在20世纪60年代，科学家就发现鲨鱼、黄貂鱼和某些软骨鱼类都具有一种检测电位变化的电感受器官，称为洛伦兹壶腹（the ampullae of Lorenzini）。这种特殊的结构使得这些海洋生物能够在水中探测到直流电（DC），帮助其感知猎物和捕食者产生的微弱电场[50]。洛伦兹壶腹甚至能让鲨鱼（或其他具有这种生理结构的动物）检测到非常微弱的磁场[51]。这种能力是由导电材料以不平行于磁场线方向通过磁场所造成的，这种切割磁场线的运动使得正负电荷分别运动到物体的两侧从而产生电压[52]。因此，产生的电压大小就取决于物体相对于磁场的运动速度。从物理学的角度来看，这种现象被称为"霍尔效应"，即磁场会对运动的带电粒子流施加力的作用，所以垂直于电流方向的磁场会施加力从而偏转和分离带电粒子。据研究人员推测，某些特殊的生物系统（或器官）在宿主做切割稳态磁场运动时便能够检测和响应这种电荷电势失配。

3.4.3.2 "霍尔效应"——真的与专门的电感受器官有关吗？

目前至少在网络上，人们往往利用霍尔效应来解释磁场的生物学效应，实际上是有一些明显的误导性的。例如，有一种说法是环绕原子核（它们被假设在空间中运动）轨道运动的电子（被认为是"带电粒子"）被推进到更高的速度，从而增强其化学反应活性（事实上，外加磁场只通过上面 3.4.2 节提到的特殊的 RPM 反应中的电子自旋效应影响化学反应）。另一种常见的误解是，霍尔效应可以用来解释磁场处理后观察到的血流变化。虽然血液中确实含有大量的带电（钠离子和氯离子）和顺磁性物质（某些氧化态的血红蛋白），但霍尔效应所产生的物理力的作用效果远小于血液流动的动能（后者是由心脏的机械作用产生的，且它们之间通常差几个数量级），更不用提生物分子在体温下的热运动的影响了。所以，笔者认为某些生物在洛伦兹壶腹之外的其他部位利用电磁感应/诱导把磁场接触转换为生物响应这个观点，是值得怀疑的。

3.5　稳态磁场对人类生物学的作用机制

上文我们已经简单介绍了自然界生物中发现的与磁感应相关的生物感受器，下面我们将在人类生物学背景下重新审视它们，并且简单讨论一下它们是否在磁疗中也起着作用。在 3.5.1 节中我们将提到，现有的磁感应受体并不能为人体中所观察到的磁感应现象提供满意的解释；而在 3.5.2 节中，我们会提出其他可能性的猜测。

3.5.1　"已确定的"生物传感器/磁受体

3.5.1.1　磁铁颗粒

在过去的 30 年里，对于人体内的磁铁物质（如磁铁颗粒）有了一些阶段性的研究，同时一些研究也被揭示可能是由污染造成[19]；仔细阅读相关文献可知，很多研究的背景时期是近似的，当时人们普遍认为铝制炊具和容器带来的铝"污染"与阿尔茨海默病的斑块有关（回想起来真是令人难以置信）[53]。然而，关于人体中磁铁颗粒的其他报道仍然似是而非。其中一项在 1992 年发表在《美国国家科学院院刊（PNAS）》上的研究报道了人类大脑中磁铁颗粒样铁聚合物的详细参数[42]。这种晶体在结构上类似于趋磁细菌和鱼的磁铁颗粒，在各种脑组织中含量的最低水平是每克脑组织约 500 万单畴晶体。而在大脑的某些区域（如软脑膜和硬脑膜样品），其含量高达最低水平的约 20 倍；此外，磁铁颗粒簇能达到 50~100 个晶体。2010 年，有学者提出分布于（根据下一节列出的数据，更确切地说应当是"稀疏分布"）神经元和星形胶质细胞膜上的磁铁纳米颗粒在感知、传递和储存到达大脑皮层的信息方面起着重要作用[54]。

对这些发现所需要知道的背景是，1g 脑组织中大约有 10 亿个细胞。因此，如果磁铁颗粒簇位于胞内，那么 500~20000 个细胞内仅有一个细胞含有一个磁铁颗粒簇，这与基于磁铁颗粒的力/信号在真核细胞中的传导机制并不相符（图 3.2[45]）；而如果位于胞外，那么磁铁颗粒便可以直接影响其他细胞或与之相互作用。总之，根据研究所得的磁铁颗粒的含量，无论以哪种方式，只有相对一部分脑细胞可以通过基于磁铁颗粒的机制参与到磁感应中。

1981 年，Kirschvink 等便发现蜜蜂体内大约有 10^8 个磁铁颗粒晶体[55]，即一个质量约为 100 毫克的蜜蜂，其体内的磁铁颗粒含量约为 10^9 个/克体重，大概是一个质量基准的 200 倍。对于人类而言，可能只有一小部分神经细胞参与人体内的磁感应，所以想要找到这些细胞犹如"大海捞针"。从 PNAS 发文至今已经 25 年，通过人类大脑中的磁铁颗粒进行磁感应尚未得到证实[42]。然而，研究并未终止，这篇文章的主要作者 Joe Kirschvink 一直在不断探索人类大脑中磁感应的可能性。最近《科学》杂志上就报道了他和他的同事们如何进行下一步研究，去追求一个难以实现的目标——获得人类磁疗或其他磁场效应的"最终"证明[19]。

3.5.1.2　由隐花色素蛋白介导的化学磁感应

正如上文所提到的，科学家们正在计划着如何努力证实磁感应存在于人体中，这将是非常令人兴奋的工作[19]。应当指出的是，过去几十年内，学者们认为人类的大脑（和其他组织）含有磁铁颗粒，除此以外，人类很有可能也具有一套类似于蜜蜂、鸟类和小鼠的基于隐花色素蛋白的双重传感系统。目前有两个互补的证据能支持这一观点。首先，地球磁场可能会影响人类视觉系统的光敏感性[56,57]，唤起隐花色素为基础的磁感应系统，这已在其他物种中发现。其次，这一假说的生化基础也慢慢明晰起来。值得注意的是，人类眼睛中表达两种隐花色素蛋白（hCRY1 和 hCRY2），这表明至少从理论上讲它们是具有化学磁感应的生化基础的（目前的研究表明这些蛋白主要与昼夜节律有关）。2011 年，Foley 等学者进行了一项重要的研究，实验结果支持了这一假说。他们用跨物种转基因的方法证明了在人类视网膜中大量表达的 hCRY2，可以以光依赖的方式作为果蝇磁感应系统中的磁感应受体[58]。虽然这一结果表明 hCRY2 可以作为磁场感应的分子来起作用，但是必须强调的是，hCRY 蛋白在人类或其他哺乳动物（如狗和猿）体内的磁感应功能还没有确切的证据能证明，尽管这些生物也具有感应地磁场的能力，而且视网膜中也表达隐花色素蛋白（也许是巧合）[59]。

3.5.1.3　电磁感应理论：再谈稳态磁场对血红细胞的影响

磁场能够影响血液流动和心血管循环的观点很有说服力。如前所述，一个经常被提及却是错误的科学理论就是外加磁场会对载铁血红细胞（RBCs）产生诱导效应，从而影响整个循环系统的血液。一方面，有这样的想法是情有可原的，因为血红细胞一般占血液体积的 40% 或者更多，所以如果与磁场相关的感应确实发生的话，那么血液的整体循环就容易受影响。但是任何的感应力（或"霍尔效应"）都太微弱了，不足以可视性地影响血液成分。另一方面，一直有一种混淆与误传，那就是血红细胞里的铁是具有"磁性的"。其实因为它不是以晶体态的"磁铁颗粒"形式存在的，所以显然不具有铁磁性；然而，这种铁可以是顺磁性的，这一点长期以来一直被认为至少具有诊断价值，但并不是没有细微差别和附加说明。例如，1961 年就有一篇题为"利用磁感应解决血流量的测量问题"的文章报道了如何解决这个困扰了学界 20 年的技术难题，即利用发现于血红细胞的顺磁性铁移动时产生的电磁场来测定血液循环[60]。

在随后的几十年中，对磁场影响下的血红细胞中铁的研究越发深入复杂，例如，2003 年 Zborowski 等概述了不同类群的脱氧和含氧红细胞（如血红细胞）的磁泳迁移率的差别[61]。这项研究表明，随着新技术的发展，细胞追踪测速技术能够测量暴露于 1.4T 磁场（也就是 MRI 强度的磁场）下的脱氧和高铁血红蛋白红细胞的迁移速度。研究中发现含有 100% 脱氧血红蛋白的红细胞的磁泳迁移率为 3.86×10^{-6} mm^3 · s/kg，而含有 100% 高铁血红蛋白的红细胞的磁泳迁移率为 3.66×10^{-6} mm^3 · s/kg；换句话说，这两种血红蛋白都表现出顺磁性。相比之下，含氧红细胞的磁泳迁移率从 -0.2×10^{-6} mm^3 · s/kg 到 $+0.30 \times 10^{-6}$ mm^3 · s/kg，表明这些细胞主要是抗磁性的[61]。自 2003 年以来，这些指标的检测与分析已日臻成熟，电泳与磁泳方法均已用于医疗诊断，如对疟原虫感染红细胞的诊断[62]。

虽然目前血红细胞的磁特性正在被开发，并且确实可以被应用于诊断医学，但是外加磁场是否对血液循环有真正的治疗效果并不是那么清楚，而那些"磁疗"产品厂商们大多声称他们的"磁疗"产品是有疗效的（见本书第 7 章）。特别是上文提到的除 RPM 反应之外的不成对电子，作用于其上的微弱外加磁场（地磁场）的影响可以忽略不计，甚至强磁场（1.3～3T 的 MRI 强度磁场）也只有非常微弱的"化学"效应。包括美国 FDA 在内的监督机构的监管是相当宽松的，因为尽管缺乏清楚的效果，这些机构还是允许这些"保健"性的磁场设备被宣传为可以"治疗"几乎所有的疾病，而这主要是因为它们的安全性并不是问题[63]。但是需要指出的是，前一句的"治疗"一词在医学上是不完全准确，因为 FDA 特意禁止宣传磁场发生设备对任何特定疾病具有治疗作用。

3.5.2 "其他"人类生物传感器

3.5.2.1 人类似乎具有额外的磁感应能力

已有证据表明人类可以对磁场做出响应，例如，地磁场会影响我们眼睛的感光度[64]。这方面的证据仍然存在争议，因为（排除互联网上的非科学性信息）缺乏明确的证据来解释三种"权威的"磁感应模型（磁铁颗粒、化学磁感应和电磁感应）在人体中是如何发挥作用的。值得注意的是，尽管前两种模型在其他物种的视觉性地磁感知能力中是必需的，但是在人类中仍然还有很大的未知性。因为很多在低等动物身上（例如，在活体线虫大脑发现特定的神经元参与磁感受进程）进行的实验无法在人体进行，所以从某种程度而言进展十分缓慢。另一方面，禁止类似的实验在人体中进行虽然是出于伦理（其实是常识）的考虑，但反而是因祸得福，因为这迫使了研究人员利用细胞系来替代体内实验。这些研究使人们发现了在细胞水平上对磁场的响应方式，其实涉及了那三种"已知的"磁感应模型之外的其他机制。例如，置于孵箱黑暗条件下的固定化细胞用稳态磁场处理后并不会表现出化学磁感应（因为它们处于黑暗条件）或电磁感应/诱导（因为它们没有移动）；同样，也没有可信的机制论证这些细胞中有磁铁颗粒的存在。为了简要阐述这一点，我们接下来要讨论两个例子：一是基于 HMF（亚磁场）的生物学效应研究（3.5.2.2 节），另一个是笔者实验室的中等强度稳态磁场的生物学效应研究（3.5.2.3 节）。

3.5.2.2　HMF 通过细胞骨架影响细胞行为

2016 年，Mo 等发现 HMFs 会抑制细胞培养条件下生长的人神经母细胞瘤细胞（SH-SY5Y）中调控细胞迁移和细胞骨架装配的基因的表达，而这与磁铁颗粒、化学磁感应和电磁感应三种机制均无关[65]。除了基因表达分析，他们还发现 HMF 调控 SH-SY5Y 细胞的"全细胞"行为，包括细胞形态、黏附和运动，并且追踪到了肌动蛋白细胞骨架的变化。这一研究表明地磁场的消失会影响细胞运动相关的肌动蛋白细胞骨架的装配，并且表明 F-actin 可能是 HMF 作用的一个靶点和地磁场感应的一个潜在的新的介质[65]。

3.5.2.3　稳态磁场影响脂质膜及其下游通路

笔者实验室已经发表了两项研究成果，表明在明显没有经典化学磁感应机制（如隐花色素介导机制）的条件下，生物膜可以作为磁场的"生物传感器"。这些研究的基础是早在 1984 年就有文献报道稳态磁场能够改变磷脂的生物物理特性[66]，后来又发现能改变其高阶结构，如磷脂双分子层[67−69]。基于上述研究，我们推测生物膜系统可能是细胞培养研究中的感应磁场的最合理的"生物传感器"，因为在这种条件下磁铁颗粒机制是无效的，而且细胞也无法感受到光。此外，基于文献报道的稳态磁场对生物膜产生影响的临界值约为 0.2T[66]，所以我们将两个细胞实验的场强控制在 0.23～0.28T（该变化是由组织培养板放置于不同位置造成的，参见图 3.1）。

在一项研究中，由于临床上使用约 0.3T 的稳态磁场治疗帕金森病（PD；详见本书第 7 章）有一定的疗效，所以我们研究了类似磁场对大鼠肾上腺嗜铬细胞瘤细胞系 PC12 的腺苷 A_{2A} 受体（A_{2A}R）的影响（该细胞显示帕金森病代谢特征）。我们发现稳态磁场与一种 A_{2A}R 拮抗剂 ZM241385 的效果一致，包括改变钙通量、提高 ATP 水平、降低 cAMP 水平、抑制一氧化氮产生、降低 p44/42 MAPK 磷酸化水平、抑制细胞增殖和降低铁吸收[8]（详见本书第 4 章）。ZM241385 的生物学效应是直接与 A_{2A}R 结合，相比之下，稳态磁场并不是一种传统的小分子药物，所以必须通过完全不同的途径引起细胞反应。图 3.4 描述了一种可能的机制：约 0.25T 的稳态磁场直接改变了磷脂双分子层的生物物理特性，从而迅速调节离子通道活性[70]并且影响细胞内外 Ca^{2+} 水平[7,8]。

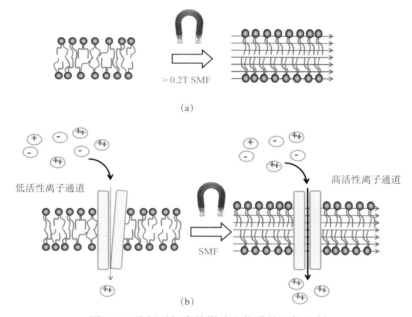

图 3.4　稳恒磁场直接影响生物膜的可能机制

（a）基于文献报道的稳态磁场对磷脂分子的影响[66]，我们认为高于 0.2T 的场强会增强磷脂双分子层的超抗磁组织性。（b）将这个概念延伸到生物膜（即嵌入有蛋白质的磷脂双分子层，如图所示离子通道），我们发现钙离子流迅速对约 0.25T 的磁场做出响应[7,8]。我们可以通过外加稳态磁场存在与否条件下的相关膜结构和生物物理特性的变化所导致的离子通道活性的变构调节来解释这一现象。该反应在概念上类似于图 3.2 中所示的磁铁颗粒机制，即离子通道活性的改变不是受磁场的直接影响，而是磁铁颗粒受磁场影响而活动扰动了膜上的顺式作用元件（扰乱膜结构或组织）进而影响临近的离子通道[45]

3.5.2.4　基于脂质的机制可以（推测性地）解释稳态磁场下的双相动力学响应

在另一项研究中，我们用约 0.25T 的稳态磁场处理人胚状体来源（hEBD）的 LVEC 细胞不同时间：15 分钟、30 分钟、60 分钟、2 小时、4 小时、8 小时，最终达 7 天[7]。实验后利用 Affymetrix mRNA 芯片平台对基因表达情况进行分析，发现有9个信号网络对稳态磁场做出响应；其中，我们对网络指向的炎症细胞因子白介素6（IL-6）进行了详细的生化验证，发现了其对稳态磁场的双相响应（图3.5），即短期曝磁（<4小时）后IL-6转录激活，同时Toll样受体

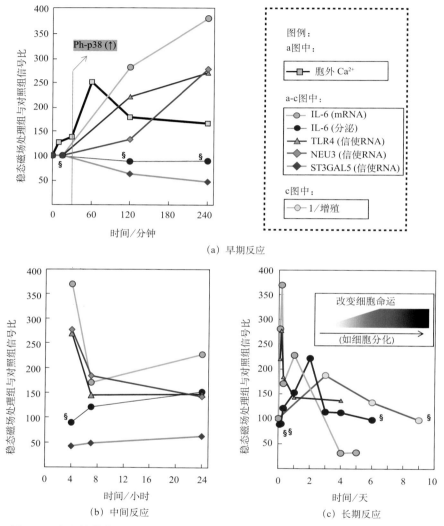

（a）早期反应

（b）中间反应　　　（c）长期反应

图 3.5　人胚状体来源的 LVEC 细胞中由稳态磁场导致的 IL-6 相关响应的时间线

（a）表示稳态磁场持续处理4小时内的早期反应，包括处理30分钟的p38磷酸化水平、钙通量以及其他在（b）图中显示的其他参数。（b）显示中间反应发生在第一天。最后，（c）显示了稳态磁场处理一周左右的长期响应。实验数据来源于至少三次独立实验，"§"表示 $p > 0.05$，其他数据均为 $p < 0.05$（这些数据均进行了 SD 分析，但为了图片的清晰没有加上误差线）。除了（c）图中的增殖数据显示了细胞增殖的相互关系，其他数据均是以100作为基线对曝磁组和对照组进行比较（数据详见文献 [7]）

4（TLR4）和 ST3GAL5 表达水平，p38 磷酸化水平和钙外排水平都有所上升。有趣的是，处理 24 小时后，最初全面上调的 IL-6 mRNA 水平已经衰减，但是实际分泌的 IL-6 要到第 2 天才达到峰值，然后到第 4 天其水平下降到亚稳态水平。

图 3.6 显示了一种可能的生化机制，可以解释稳态磁场存在下的令人不解的双相动力学响应现象，该机制是基于早期时间点的 NEU3 表达升高和 ST3GAL5 表达降低这个现象推测出来的。这两种酶共同作用降低细胞表面的唾液酸水平，包括神经节苷脂 GM3。具体来说，NEU3 是一种唾液酸酶，能够将唾液酸从 GM3 上水解下来，进而产生 LacCer（神经酰胺）；与此同时，生物合成酶 ST3GAL5 的缺失避免了 GM3（或是其他的神经节苷脂如 GM1）的再生。这种功能上协同作用的最终效果就是细胞表面 GM3 水平的降低，我们之前就发

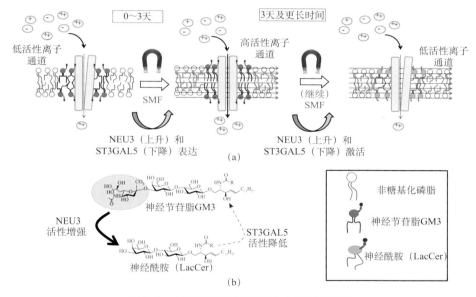

图 3.6　对稳恒磁场的双相响应的可能机制

（a）是图 3.4 所示理论的补充，单纯稳态磁场处理并不能使得低能级的（或不活跃的）离子通道转换为高能级活跃的形式。相反，此时神经节苷脂 GM3 却起着必不可少的作用；GM3 是膜蛋白周边脂质筏的重要成分，可以调节膜蛋白的活性（详见 Hakomori 的文章中提到的"glycosynapse/糖突触"[71~75]）。因此，在稳态磁场处理初期（如 0~3 天），稳态磁场与 GM3 的作用联合将离子通道由低活性状态转化为高活性状态。然而在这段时间，NEU3 和 ST3GAL5 的表达导致 GM3 的丰度慢慢下降（如图（b）所示）；特别是曝磁 2~3 天后，GM3 的水平最低，而新表达的 NEU3 变得活跃。正如（a）图右侧所示，单纯稳态磁场处理（如 GM3 缺失）并不足以维持脂质结构和生物物理特性处于支持"高活性"离子通道流量的状态。（b）NEU3 和 ST3GAL5 的生化细节，前者是一种从神经节苷脂中水解唾液酸的唾液酸酶，后者是将神经酰胺（LacCer）转变为 GM3 的唾液酸转移酶。不断活化的 NUE3 将 GM3 转化为神经酰胺，同时 ST3GAL5 的减少使得 GM3 无法得到补充

现 GM3 会影响细胞表面信号通路[76]，而其他的学者也发现神经节苷脂会影响钙离子活性[77]。因此，我们推测稳态磁场会通过改变钙离子通道周围脂质膜的大部分生物物理特性从而影响其活性。而在这一运转系统中的一系列事件最终慢慢抵消了稳态磁场的影响。换句话说，稳态磁场的初始刺激会被 GM3 的长期缺乏（也是稳态磁场导致的）所抵消（即研究最终证明 GM3 是比稳态磁场更强的反应媒介），而 GM3 最终的降低事实上逆转了更长时间曝磁过程中的 IL-6 的产生。

3.5.2.5　脂质膜是一种磁场生物传感器——早期证据回顾

除了刚刚介绍的推测的机制，我们再来简要回顾一下线虫中的磁感应（3.3.2.1 节），学者们认为线虫某些特殊的神经元对地磁场敏感。早期，科学家们在软体动物和甲壳动物中的研究结果是一致的，认为线虫中实际的响应磁场的生物传感器是响应磁场的外围神经元。然而，最近一项研究提供了令人信服的证据，该研究表明在没有突触输入刺激的情况下，神经元自身就有受活化并激活钙离子的磁感应能力[13]。这个信息和我们在细胞实验中的发现相一致，人类神经样细胞在磁场处理后直接影响了膜结构进而激发下游反应。然而，与该假设相悖的例子就是能够感应地磁场强度的线虫，因为地磁场的强度远低于之前提出的能够改变膜的生物物理性质从而达到"磁场感应"要求的强度（约 0.2T）；事实上，虽然近几年来没有再次被提及（2015 年），但早在 2004 年就有文献提到线虫也具有生物起源的磁铁颗粒[78]。总之，膜——其内部成分和它自己——是否可以作为磁场生物感应的一种新的模型目前还不能下定论；"磁生物学"有许多方面的可能性，它为未来提供了很多令人兴奋的研究机会。

3.6　结　　论

本章简要回顾了目前在许多不同生物中发现的磁场感应能力，并尝试运用半个世纪以来人们得到的信息，去展望人类"磁疗"的前景（这一点将在本书第 7 章详述）。正如上面所提到的，"大自然"已经进化出了两种已知的磁感应模式（磁铁颗粒和隐花色素 RPM 机制），以及如某些鱼类所具有的称为"洛伦兹壶腹"的感应器官等更特殊的感应机制。正如 3.5 节所总结的那样，这些机制并没有为磁场对人类细胞的影响提供一个完全令人信服的解释，因此基于笔者的前期研究结果，我们推测稳态磁场有可能通过直接影响生物膜的生物物理性质，进而影响下游信号通路、基因表达和细胞的最终命运。

参 考 文 献

[1] Ahlbom，I. C．，et al.，*Review of the epidemiologic literature on EMF and health*．Environ Health Perspect，2001．**109 Suppl 6**：p. 911-933.

[2] Anonymous，*IARC monographs on the evaluation of carcinogenic risks to humans*．*Nonionizing radiation*，*Part 1*：*Static and extremely low-frequency (ELF) electric and magnetic fields*．World Health Org Int Agen Res Cancer，2002．**80**：p. 1-395.

[3] Schuz，J.，*Exposure to extremely low-frequency magnetic fields and the risk of childhood cancer*：*Update of the epidemiological evidence*．Prog Biophys Mol Biol，2011．**107**（3）：p. 339-342.

[4] Lopez-larrea C.，ed. *Advances in experimental medicine and biology*：*Sensing in nature*．Chapter 8：Magnetoreception，ed. Wiltschko R and W. W. 2012，Springer US.

[5] Bertini I，McGreevy KS，and P. G，eds. *NMR of biomolecules*：*Towards mechanistic systems biology*．Chapter 8. Paramagnetic Molecules.，ed. Bertini I，Luchinat C，and P. G. 2012，Weinheim：Wiley-VCH Verlag GmbH & Co. KGaA.

[6] Markov，M. S.，*Electromagnetic fields and life*．Journal of Electrical & Electronics，2014.

[7] Wang，Z. Y.，et al.，*Moderate strength（0.23-0.28 T）static magnetic fields（SMF) modulate signaling and differentiation in human embryonic cells*．Bmc Genomics，2009．**10**.

[8] Wang，Z.，et al.，*Static magnetic field exposure reproduces cellular effects of the Parkinson's disease drug candidate ZM241385*．PLOS ONE，2010．**5**（11）：p. e13883.

[9] Bellini，S.，*Su di un particolare comportamento di batteri d'acqua dolce*．Instituto di Microbiologia dell'Universita di Pavia，1963.

[10] Blakemore，R.，*Magnetotactic bacteria*．Science，1975．**190**（4212）：p. 377-379.

[11] Blakemore，R. P.，*Magnetotactic bacteria*．Annu Rev Microbiol，1982．**36**：p. 217-238.

[12] Araujo，A. C．，et al.，*Combined genomic and structural analyses of a cultured magnetotactic bacterium reveals its niche adaptation to a dynamic environment*．Bmc Genomics，2016．**17**（Suppl 8）：p. 726.

[13] Vidal-Gadea，A.，et al.，*Magnetosensitive neurons mediate geomagnetic orientation in Caenorhabditis elegans*．Elife，2015．**4**：p. e07493.

[14] Mori，I.，*Genetics of chemotaxis and thermotaxis in the nematode Caenorhabditis elegans*．Annu Rev Genet，1999．**33**：p. 399-422.

[15] Lohmann，K. J. and A. O. Willows，*Lunar-modulated geomagnetic orientation by a marine mollusk*．Science，1987．**235**（4786）：p. 331-334.

[16] Lohmann，K. J.，A. O. Willows，and R. B. Pinter，*An identifiable molluscan neuron responds to changes in earth-strength magnetic fields*．J Exp Biol，1991．**161**：p. 1-24.

[17] Wang, J. H., S. D. Cain, and K. J. Lohmann, *Identifiable neurons inhibited by earth-strength magnetic stimuli in the mollusc Tritonia diomedea*. J Exp Biol, 2004. **207** (Pt 6): p. 1043-1049.

[18] Popescu, I. R. and A. O. Willows, *Sources of magnetic sensory input to identified neurons active during crawling in the marine mollusc Tritonia diomedea*. J Exp Biol, 1999. **202** (Pt 21): p. 3029-3036.

[19] Hand, E., *What and where are the body's magnetometers?* Science, 2016. **352** (6293): p. 1510-1510.

[20] Derby CD and T. M, eds. *Nervous systems and their control of behavior*. The geomagnetic sense of crustaceans and its use in orientation and navigation, ed. Lohmann KJ and E. DA. 2014, Oxford University Press: Oxford.

[21] Kirschvink JL, Jones DS, and M. BJ, eds. *Magnetite biomineralization and magnetoreception in organisms: A new biomagnetism*. Magnetic remanence and response to magnetic fields in crustacea, ed. Buskirk RE and O. B. J. PJ. 2013, Springer Science & Business Media.

[22] de Oliveira, J. F., et al., *Ant antennae: Are they sites for magnetoreception?* Journal of the Royal Society Interface, 2010. **7** (42): p. 143-152.

[23] Gould, J. L., J. L. Kirschvink, and K. S. Deffeyes, *Bees have magnetic remanence*. Science, 1978. **201** (4360): p. 1026-1028.

[24] El-Jaick, L. J., et al., *Electron paramagnetic resonance study of honeybee Apis mellifera abdomens*. Eur Biophys J, 2001. **29** (8): p. 579-586.

[25] Jandacka, P., et al., *Iron-based granules in body of bumblebees*. Biometals, 2015. **28** (1): p. 89-99.

[26] Valkova, T. and M. Vacha, *How do honeybees use their magnetic compass? Can they see the North?* Bulletin of Entomological Research, 2012. **102** (4): p. 461-467.

[27] Liang, C. H., et al., *Magnetic sensing through the abdomen of the honey bee*. Scientific Reports, 2016. **6**: p. 23657.

[28] Dovey, K. M., J. R. Kemfort, and W. F. Towne, *The depth of the honeybee's backup sun-compass systems*. J Exp Biol, 2013. **216** (Pt 11): p. 2129-2139.

[29] Wiltschko, R. and W. Wiltschko, *The magnetite-based receptors in the beak of birds and their role in avian navigation*. Journal of Comparative Physiology a-Neuroethology Sensory Neural and Behavioral Physiology, 2013. **199** (2): p. 89-98.

[30] Bolte, P., et al., *Localisation of the putative magnetoreceptive protein cryptochrome 1b in the retinae of migratory birds and homing pigeons*. PLOS ONE, 2016. **11** (3): p. e0147819.

[31] Naguib, M., et al., eds. *Advances in the study of behavior*. Chapter 2: Magnetoreception in mammals, ed. Begall S, Burda H, and M. EP. 2014, Elsevier Inc: Oxford.

[32] Cerveny, J., et al., *Directional preference may enhance hunting accuracy in foraging*

foxes. Biology Letters，2011. **7**（3）：p. 355-357.

[33] Betancur，C.，G. Dell'Omo，and E. Alleva，*Magnetic field effects on stress-induced analgesia in mice：modulation by light*. Neurosci Lett，1994. **182**（2）：p. 147-150.

[34] Choleris，E.，et al.，*Shielding，but not zeroing of the ambient magnetic field reduces stress-induced analgesia in mice*. Proc Biol Sci，2002. **269**：p. 193-201.

[35] Prato，F. S.，et al.，*Daily repeated magnetic field shielding induces analgesia in CD-1 mice*. Bioelectromagnetics，2005. **26**（2）：p. 109-117.

[36] Lefevre，C. T. and D. A. Bazylinski，*Ecology，diversity，and evolution of magnetotactic bacteria*. Microbiol Mol Biol Rev，2013. **77**（3）：p. 497-526.

[37] Kahani，S. A. and Z. Yagini，*A Comparison between chemical synthesis magnetite nanoparticles and biosynthesis magnetite*. Bioinorganic Chemistry and Applications，2014. p. 384984.

[38] Mirabello，G.，J. J. Lenders，and N. A. Sommerdijk，*Bioinspired synthesis of magnetite nanoparticles*. Chem Soc Rev，2016. **45**（18）：p. 5085-5106.

[39] Arakaki，A.，et al.，*Formation of magnetite by bacteria and its application*. J R Soc Interface，2008. **5**（26）：p. 977-999.

[40] Lower，B. H. and D. A. Bazylinski，*The bacterial magnetosome：A unique prokaryotic organelle*. Journal of Molecular Microbiology and Biotechnology，2013. **23**（1-2）：p. 63-80.

[41] Murat，D.，et al.，*Comprehensive genetic dissection of the magnetosome gene island reveals the step-wise assembly of a prokaryotic organelle*. Proc Natl Acad Sci U S A，2010. **107**（12）：p. 5593-5598.

[42] Kirschvink，J. L.，A. Kobayashi-Kirschvink，and B. J. Woodford，*Magnetite biomineralization in the human brain*. Proc Natl Acad Sci U S A，1992. **89**（16）：p. 7683-7687.

[43] E，B.，ed. *Electricity and magnetism in biology and medicine*. Magnetic properties of the heart，spleen and liver：Evidence for biogenic magnetite in human organs，ed. Schultheiss-Grassi P，et al. 1999，Springer US.

[44] Johnsen，S. and K. J. Lohmann，*Magnetoreception in animals*. Physics Today，2008. **61**（3）：p. 29-35.

[45] Cadiou，H. and P. A. McNaughton，*Avian magnetite-based magnetoreception：A physiologist's perspective*. J R Soc Interface，2010. **7 Suppl 2**：p. S193-205.

[46] Rodgers，C. T.，*Magnetic field effects in chemical systems*. Pure and Applied Chemistry，2009. **81**（1）：p. 19-43.

[47] Ritz，T.，S. Adem，and K. Schulten，*A Model for photoreceptor-based magnetoreception in birds*. Biophys J，2000. **78**（2）：p. 707-718.

[48] Lee，A. A.，et al.，*Alternative radical pairs for cryptochrome-based magnetoreception*. J R Soc Interface，2014. **11**（95）：p. 20131063.

[49] Kattnig，D. R.，et al.，*Chemical amplification of magnetic field effects relevant to avi-*

an magnetoreception. Nat Chem，2016. **8**（4）：p. 384-391.

［50］Murray，R. W.，*Electrical sensitivity of the ampullae of Lorenzini*. Nature，1960. **187**：p. 957.

［51］Meyer，C. G.，K. N. Holland，and Y. P. Papastamatiou，*Sharks can detect changes in the geomagnetic field*. Journal of the Royal Society Interface，2005. **2**（2）：p. 129-130.

［52］Roth，B. J.，*The role of magnetic forces in biology and medicine*. Experimental Biology and Medicine，2011. **236**（2）：p. 132-137.

［53］Savory，J.，et al.，*Can the controversy of the role of aluminum in Alzheimer's disease be resolved? What are the suggested approaches to this controversy and methodological issues to be considered?* J Toxicol Environ Health Perspect，1996. **48**：p. 615-635.

［54］Banaclocha，M. A.，I. Bokkon，and H. M. Banaclocha，*Long-term memory in brain magnetite*. Medical Hypotheses，2010. **74**（2）：p. 254-257.

［55］Kirschvink，J. L. and J. L. Gould，*Biogenic magnetite as a basis for magnetic-field detection in animals*. Biosystems，1981. **13**（3）：p. 181-201.

［56］Thoss，F.，et al.，*The magnetic field sensitivity of the human visual system shows resonance and compass characteristic*. Journal of Comparative Physiology a-Sensory Neural and Behavioral Physiology，2000. **186**（10）：p. 1007-1010.

［57］Thoss，F.，et al.，*The light sensitivity of the human visual system depends on the direction of view*. J Comp Physiol A Neuroethol Sens Neural Behav Physiol，2002. **188**（3）：p. 235-237.

［58］Foley，L. E.，R. J. Gegear，and S. M. Reppert，*Human cryptochrome exhibits light-dependent magnetosensitivity*. Nat Commun，2011. **2**：p. 356.

［59］Niessner，C.，et al.，*Cryptochrome 1 in retinal cone photoreceptors suggests a novel functional role in mammals*. Sci Rep，2016. **6**：p. 21848.

［60］Wyatt，D. G.，*Problems in the measurement of blood flow by magnetic induction*. Phys Med Biol，1961. **5**：p. 369-399.

［61］Zborowski，M.，et al.，*Red blood cell magnetophoresis*. Biophys J，2003. **84**（4）：p. 2638-2645.

［62］Kasetsirikul，S.，et al.，*The development of malaria diagnostic techniques：A review of the approaches with focus on dielectrophoretic and magnetophoretic methods*. Malar J，2016. **15**（1）：p. 358.

［63］Administration，U. S. F. a. D.，*General wellness：Policy for low risk devices-guidance for industry and food and drug administration staff*. 2015.

［64］Thoss，F. and B. Bartsch，*The geomagnetic field influences the sensitivity of our eyes*. Vision Research，2007. **47**（8）：p. 1036-1041.

［65］Mo，W. C.，et al.，*Shielding of the geomagnetic field alters actin assembly and inhibits cell motility in human neuroblastoma cells*. Sci Rep，2016. **6**：p. 22624.

［66］Braganza，L. F. ，et al. ，*The superdiamagnetic effect of magnetic fields on one and two component multilamellar liposomes*. Biochim Biophys Acta，1984. **801**（1）：p. 66-75.

［67］De Nicola，M. ，et al. ，*Magnetic fields protect from apoptosis via redox alteration*. Ann N Y Acad Sci，2006. **1090**：p. 59-68.

［68］Nuccitelli，S. ，et al. ，*Hyperpolarization of plasma membrane of tumor cells sensitive to antiapoptotic effects of magnetic fields*. Ann N Y Acad Sci，2006. **1090**：p. 217-225.

［69］Rosen，A. D. ，*Mechanism of action of moderate-intensity static magnetic fields on biological systems*. Cell Biochem Biophys，2003. **39**（2）：p. 163-173.

［70］Rosen，A. D. ，*Effect of a 125 mT static magnetic field on the kinetics of voltage activated Na$^+$ channels in GH3 cells*. Bioelectromagnetics，2003. **24**（7）：p. 517-523.

［71］Hakomori Si，S. I. ，*The glycosynapse*. Proc Natl Acad Sci U S A，2002. **99**（1）：p. 225-232.

［72］Hakomori，S. ，*Carbohydrate-to-carbohydrate interaction，through glycosynapse，as a basis of cell recognition and membrane organization*. Glycoconjugate Journal，2004. **21**（3-4）：p. 125-137.

［73］Hakomori，S. ，*Glycosynapses：Microdomains controlling carbohydrate-dependent cell adhesion and signaling*. Anais Da Academia Brasileira De Ciencias，2004. **76**（3）：p. 553-572.

［74］Mitsuzuka，K. ，et al. ，*A Specific microdomain（"glycosynapse 3"）controls phenotypic conversion and reversion of bladder cancer cells through GM3-mediated interaction of a3b1 integrin with CD9*. J Biol Chem，2005. **280**（35）：p. 545-553.

［75］Toledo，M. S. ，et al. ，*Cell growth regulation through GM3-enriched microdomain（glycosynapse）in human lung embryonal fibroblast WI38 and its oncogenic transformant VA13*. Journal of Biological Chemistry，2004. **279**（33）：p. 34655-34664.

［76］Wang，Z. Y. ，et al. ，*Roles for GNE outside of sialic acid biosynthesis：Modulation of sialyltransferase and BiP expression，GM3 and GD3 biosynthesis，proliferation and apoptosis，and ERK1/2 phosphorylation*. J Biol Chem，2006. **281**：p. 27016-27028.

［77］Carlson，R. O. ，et al. ，*Endogenous ganglioside GM1 modulates L-Type calcium channel activity in N18 neuroblastoma cells*. J Neurosci，1994. **14**：p. 2272-2281.

［78］Cranfield，C. G. ，et al. ，*Biogenic magnetite in the nematode caenorhabditis elegans*. Proc Biol Sci，2004. **271 Suppl 6**：p. S436-439.

第 4 章
稳态磁场对细胞的影响[①]

本章包含两个部分。第一部分是介绍影响稳态磁场（static magnetic field，SMF）细胞效应的相关参数，包括磁场强度、细胞种类、细胞密度以及其他的细胞因素。第二部分是关于一些常见的稳态磁场的细胞效应，介绍稳态磁场对细胞有哪些影响，包括细胞取向、增殖、微管与细胞分裂、肌动蛋白、细胞活力、黏附、形态、迁移、细胞膜、细胞周期、染色体和 DNA、活性氧簇（ROS）、三磷酸腺苷（ATP）以及钙。本章的重点是讨论稳态磁场对人类细胞和某些动物细胞的影响的现有证据，并着重分析导致各个不同独立报道中出现不同结果的潜在原因。

4.1 引　　言

与温度和压力一样，磁场是一种重要的物理参数，可以对多种物体产生普遍的影响。磁场对物体的影响主要取决于物体的磁化率、磁场强度和梯度。正如本书第 3 章所言，细胞内充满了各种能够响应磁场的细胞内容物和生物分子，如细胞膜、线粒体、DNA 和某些蛋白质。例如，已证实由肽键组成的有一定组织的结构（如 α 螺旋等）赋予了蛋白质的抗磁各向异性[1]（图 4.1（a）～（c））。有组织的聚合物，如由组织结构良好的微管蛋白构成的微管也表现出较强的抗磁各向异性，并可以在磁场的作用下发生重排[2-4]。这两种情况在最近的一篇综述中均有讨论（图 4.1）[5]。显然，磁场对于人体细胞等生物样本的影响并不局限于少数几个成分。最近 Zablotskii 等学者的理论计算分析了高梯度磁场（HGMFs）对生物样品的作用，HGMFs 也属于稳态磁场，只是在空间上并不均匀（图 4.2）[6]。由于不同的细胞成分具有不同的磁化率，所以每个特定的稳态磁场对于特定细胞的精确影响都需要具体分析。

---

① 本章原英文版作者为 Xin Zhang（中国科学院强磁场中心的张欣研究员），因此本章节中的"笔者"均指张欣研究员。

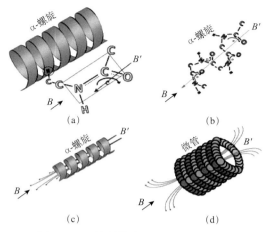

图 4.1　生物结构中的抗磁各向异性

（a）α-螺旋中存在的平面肽键使其具有较大的抗磁各向异性。（b）和（c）两图显示螺旋结构产生的磁矢量（磁矩）。（d）微管分子中肽键沿着 α-螺旋轴向平行排列，然后被组装成环形结构，从而增加了磁各向异性的量级，即在外加场中产生的抗磁场是每个分子的抗磁场 B' 的总和（图片摘自文献 [5]）

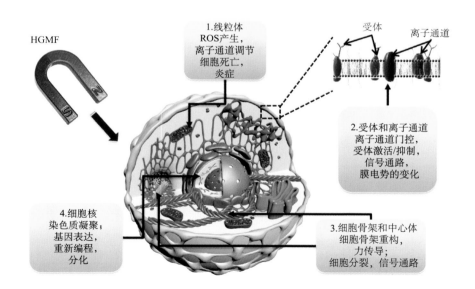

图 4.2　高梯度磁场（HGMFs）和胞内效应物的潜在作用示意图

（图片摘自文献 [6]）

多种细胞组分和分子均可以被稳态磁场所影响，这一点已在本书第 3 章进行了讨论。事实上，目前已经发现甚至是水中的溶解氧都可以被强稳态磁场所影响[7−9]。到 2012 年为止，已有很多文献分析和讨论了稳态磁场对细胞的影响[10−14]。而最近 Albuquerque 等学者的综述则涵盖了过去几十年关于稳态磁场对细胞影响的许多研究进展[5]。本章的侧重点与之前的综述不同。笔者会在总结一些稳态磁场影响人类细胞和某些动物细胞的最新证据的基础上，尤其重点讨论先前研究所报道过的不同结果，并分析其潜在的原因。关于植物、细菌和其他物种受稳态磁场的影响，将会在本书的第 5 章详述。

4.2　影响稳态磁场的细胞效应的相关参数

本书第 1 章中，我们简要地提到了稳态磁场的细胞效应取决于多个因素，这些因素会直接影响实验结果。因此，尽管有大量体外和体内实验报道磁场对生物系统有影响，但实验之间还是缺乏一致性，而这种情况是不足为奇的。因为这些看似不一致的实验现象主要是由不同的磁场参数和实验变量造成的，如磁场处理时间和磁场强度等。很明显，不同类型的磁场（稳态或动态，工频或噪声），以及不同强度（微弱、中等和高强）和频率（极低频、低频或射频）都会导致实验结果的不同，有时甚至会出现完全相反的结果[15−18]。此外，还有许多细胞方面的因素和实验设置参数也会直接影响实验结果，这些都会在下面进行详细讨论。

4.2.1　稳态磁场的细胞效应与磁场强度相关

不同强度的磁场会产生不同的细胞效应，而且多项研究表明，磁场强度越高，产生的效应越明显。例如，在稳态磁场的作用下，红细胞（RBCs）的圆盘平面会平行于磁场方向排布，而且其取向角度与场强相关[19]。具体说来，1T 的稳态磁场只会略微改变红细胞取向，而 4T 的强磁场几乎改变了所有红细胞的取向[19]。此外，Prina-Mello 等于 2006 年的报道发现，用 2T 和 5T 稳态磁场处理大鼠皮质神经元细胞后发现其 p-JNK 水平上升，而 0.1～1T 处理组却无此现象[20]。另外，笔者实验室最近发现人鼻咽癌细胞 CNE-2Z、结肠癌细胞 HCT116 的增殖可受稳态磁场抑制，且抑制效果取决于磁场强度[21]（图 4.3）。具体说来，利用 1T 稳态磁场处理 CNE-2Z 和 HCT116 三天后，加磁组与对照组相比细胞数目减少约 15%，而 9T 稳态磁场处理三天后，细胞数目减少却超过 30%；相比之下，0.05T 处理组几乎没有什么变化[21]（图 4.3）。

虽然在多数情况下，高场比低场可以产生更强更明显的效果，但是也有证据表明，不同的磁场强度可能会产生完全不同的效果。例如，上文提到的 Prina-Mello 等发现用 0.75T 稳态磁场处理大鼠皮质神经元细胞后其 p-ERK 水平上升，

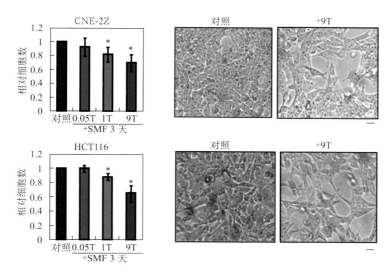

图 4.3　人鼻咽癌细胞 CNE-2Z 和人结肠癌细胞 HCT116 的细胞增殖可被
稳态磁场所抑制且呈场强依赖性

利用不同强度的稳态磁场处理 CNE-2Z 和 HCT116 两种肿瘤细胞 3 天。左图显示相对细胞数目。
$*\,p<0.05$。右图显示对照组和 9T 处理组的照片。比例尺：20μm（图片摘自文献［21］）

但是 0.1T、0.5T、1T、2T 或 5T 磁场处理组却无此效应[20]。事实上，2T 的稳态磁场可以降低 p-EKR 水平，与 0.75T 的作用效果恰好相反[20]。Ghibelli 等学者也发现尽管 6mT 稳态磁场具有抗凋亡活性，但是 1T 稳态磁场却能促进小分子药物的促凋亡作用[22]。2014 年，商澎课题组比较了 500nT 亚磁场、0.2T 中等磁场和 16T 强磁场对成骨细胞 MC3T3-E1 的无机元素的影响[23]。他们发现亚磁场和中等磁场抑制成骨细胞分化，而 16T 高场却促进其分化。此外，亚磁场并不影响细胞无机元素水平，但是中等强度磁场却增加了铁含量，而强磁场则增加了除铜以外的所有无机元素的含量[23]，因此不同的磁场强度在不同的生物系统中会产生完全不同的效应。正如 Ghibelli 等在文章中所说，稳态磁场相关的研究缺乏直接的强度-响应曲线，这也许可以解释文献中为何存在诸多的矛盾结果[22]；而某一磁场对特定细胞的确切影响则需要具体问题具体分析。更多磁场强度影响细胞效应的例子在本书的第 1 章中有详述。

4.2.2　稳态磁场的细胞效应与细胞种类相关

除了磁场的各种参数以外，各研究中的不同细胞往往有着不同的遗传背景，这使得它们对磁场的响应也有差异。例如，早在 2002 年 Short 等就发现 4.7T 稳态磁场能改变人恶性黑色素瘤附着到细胞培养板的能力，但对正常人成纤维细胞则无影响[24]。1999 年和 2003 年，Pacini 等发现 0.2T 稳态磁场诱导人神经

FNC-B4 细胞和人皮肤成纤维细胞发生了明显的形态学改变，但不影响小鼠白血病和人乳腺癌细胞[25,26]。2004 年，Ogiue-Ikeda 和 Ueno 比较了三种不同细胞系在 8T 稳态磁场中曝磁 60 小时后取向改变的情况。他们发现平滑肌 A7r5 细胞和人神经胶质瘤 GI-1 细胞可沿着 8T 稳态磁场方向排列，而人肾 HFK293 细胞却没有这种现象[27]。2010 年，科学家的研究显示 16T 的高场强磁场并不会引起单细胞酵母的明显变化[28]，但是却能导致青蛙卵的分裂异常[29]。2011 年，Sullivan 等发现中等强度（35～120mT）稳态磁场影响人成纤维细胞的黏附和生长以及人黑色素瘤的生长，但是不影响成人脂肪干细胞的黏附和生长[30]。2013 年，有文献报道非均匀稳态磁场（476mT）对淋巴细胞产生毒性作用而对巨噬细胞却没有[31]。上述研究均表明，不同类型的细胞对稳态磁场的响应是不同的。

稳态磁场对不同类型细胞的不同细胞效应可能是由于这些细胞来源于不同的组织。由于不同组织具有完全不同的生物学功能和遗传背景，所以它们对稳态磁场有不同的响应也就不足为奇了。此外，还有证据表明，即使是来自同一组织的细胞，它们对相同稳态磁场处理的响应可能会非常不同。例如，商澎课题组在稳态磁场对不同类型骨细胞的影响方面取得了一系列的进展。他们不仅发现低、中、高三种强度稳态磁场对细胞分化和矿物元素的影响不同[23]，还发现不同类型的骨细胞对磁场也具有明显不同的响应。此外，他们还比较了 500nT，0.2T 和 16T 稳态磁场对成骨细胞 MC3T3-E1 和破骨细胞前体细胞 Raw264.7 分化为破骨细胞的影响[23,32]。研究显示，亚磁场和中等磁场抑制成骨细胞的分化却促进破骨细胞的分化、形成和再吸收；与之相反，16T 强磁场促进成骨细胞的分化，并抑制破骨细胞分化。由此可知，成骨细胞和破骨细胞对上述稳态磁场的响应是完全相反的。他们的研究揭示了一些可以用作治疗各种骨类疾病的物理疗法的参数。另外，他们还在一篇非常重要的综述中总结了稳态磁场对骨的影响[33]。

有趣的是，很多研究表明，稳态磁场可以抑制肿瘤细胞却不影响非肿瘤细胞。例如，Aldinucci 等发现 4.75T 稳态磁场显著抑制 Jurkat 白血病细胞增殖，但不影响正常淋巴单核细胞[34]。1996 年，Raylman 等发现一些肿瘤细胞系的生长会受到 7T 稳态磁场的抑制[35]，但是其他一些研究表明，甚至是 10～13T 的强磁场也不会导致如 CHO（中国仓鼠卵巢细胞）或成人纤维细胞等非肿瘤细胞的明显变化[36,37]。这些结果显示，细胞类型是一个非常重要的因素，与细胞对稳态磁场的不同反应有关。最近我们发现，表皮生长因子受体（EGFR）及其下游通路在稳态磁场抑制细胞增殖过程中发挥着关键作用[21]。我们的研究结果表明，虽然 CHO 细胞对中等（1T）和强（9T）磁场没有响应，但是转染了 EGFR 的 CHO 便由对稳态磁场不敏感转变为敏感，且细胞增殖也被中等和强磁场所抑制，而转染了 EGFR-kinase dead（激酶区突变失活）的 CHO 依然对磁场不敏感（图 4.4）。具体机制将在本书第 6 章讨论，届时将着重讨论稳态磁场在肿瘤治疗中的潜在应用价值。

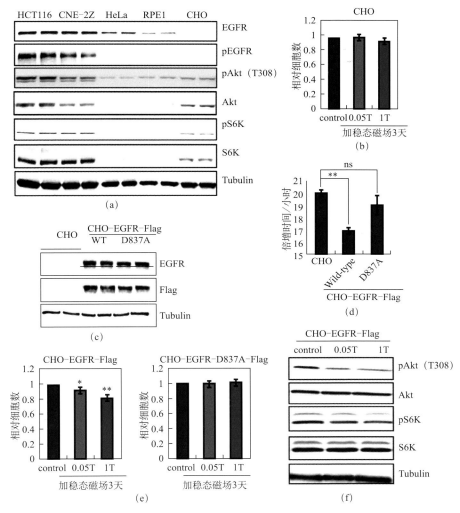

图 4.4　EGFR 的表达和活性影响稳态磁场导致的细胞增殖抑制程度

利用 0.05T 和 1T 稳态磁场处理 CHO 细胞和稳定表达野生型/D837A（激酶区突变失活）EGFR 的 CHO 稳转细胞系三天，之后进行细胞计数。（a）图中显示具有代表性的免疫印迹（western blot）结果，比较了 5 种不同细胞系中 EGFR 和 pEGFR 的水平，一个样品重复两个泳道。（b）0.05T 和 1T 稳态磁场不影响 CHO 细胞。图中比较的是各组曝磁三天后的相对细胞数。（c）CHO 细胞和稳定表达野生型 EGFR（CHO-EGFR-Flag）及 EGFR-kinase dead（CHO-EGFR-D837A-Flag）的 CHO 稳转细胞系的免疫印迹结果。anti-EGFR 和 anti-Flag 抗体显示 EGFR-flag 的表达，anti-tubulin 抗体显示内参。（d）CHO、CHO-EGFR-Flag 和 CHO-EGFR-D837A-Flag 三细胞系的细胞倍增实验结果，显示 CHO-EGFR-Flag 生长速度大于 CHO。（e）0.05T 和 1T 稳态磁场抑制 CHO-EGFR-Flag 稳转细胞系数目却不影响 kinase-dead 细胞系数目。图中比较的是各组曝磁三天后的相对细胞数。（f）免疫印迹结果显示 CHO-EGFR-Flag 细胞系曝磁后的 EGFR 下游信号通路相关蛋白的变化。$*p < 0.05$，$**p < 0.01$，ns 表示无统计学意义（图片摘自文献 [21]）

迄今为止，大多数单独的研究只涉及了一种或少数几种细胞，但这还不足以使人们全面了解磁场对细胞的影响。因此，同时比较不同细胞种类对磁场的响应尤为重要。在最近的一项研究中，我们比较了 15 种不同的细胞对 1T 稳态磁场的响应，其中包括人类细胞和一些啮齿类动物细胞。研究结果证实，对于不同细胞，稳态磁场可能导致完全相反的效应[38]。然而，由于生物系统非常复杂，而我们的知识仍然十分有限，所以我们需要更多更深入的研究才能更全面地理解稳态磁场对不同种类细胞的影响。

4.2.3　稳态磁场的细胞效应与细胞铺板/接种密度相关

笔者实验室最近发现，细胞铺板密度在稳态磁场的细胞效应中也起着非常重要的作用。最初发现这个效应纯属意外，当时我们正在研究 1T 稳态磁场对人鼻咽癌细胞 CNE-2Z 的增殖的影响[18]。当我们在实验中接种不同密度的细胞时，得到了不同的实验结果。为了验证这个现象，我们以四种不同细胞密度来接种 CNE-2Z 细胞并且进行平行检验。我们发现，在较低细胞密度下，1T 磁场处理 2 天后并没有抑制 CNE-2Z 的细胞增殖，甚至处理后细胞数量还略微有所增加。然而有趣的是，当细胞接种密度较高时，1T 稳态磁场能持续抑制 CNE-2Z 细胞的增殖[38]。这些结果表明，细胞铺板/接种密度直接影响 1T 稳态磁场对 CNE-2Z 细胞的效应。

我们怀疑由细胞铺板密度引起的结果多样性应该至少在一定程度上导致了文献中报道的研究结果缺乏一致性。包括我们在内的磁场生物学效应研究领域的大多数研究者们，之前并没有真正去关注细胞密度，或者至少没有意识到细胞密度可能会导致实验结果的巨大变化。然而，文献报道显示，细胞密度可能直接导致细胞生长速度、蛋白质表达以及一些信号通路的变化[39−46]。之后我们选择了其他六种人类细胞系，包括结肠癌 HCT116 细胞、皮肤癌 A431 细胞、肺癌 A549 细胞、乳腺癌 MCF7 细胞、前列腺癌 PC3 细胞和膀胱癌 EJ1 细胞，发现对于这些实体瘤细胞中的大多数而言，当它们的接种密度较高时，其生长可被 1T 稳态磁场所抑制，而低密度则不会（图 4.5）。这表明细胞密度通常可以影响稳态磁场对人类肿瘤细胞的作用。

接着，我们进一步检验了一些其他非肿瘤细胞，发现细胞铺板密度也会直接影响磁场对其增殖的效应。并且，在不同细胞类型中的影响模式也不同[38]。虽然机制尚不完全清楚，但是我们的数据显示，EGFR 及其下游通路很可能与细胞类型和细胞密度引起的磁场效应变化有关[38]。然而，由于细胞密度对细胞有多种影响，如钙水平和信号通路等，所以其他因素也很可能参与其中[47]。例如，2004 年，Ogiue-Ikeda 和 Ueno 发现 A7r5（平滑肌细胞，梭形）和 GI-1（人

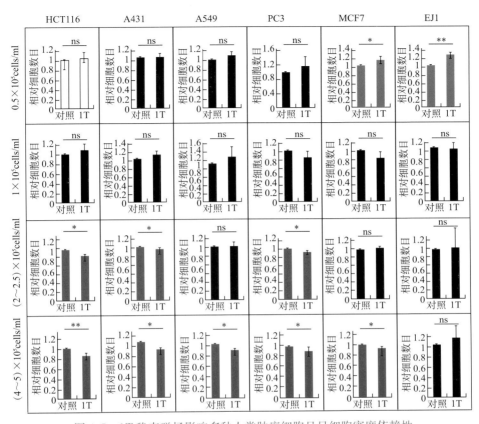

图 4.5 1T 稳态磁场影响多种人类肿瘤细胞且呈细胞密度依赖性

不同种类细胞以不同密度接种后，第二天开始用 1T 稳态磁场处理两天，之后进行细胞计数。

ns 代表无统计学意义，$*p<0.05$，$**p<0.01$。绿色代表增加而红色代表降低（图片摘自文献 [38]）

神经胶质瘤细胞，梭形）细胞会沿着 8T 稳态磁场方向排列。然而有趣的是，当细胞处于汇合状态时（注：这里指的是细胞密度过高，细胞处于非增殖状态），此时加磁并不会出现上述现象。他们的结论是磁场影响细胞分裂过程，而且只有较高密度增殖细胞（注：这里指的是细胞密度中等偏高，细胞处于增殖状态）在磁场作用下会发生重排[27]。显然，想要阐明稳态磁场细胞效应的细胞密度依赖性的完整机制，还需要进一步深入的分析。然而，在我们对其分子机制有清晰的认识之前，研究人员应该对自己的实验和文献调研中的细胞密度给予更多的关注。

4.2.4 稳态磁场的细胞效应与细胞状态相关

除了细胞类型与密度，细胞状态也会影响稳态磁场的细胞效应。例如，在红细胞中，血红蛋白的情况会直接影响整个细胞的磁特性。在正常红细胞中，血红蛋白是含氧的，细胞是具有抗磁性的。事实上，由于球蛋白的抗磁性效应，红细胞的抗磁性比水要稍微高些。然而，当研究人员利用等渗的连二亚硫酸钠处理红细胞，使得血红蛋白处于脱氧还原状态，或是利用亚硝酸钠氧化血红蛋白（高铁血红蛋白）后，红细胞便具有了顺磁性。早在 1975 年，就已经有学者使用 1.75T 的磁场直接从全血中分离红细胞[48]。在 1978 年，Owen 利用 3.3T 高梯度稳态场也分离得到了红细胞[49]。含有顺磁高铁血红蛋白的红细胞可以从抗磁的未经处理的红细胞和抗磁的白细胞（WBCs）中分离开来。事实上，"磁泳"也已被应用于红细胞（称为红细胞磁泳），该技术是基于细胞内生物大分子固有的和外在磁特性从而利用外加磁场来表征和分离细胞[50,51]。2013 年，Moore 等设计了一种开放式梯度磁场红细胞分选仪，并在无标记的细胞混合物上进行了测试[51]。他们发现在该分选仪中，含氧红细胞被磁铁斥离而缺氧的红细胞被磁铁吸引。此外，与血液中的其他非红细胞相比（不含血红蛋白，可以被视为无磁），含氧红细胞的效应很弱。他们提出，对细胞悬液中红细胞泳动的定量测量，可以为实验室原型的红细胞磁性分选仪的工程设计、分析和制造提供基础。而这种装置是由市售的块状永磁铁组成的，可为磁性红细胞的分离实验提供测试平台[51]。

另一个说明细胞具有不同磁特性的研究实例是疟疾感染的红细胞。研究者们利用疟疾副产物疟原虫色素在磁场梯度中研究和分离疟疾感染的红细胞[52-55]。在红细胞的成熟过程中，疟原虫可以消耗 80% 的细胞血红蛋白，并且积累毒性血红素。为了防止血红素铁参与细胞损伤反应，疟原虫聚合 β 血色素二聚体以合成不溶性疟原虫色素晶体。在这个过程中，亚铁血红素转变为高自旋态的高铁血红素，而后者的磁特性很久之前就已经被研究过[56]。事实上，Moore 等学者于 2006 年利用磁泳细胞运动分析技术，为红内期疟原虫导致活细胞磁化率显著提高提供了直接证据，而这与疟原虫色素的增加是一致的[53]。2009 年，Hackett 等通过实验结果绘制了疟原虫生长期细胞磁化率的变化趋势（图 4.6）。他们发现疟原虫将大约 60% 的宿主细胞血红蛋白转变为疟原虫色素，而该产物是细胞磁化率升高的主要原因。虽然未受感染的红细胞磁化率接近于水，但是疟原虫感染的红细胞就具有较高的磁化率，从而会被磁性富集[54]。因此，梯度磁场可以被应用于疟疾诊断和疟疾感染红细胞的分离[52,55]。

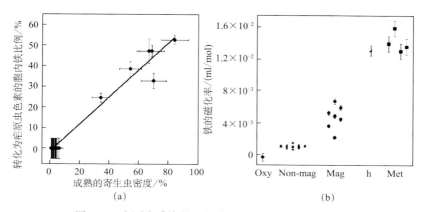

图 4.6　疟原虫感染的红细胞（RBCs）中铁的磁化率

（a）转化为疟原虫色素的细胞铁比例 vs. 成熟的寄生虫密度比例。（b）各种标准样品中铁的摩尔磁化率的三点分布：氧合血红蛋白（Oxy—◆），正铁血红素（h—▲），高铁血红蛋白（Met—■）以及疟疾感染的红细胞培养基中的磁性（Mag—●）和非磁性（Non-mag—▲）片段（图片摘自文献 [54]）

感染疟原虫的红细胞磁分离技术也已经被用于疟原虫培养中富集被感染的细胞，以及从未感染细胞中分离出被感染细胞，目前已广泛应用于生物学和流行病学研究以及临床诊断。2010 年，Karl 等学者利用高梯度磁分离柱定量表征磁分离过程。他们发现与未感染细胞相比，受感染细胞对柱基质的磁结合亲和力高约 350 倍[57]。此外，随着初始样品中感染的细胞数和流速增加，实验所收集的疟原虫的发育阶段的分布也倾向于成熟阶段[57]。2013 年，Nam 等学者使用永磁铁和铁磁金属丝制作了聚二甲硅氧烷（PDMS）微流通道，其中，金属丝被固定在一个玻璃载片上，可以分离不同发育期的被感染红细胞（图 4.7）。利用此装置，晚期感染的红细胞的分离回收率在 98.3% 左右；早期感染的红细胞由于其较弱的顺磁特性相对难以分离，但是其分离回收率也能达到 73%。因此，该装置为疟疾相关研究提供了一种潜在的工具[58]。

除了上述提到的细胞状态，细胞寿命与代数也会影响稳态磁场对细胞的作用效果。2011 年，Sullivan 等发现人胚肺成纤维细胞 WI-38 在生命周期各点对中等强度稳态磁场的响应也是有差异的[30]。稳态磁场处理后，在传代较少的细胞中（群体倍增水平 29）细胞黏附水平的降低小于 10%，而在传代较多的细胞中（群体倍增水平 53）细胞黏附水平的降低则超过了 60%。2004 年，Ogiue-Ikeda 和 Ueno 的研究表明，平滑肌 A7r5 细胞只有在较高密度下，处于活跃增殖的状态下才会沿着 8T 磁场方向排列[27]。此外，Surma 等学者于 2014 年还发现，完全分化的肌管发育到后期对弱稳态磁场不敏感，而机电耦合期的肌管在

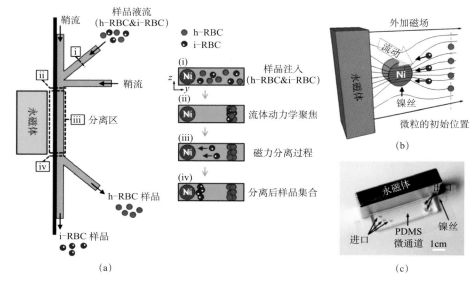

图 4.7　利用高磁场梯度分离疟疾感染的红细胞

（a）装置原理图，利用被感染的红细胞（i-RBC）中疟原虫色素的顺磁特性进行分离。（b）外加磁场下铁磁镍丝磁泳分离技术的工作原理。（c）外加磁场下的微通道中永磁铁和组成微流体装置的 PDMS 微通道和镍丝的照片（图片摘自文献［58］）

微弱磁场处理后，在第 1 分钟其收缩频率会显著降低[59]。这些结果表明，即使是同一种细胞受相同磁场处理，细胞效应也可能被它们的状态（如寿命）所影响。目前，相关的基本机制仍然未知，还需要进一步研究。

上面提到的参数，包括磁场强度、细胞类型、细胞状态和密度，只是几个可以直接影响稳态磁场的细胞效应的例子，细胞状态的其他方面也极有可能导致稳态磁场对细胞的差异性影响。另外，还有很多因素也会使情况更加复杂化，比如磁场处理时间、磁场方向和磁场梯度等。有兴趣的读者可以在本书第 1 章中找到更为详细的内容。与此同时，我们建议这一领域的研究者们要尽可能地提供关于实验装置及所测生物样品的详细信息，这将有助于我们更好地理解稳态磁场的细胞生物学效应。并且，我们还需要在细胞和分子水平上进行进一步的研究，才能对此得到全面的理解。

4.3　稳态磁场的细胞效应

稳态磁场可以引起多种细胞效应，且与磁场本身和细胞本身都有关系。这里笔者将主要讨论一些已被多项独立研究证实并报道的细胞效应，如稳态磁场导致的细胞取向、增殖、微管与细胞分裂、肌动蛋白、细胞活力、黏附、形态、迁移、细胞膜、细胞周期、染色体和 DNA、胞内活性氧簇（ROS）和钙的变化。这里将主要讨论人类细胞。

4.3.1　细胞取向

到目前为止，生物分子和细胞的取向变化是稳态磁场生物学效应中研究最多的方向之一。当抗磁性物体被暴露于强磁场中时，由于物体磁化率的各向异性，它们会平行或垂直于磁场方向排列。

已有很多例子证明细胞会平行于外加磁场方向排列。其中，最典型的例子就是红细胞（RBCs）。1965 年，Murayama 首次报道了稳态磁场导致了红细胞取向的改变，他发现链状红细胞垂直于 0.35T 稳态磁场排列[60]。有趣的是，1993 年 Higashi 等开展的工作显示正常红细胞的取向也会被 8T 磁场影响，但方向却不同于 Murayama 所观察到的[19]。Higashi 等的结果表明，正常红细胞的圆盘平面会平行于磁场方向（图 4.8）。1995 年，他们报道了跨膜蛋白和脂质双分子层等细胞膜组分可能是红细胞在 8T 磁场中排布变化的主要原因[61]。此外，与膜结合的血红蛋白的顺磁性也起到了非常重要的作用[62,63]。这些结果清楚地表明，细胞之所以能在强磁场中进行排列，主要是依赖于它们的分子组成。除了红细胞之外，科学家们也研究了血液中的其他成分，如血小板[64,65]和纤维蛋白原[66-68]。

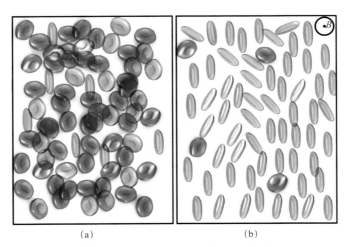

(a)　　　　　　　　　　　(b)

图 4.8　红细胞被 8T 稳态磁场排列

（a）空白对照下的红细胞，无外加磁场；（b）处于 8T 稳态磁场中的红细胞。

磁场方向垂直于纸面（该示意图基于文献 [19]）

此外，还有一些其他种类的细胞，如成骨细胞、平滑肌细胞和施万细胞在强磁场处理较长时间后也会平行于磁场方向排列。Kotani 等学者于 2000 年和 2002 年发现成骨细胞平行于 8T 稳态磁场方向排列，而且骨形成也明显受到刺激，沿着磁场方向生长[69,70]。2001 年，Umeno 等利用 8T 强磁场处理平滑肌细胞 3 天，发现平滑肌细胞也会沿着磁场方向排列[71]。2003 年，Iwasaka 等学者发现 14T 稳态磁场使得平滑肌细胞沿着磁场方向组装，而且细胞集落也沿着磁场方向延伸[72]。同年，Eguchi 等的研究结果又显示 8T 磁场处理 60 小时后施万细胞会平行于磁场方向排列[73]。他们用偏振光观察到了在 8T 和 14T 磁场下胞内大分子行为的变化[74,75]。2005 年，他们还发现施万细胞的肌动蛋白骨架也会沿着 8T 稳态磁场的方向排布[76]。更有趣的是，当用一种小分子鸟苷三磷酸酶（GTPase）Rho 蛋白相关激酶抑制剂处理施万细胞之后，其在 8T 磁场中便不会重新排布了，这表明磁场诱导的施万细胞的重新排布是依赖于 Rho 蛋白调节肌动蛋白纤维实现的[76]。2007 年，Coletti 等发现 80mT 稳态磁场能够诱导肌源性细胞系 L6 细胞平行排列。他们认为稳态磁场之所以能促进肌管平行排列与骨骼肌的高度组织化的组织工程学有密切的关系[77]。

与此同时，也有多个其他的例子显示，细胞也会垂直于磁场方向排列，如公牛精子。科学家对公牛精子在磁场中的取向做了一系列研究，发现它们在磁场作用下，实际上比红细胞和血小板有更明显的取向排列效果。公牛精子细胞有一个脂质头部，含有抗磁性细胞膜和 DNA。此外，它还有一条内含微管的长尾巴。2001 年，Emura 等学者发现公牛精子细胞的取向可受稳态磁场的影响且呈磁场强度依赖性[78]。他们发现，公牛精子在低于 1T 的磁场条件下就会 100% 垂直于磁场方向排列[78]。2003 年，他们的研究结果又显示整个公牛精子和精子头部在 1.7T 稳态磁场作用下就会垂直于磁场方向排布，而草履虫纤毛则需要在 8T 磁场下才会平行于磁场排布[79]。有趣的是，根据理论预测，由于公牛精子尾部主要是由抗磁各向异性的微管构成的，所以理论上应当平行于磁场方向（该内容将在后文详细讨论），但为何整个精子会垂直于磁场排布，目前仍不清楚。笔者推测有可能是因为精子头部具有更强的抗磁各向异性，其能够决定整个精子的方向。

另外一个细胞排布垂直于磁场方向的例子是神经轴突的生长。在 2008 年，Kim 等发现 0.12T 稳态磁场处理 3～5 天可以用来调节体外培养的人神经元 SH-SY5Y 细胞和 PC12 细胞轴突形成的排布与方向[80]。有趣的是，他们发现垂直于磁场的轴突比较长且细直，而平行于磁场的轴突均比较"粗或者呈柱状"，如营养不良一般。更重要的是，他们不仅发现轴突倾向于垂直于磁场排布，而且方向也随着磁场方向的变化而改变。

　　根据以上证据，我们可以得出这样的结论：稳态磁场导致的细胞排布改变与细胞类型有关。事实上，正如前文所提到的，Ogiue-Ikeda 和 Ueno 两位学者比较了三种不同细胞系，包括平滑肌 A7r5 细胞、人神经胶质瘤 GI-1 细胞和人肾 HFK293 细胞在 8T 稳态磁场处理 60 小时后的排布变化。结果显示，平滑肌 A7r5 细胞和人神经胶质瘤 GI-1 细胞沿着磁场方向排列，而人肾 HFK293 细胞却没有该效应[27]。他们认为这可能是由不同的细胞形状所导致的，因为 A7r5 和 GI-1 细胞呈梭形，而 HFK293 细胞呈多边形。此外，如成骨细胞、平滑肌细胞和施万细胞等贴壁细胞在强磁场下通常要处理几天才会有效果，而红细胞等悬浮细胞在相同磁场下处理几秒就会发生抗磁性力矩旋转。这也意味着，当我们的人体暴露于外加磁场时，自由循环的血细胞会比其他类型的细胞更容易受到影响。

　　表 4.1 总结了部分文献报道的稳态磁场中细胞排布情况。很明显，除了细胞种类的因素，稳态磁场诱导细胞排布变化的效果很大程度上依赖于磁场强度。文献中提到的引起细胞排布变化的场强至少为 80mT，而实际上大多数都是在强磁场中完成的，如 8T 稳态强磁场。因此，当 Gioia 等学者研究体外培养的猪卵巢颗粒细胞慢性暴露于 2mT 稳态磁场后的效应时，并没有观察到细胞排布的变化，这并不奇怪[82]。此外，细胞类型也是一个重要因素，因为大多数细胞并不像公牛精子和红细胞那样具有显著的结构特征。

表 4.1　不同研究中稳态磁场导致的细胞取向变化

被检细胞	稳态磁场强度	与磁场方向关系	参考文献
肌源性细胞 L6 细胞	80mT	平行	[77]
草履虫纤毛	8T	平行	[79]
正常红细胞	8T	平行	[19]
成骨细胞	8T	平行	[69]
平滑肌细胞	8T	平行	[71]
平滑肌 A7r5 细胞和人神经胶质瘤 GI-1 细胞	8T	平行	[27]
施万细胞	8T	平行	[73]
施万细胞中的肌动蛋白细胞骨架	8T	平行	[76]
平滑肌细胞集落	14T	平行	[72]
人神经元 SH-SY5Y 细胞和 PC12 细胞的神经轴突生长	0.12T	垂直	[80]
镰状红细胞	0.35T	垂直	[60]
公牛精子	0.5~1.7T	垂直	[78]
整个公牛精子及其头部	1.7T	垂直	[79]
混有胶原蛋白的成骨细胞	8T	垂直	[69]
混有胶原蛋白的施万细胞	8T	垂直	[73]
嵌入胶原蛋白凝胶的人胶质母细胞瘤 A172 细胞	10T	垂直	[81]
体外培养的猪卵巢颗粒细胞（GCs）	2mT	无变化	[82]
用小分子鸟苷三磷酸酶 Rho 蛋白相关激酶抑制剂处理后的雪旺氏细胞	8T	无变化	[76]

被检细胞	稳态磁场强度	与磁场方向关系	参考文献
人肾 HFK293 细胞	8T	无变化	[27]
人胶质母细胞瘤 A172 细胞	10T	无变化	[81]

注：蓝色代表稳态磁场诱导细胞平行于磁场方向排布。橘黄色代表稳态磁场诱导细胞垂直于磁场方向排布。灰色代表稳态磁场对细胞无效

　　此外，除了磁场中细胞本身的排布改变，当它们被嵌入胶原蛋白中后也可以被中等和强稳态磁场改变排布方向，而胶原蛋白是一种具有很强抗磁各向异性的大分子[83]。1993 年，Guido 和 Tranquillo 发现包埋入胶原蛋白凝胶的人包皮成纤维细胞可被 4.0T 和 4.7T 的稳态磁场重新排布[84]。此外，嵌入胶原蛋白凝胶的人脑胶质瘤母细胞 A172 在 10T 稳态磁场中会垂直于磁场方向排布，但是有趣的是，单独的 A172 细胞本身却没有这一效应[81]。因此，嵌入胶原蛋白中的细胞在磁场中的排布变化主要是由胶原纤维的抗磁各向异性所造成的，而后者会垂直于磁场方向排布。另一个例子是 Kotani 等于 2000 年报道的，他们发现成骨细胞本身取向平行于 8T 稳态磁场方向，但混合在胶原纤维中后便垂直于磁场方向排布[69]。利用强磁场和有效的成骨诱导剂联合作用可对骨形成进行定向刺激，这使得临床上治疗骨折和骨缺损成为可能，这一点非常有趣，也很有意义。此外，在 2003 年，Eguchi 等发现施万细胞在 8T 磁场中处理 60 小时后会平行于磁场排列，但是当它们被嵌入胶原蛋白中后又会垂直于磁场排列[73]。这些数据均表明，胶原蛋白对嵌入其中的细胞在稳态磁场中的排列方式有很大的影响。

　　大多数哺乳动物体细胞的形状是近似对称的，同时也被胞外基质和邻近细胞包围和连接，因此它们不太可能如精子细胞或红细胞那样在稳态磁场中发生较明显的排列现象。然而，稳态磁场诱导的排列效应可能会影响细胞分裂，进而影响组织发育。此外，Kotani 等发现的 8T 稳态磁场可引起成骨细胞平行于磁场方向排列，并且刺激骨沿着磁场方向形成，这个现象非常有意义，意味着人们可以将稳态磁场应用于骨类疾病的临床治疗。事实上，红细胞的定向效应可能也为了解一些磁疗产品的工作机制提供了理论依据。因此，在这里，笔者呼吁感兴趣的研究人员继续研究更多的关于磁场对血细胞、肌肉、神经元、骨骼和精子的效应，以及开发稳态磁场潜在的医疗应用价值。

4.3.2　细胞增殖/生长

　　已有多个证据表明稳态磁场可以抑制细胞增殖。早在 1976 年，*Science* 上就报道了冻存于液氮中的小鼠成纤维细胞 L-929 和人胚肺成纤维细胞 WI-38 在 0.5T 稳态磁场中处理 4～8 小时后进行细胞复苏，复苏后的细胞生长明显受到

抑制[85]。1999 年，Pacini 等检验了 0.2T 稳态磁场对人类乳腺癌细胞的影响，检验结果表明，0.2T 稳态磁场不仅抑制了细胞增殖，也促进了维生素 D 的抗增殖作用[26]。2003 年，他们又利用磁共振成像仪产生的 0.2T 稳态磁场处理人皮肤成纤维细胞，结果显示细胞增殖明显减少[25]。Hsieh 等学者于 2008 年发现 3T 稳态磁场抑制体外培养的人软骨细胞生长，并且影响猪模型体内受损的膝关节软骨的恢复。他们还提到，这些结果可能只适用于本研究中使用的参数，而不适用于其他情况，如其他磁场强度、软骨损伤形式或动物模型[86]。2012 年，Liu 等报道了 5mT 稳态磁场处理人脐动脉平滑肌细胞（hUASMCs）48 小时之后，其增殖与非处理组相比显著减少[87]。2013 年，Mo 等的研究表明，磁屏蔽可以促进人神经母细胞瘤 SH-SY5Y 细胞增殖[88]，这表明磁场可能对 SH-SY5Y 细胞增殖有抑制作用。还有学者研究了 2mT 稳态磁场对猪卵巢颗粒细胞（GCs）的影响，发现曝磁 72 小时后其倍增时间明显减少（$p < 0.05$）[82]。2016 年，中国和加拿大的科研团队合作的工作认为，脂肪源性干细胞（ASCs）在 0.5T 磁场中处理 7 天后，其细胞增殖受到抑制[89]。而最近我们也发现 1T 和 9T 磁场可以抑制人鼻咽癌细胞 CNE-2Z 和人结肠癌细胞 HCT116 的增殖[18,21]。

与之相反，也有一些研究表明稳态磁场能够促进某些类型的细胞增殖，如骨髓细胞、干细胞以及内皮细胞。例如，Martino 等学者就发现 60μT 和 120μT 的稳态磁场能够促进人脐静脉内皮细胞的增殖[90]。在 2013 年，Chuo 等发现 0.2T 稳态磁场能促进骨髓干细胞的增殖[91]。2007 年，有学者利用 MTT 法研究了 0.6T 稳态磁场对人软骨细胞的影响，发现 MTT 读数升高[92]，原因可能是磁场使得细胞增殖和/或细胞活力或代谢活性升高。到了 2016 年，科学家又报道了 0.4T 稳态磁场可以促进人牙髓干细胞的增殖[93]。最近，Maredziak 等发现 0.5T 稳态磁场能通过激活磷酸肌醇 3-激酶/Akt（PI3K/Akt）信号通路来增加人脂肪充质干细胞（hASCs）的增殖[94]。

然而，还有一些研究表明细胞增殖并不受稳态磁场影响。例如，1992 年 Short 等发现 4.7T 稳态磁场处理并不影响人恶性黑色素瘤细胞和正常人细胞的数目[24]。2005 年，有研究者发现，在高达 14.1T 的稳态磁场中（由核磁共振谱仪 NMR 产生）暴露 12 小时都不影响希瓦氏菌 MR-1 的菌落生长[95]。此外，据文献报道，80mT 稳态磁场并不影响肌管细胞增殖[77]，而 0.29T 稳态磁场也不影响牙髓细胞增殖[96]。2015 年，Reddig 等的研究结果显示，无论是 7T 稳态磁场单独作用还是与不同梯度磁场和脉冲射频磁场联合作用均没有影响未刺激分化的单核血细胞的增殖[97]。最近，Iachininoto 等研究了 1.5T 和 3T 梯度磁场对造血干细胞的影响，发现其细胞增殖也无明显变化[98]。

由上述研究可知，稳态磁场对细胞增殖的影响也与细胞类型相关。表 4.2

总结了一些稳态磁场诱导的细胞增殖/生长变化的研究结果（表 4.2）。例如，2003 年 Aldinucci 等学者检测了核磁共振仪（NMRF）产生的 4.75T 稳态磁场和 0.7mT 脉冲电磁场联合作用的效果，发现 4.75T 稳态磁场并不影响正常和 PHA 激活的外周血单个核细胞（PBMC）的增殖，却显著抑制了 Jurkat 白血病细胞增殖[34]。而笔者实验室发现 1～9T 稳态磁场抑制了 CNE-2Z 和 HCT116 肿瘤细胞的增殖却不影响中国仓鼠卵巢细胞（CHO）[21]。我们还发现，EGFR/Akt/mTOR 信号通路参与了稳态磁场诱导的肿瘤细胞增殖抑制效应，而该信号通路在很多肿瘤中均表达上调[18,21]。此外，正如我们之前提到的，磁场诱导的细胞增殖变化不仅具有细胞类型依赖性，而且与磁场强度和细胞铺板密度均有关，所以研究人员需要进行更多的相关实验来解开其中的机制，以了解特定稳态磁场对特定细胞类型的特定效应。

表 4.2　不同研究中稳态磁场导致的细胞增殖/生长变化情况

被检测细胞	稳态磁场强度	细胞增殖/生长情况	参考文献
猪卵巢颗粒细胞（GCs）	2mT	抑制	[82]
人脐动脉平滑肌细胞（hUASMCs）	5mT	抑制	[87]
人乳腺癌细胞	0.2T	抑制	[26]
人皮肤成纤维细胞	0.2T	抑制	[25]
脂肪源性干细胞（ASCs）	0.5T	抑制	[89]
多种肿瘤细胞系	1T	抑制	[38]
人关节软骨细胞	3T	抑制	[86]
Jurkat 白血病细胞	4.75T	抑制	[34]
人鼻咽癌 CNE－2Z 细胞和结肠癌 HCT116 细胞	1T 和 9T	抑制	[18, 21]
人脐静脉内皮细胞	60μT 和 120μT	促进	[90]
骨髓间充质干细胞	0.2T	促进	[91]
牙髓干细胞	0.4T	促进	[93]
人脂肪间充质干细胞（hASCs）	0.5T	促进	[94]
人关节软骨细胞	0.6T	促进	[92]
人正常肺细胞	1T	促进	[38]
肌管细胞	80mT	无变化	[77]
牙髓细胞	0.29T	无变化	[96]
造血干细胞	1.5T 和 3T	无变化	[98]
人恶性黑色素瘤细胞和正常细胞	4.7T	无变化	[24]
正常和 PHA 激活的外周血单核细胞（PBMC）	4.75T	无变化	[34]
未刺激分化的单核血细胞	7T	无变化	[97]
中国仓鼠卵巢细胞（CHO）	9T	无变化	[21]
希瓦氏菌 MR-1	14.1T	无变化	[95]

注：蓝色代表稳态磁场抑制细胞增殖/生长。橙色代表稳态磁场促进细胞增殖/生长。灰色代表稳态磁场对细胞增殖/生长无影响

4.3.3 微管和细胞分裂

很久以前人们就发现纯化的微管是稳态磁场和电场的一个作用靶点。由于微管蛋白二聚体的抗磁各向异性，微管会在磁场/电场作用下沿着电磁场的方向排列（图 4.9（a））[2−4,99,100]。有文献报道 10～100nT 的亚磁场会扰乱体外微管蛋白的组装[100]。这些研究表明了稳态磁场在体外会影响微管，但对细胞中微管的影响却研究较少。2005 年，Valiron 等学者发现 7～17T 强磁场会影响某些处于间期（interphase，细胞非分裂期）细胞的微管和微丝骨架[101]。2013 年，Gioia 利用 2mT 稳态磁场处理猪卵巢颗粒细胞三天后，观察到其肌动蛋白和 α-微管蛋白细胞骨架发生变化[82]。然而，这种效应似乎与细胞种类和/或曝磁时间有关，笔者课题组利用 CNE-2Z 细胞或 RPE1 细胞在 1T 稳态磁场中处理三天或 27T 磁场处理 4 小时，均未发现间期细胞的微管有异常（数据未显示）[102]。

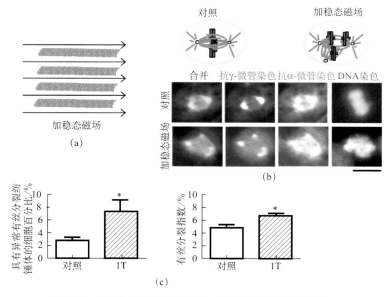

图 4.9 1T 稳态磁场影响 HeLa 细胞有丝分裂纺锤体

（a）微管沿稳态磁场方向排列模式图。（b）正常双极纺锤体和不正常多极纺锤体图示。选取有代表性的双极和多极纺锤体。γ-微管蛋白（红色）、微管（绿色）和 DNA 分别用相应的抗体染色。（c）细胞用 1T 稳态磁场处理 7 天后的不正常纺锤体数量（左图）和有丝分裂指数（右图）。数据为 mean ± SD，* $p < 0.05$。（图片摘自文献 [110]）

微管是有丝分裂纺锤体的重要组成部分，有丝分裂纺锤体主要由微管和染色体组成，是细胞分裂的基本结构。然而，上述研究均没有提到稳态磁场对有丝分裂染色体的影响。相比之下，工频磁场和电场均已被证明能够影响有丝分裂纺锤体和细胞分裂。例如，1999 年有研究显示一个小的生理电场就能够通过影响细胞分裂，从而使得体外培养的人角膜上皮细胞定向排列[103]。2011 年，Schrader 等发现产生移动通信频率范围信号的电气元件会扰乱人类-仓鼠杂合 A (L) 细胞的纺锤体[104]。然而对于脉冲和交变磁场，研究者需要区分影响是由磁场本身还是热效应造成的。有研究发现，2.45GHz 的微波会破坏中国仓鼠 V-79 细胞的纺锤体组装（诱导产生多极纺锤体），而该现象并不是由热效应造成的[105]。与之相反的是，Samsonov 和 Popov 却发现 94GHz 的辐射能提高微管装配速率，而该现象却是由热效应导致的[106]；并且，与前一项研究相比，该研究中的热效应很有可能是由高频率造成的。此外，有一种众所周知的电磁方法称为肿瘤治疗场（TTFields，TTF），是采用低强度（1～3V/cm）和中等频率（100～300kHz）的交变电场来治疗胶质母细胞瘤。该机制已被证明主要是通过干扰有丝分裂纺锤体的形成，从而达到治疗效果[107−109]。TTF 在有丝分裂过程中通过凋亡破坏细胞，而对非分裂期细胞无影响[108]。事实上，正如本书第 2 章已经讨论过的，美国食品药品管理局已经批准了这项技术用于胶质母细胞瘤治疗[109]。

我们最近发现有丝分裂纺锤体能被稳态磁场影响（图 4.9 (b)）[110]。我们的研究结果表明，1T 稳态磁场处理 HeLa 细胞 7 天后，其异常有丝分裂纺锤体数目（图 4.9 (b)、(c)）和有丝分裂指数（处于有丝分裂期细胞的百分比）（图 4.9 (c)）均增加，这可能是稳态磁场对微管作用的结果。此外，这种现象是随着时间而变化的，因为当处理细胞时间较短时效果不明显。虽然 1T 稳态磁场并不影响整个细胞周期的分布，但是它却可以延迟同步化实验中细胞脱离有丝分裂期，本章后面的部分将讨论稳态磁场对细胞周期的影响。

由于体外纯化的微管会沿着稳态磁场方向排列，所以我们推测胞内纺锤体的排布也会受到影响，纺锤体的排布是细胞分裂方向的一个决定性因素。事实上早在 1998 年，Denegre 等便发现 16.7T 大梯度磁场能够影响非洲爪蛙卵的分裂方向（图 4.10）[29]，而 8T 稳态磁场也可以改变蛙胚卵裂过程的卵裂面形成[111]。2002 年，Valles 从理论上证明了稳态磁场可能影响星状微管和/或纺锤体的排布[112,113]。2012 年，研究人员利用亚地磁场（HGMF；场强小于 200nT）处理非洲爪蛙卵，发现能造成水平第三卵裂沟的减少和异常形态的产生[114]。此外，他们还用免疫荧光染色的微管蛋白显示了四细胞期卵裂球的主轴重定位过程。研究结果表明，HGMF 的短期处理（2 小时）就足以阻碍卵裂阶段的非洲爪蛙胚胎发育。有丝分裂纺锤体可能是感应地磁场屏蔽的早期传感器，为我们所观测到的在发育中和/或已发育的胚胎中的形态学和其他变化提供了分子机制的线索[114]。

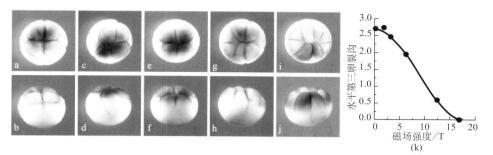

图 4.10　平行于卵轴的稳态磁场中的第三卵裂沟

俯视图（a、c、e、g 和 i）和平视图（b、d、f、h 和 j）展示了卵轴方向磁场中的八细胞胚胎，显示了
其第三卵裂面方向的变化。将俯视图中的胚胎扭转 90°，使动物半球远离读者，便成为平视图。水平卵
裂沟从四个（正常的：a 和 b），三个（c 和 d），两个（e 和 f），一个（g 和 h）到零个（i 和 j）。（k）每
个胚胎中水平第三卵裂沟的平均数与磁场强度的关系（图片摘自文献 [29]）

与此同时，虽然实验结果表明某些间期细胞的微管和肌动蛋白细胞骨架能
被 7～17T 的强稳态磁场影响，但是关于其有丝分裂纺锤体的情况却未见报道。
最近，笔者课题组报道了人鼻咽癌细胞 CNE-2Z 和人视网膜色素上皮细胞 RPE1
的纺锤体方向可被 27T 超高稳态磁场改变。更有趣的是，我们发现磁场中纺锤
体的取向是由微管和染色体共同决定的[102]。

4.3.4　微丝（肌动蛋白丝）

在某些类型细胞中，除了微管之外，也有报道发现微丝（肌动蛋白丝）骨
架会受稳态磁场的影响。例如，Mo 等学者最近就发现在地磁场（GMF）被屏
蔽之后，也就是所谓的亚磁场环境下，人神经母细胞瘤细胞（SH-SY5Y）的黏
附和迁移受到了抑制，同时伴随着细胞纤维状肌动蛋白数目的降低和体外肌动
蛋白装配动力学的无序化[115]。这些结果表明，地磁场的屏蔽影响了与运动相关
的肌动蛋白细胞骨架的装配，而且表明纤维状肌动蛋白是亚磁场的作用靶点和
地磁场的感应受体[115]。

虽然肌动蛋白是否是感应地磁场的受体还需要进一步证实，但是已有其他
多个研究表明，细胞中的肌动蛋白会被稳态磁场影响。其中最引人注目和令人
信服的数据是由 Eguchi 和 Ueno 的研究提供的[76]，这已在前文详细讨论过了。
他们利用 8T 超强稳态磁场处理施万细胞，发现细胞以及细胞内的肌动蛋白纤维
会沿着磁场方向排布。然而，当用一种小分子鸟苷酸三磷酸酶 Rho 蛋白相关激
酶的抑制剂处理过细胞后，其肌动蛋白纤维在 8T 中的排布方式就被打乱了，磁
场诱导的细胞排列也相应消失。这表明稳态磁场诱导的施万细胞排布是依赖于

Rho 蛋白调控的肌动蛋白纤维的[76]，因此他们的数据直接表明了 Rho 蛋白调控的肌动蛋白纤维参与了稳态磁场诱导的细胞排布，至少在施万细胞中是这样的。另一个稳态磁场诱导肌动蛋白变化的例子是 2007 年 Coletti 等学者的研究，他们发现 80mT 稳态磁场能导致肌源细胞系 L6 的排列和分化[77]，这一点我们在前文也有讨论（表 4.1）。具体来讲，他们发现磁场增加了肌动蛋白和肌球蛋白的积累并且促进了大型多核肌管的形成，这是磁场通过提高细胞融合效率而不是细胞增殖造成的[77]。另外，其他的一些研究也表明稳态磁场诱导肌动蛋白的变化。例如，2009 年 Dini 等学者发现 6mT 稳态磁场处理人白血病 U937 细胞 72 小时之后其纤维状肌动蛋白发生了变化[116]。2013 年，Gioia 发现 2mT 稳态磁场处理三天后猪卵巢颗粒细胞的肌动蛋白细胞骨架发生修饰[82]。最近，有学者发现 0.4T 稳态磁场能够增强纤维状肌动蛋白的荧光强度[93]，另外，16T 稳态磁场会破坏前破骨细胞 Raw264.7 的肌动蛋白形成，但是 500nT 和 0.2T 的稳态磁场却无此效应[32]。

也有一些研究报道了稳态磁场对细胞肌动蛋白没有影响。例如，2005 年 Bodega 等分别利用 1mT 正弦、稳态或混合磁场处理原代培养的星形胶质细胞不同时间，并没有发现其肌动蛋白有明显变化[117]。笔者认为他们研究中使用的磁场强度可能太低，不足以诱导肌动蛋白的变化。最近，我们研究了多种人类肿瘤细胞，如人鼻咽癌 CNE-2Z 细胞和结肠癌 HCT116 细胞在 1T 稳态磁场中处理 2～3 天，并没有观察到这些细胞的肌动蛋白有显著变化（未发表数据），但是我们研究的细胞与上述报道中肌动蛋白发生变化的细胞（神经母细胞瘤细胞、施万细胞和肌源性细胞）是有区别的。这些细胞的肌动蛋白调控网络可能与我们研究的肿瘤细胞有所不同。因此，从上述研究中我们可以得知，细胞中肌动蛋白细胞骨架对稳态磁场的响应与细胞种类和磁场强度都有关系，并且需要更多系统性的研究。

4.3.5　细胞存活

到目前为止，大多数研究表明，稳态磁场对细胞活力的影响很小。早在 20 世纪 90 年代，Short 等利用 4.7T 稳态磁场处理人恶性黑色素瘤细胞和正常人成纤维细胞，发现其细胞活力并未发生变化[24]。2003 年，Pacini 等报道 0.2T 稳态磁场可以影响人皮肤成纤维细胞的细胞形态与增殖，但不影响其细胞活力[25]。2009 年，Dini 等发现 6mT 稳态磁场处理人白血病细胞 U937 72 小时并不影响其细胞活力[116]。2013 年，Gioia 研究了体外培养的猪卵巢颗粒细胞（GCs）慢性暴露于 2mT 稳态磁场中的效应，发现其细胞活力也未发生改变[82]。Romeo 等学者于 2016 年研究了人胎肺成纤维细胞 MRC-5 暴露于 370mT 稳态磁场效应，发现其细胞活力并未变化[118]。最近我们研究了 1T 稳态磁场对 15 种不同细胞系细胞活力的影响，包括人类肿瘤细胞系 CNE-2Z、A431 和 A549，非肿瘤细胞系293T 和 CHO（图 4.11）。事实上，我们检验了四个不同的细胞铺板密度，发现细胞存活率均没有明显变化（图 4.11）[38]。这些研究总共囊括了 20 多种不同细胞类型，研究结果均表明稳态磁场对细胞活力没有明显影响。

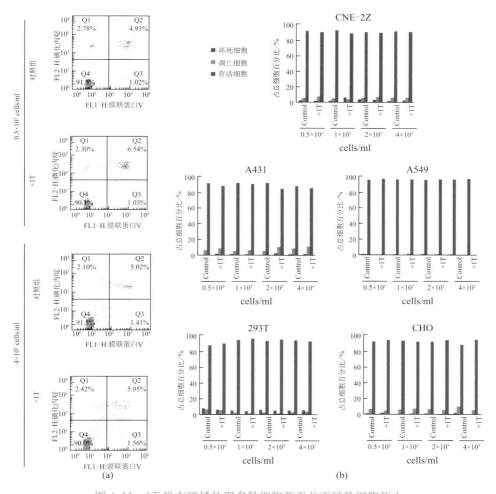

图 4.11　1T 稳态磁场处理多种细胞两天并不导致细胞死亡

多种细胞以不同密度接种，贴壁后用 1T 稳态磁场处理 48 小时后用流式细胞仪进行分析。
（a）具有代表性的部分原始数据；（b）活细胞、凋亡细胞和坏死细胞的定量结果（图片摘自文献 [38]）

然而，也有一些研究表明稳态磁场能够提高某些类型细胞的凋亡水平。2005 年，Chionna 等发现 6mT 稳态磁场能够诱导 Hep G2 细胞凋亡，且具有时间依赖性。在实验开始时细胞凋亡几乎可以忽略，但连续暴露 24 小时之后细胞凋亡率增加到 20%左右[119]。2006 年，Tenuzzo 等发现 6mT 稳态磁场能够促进 T 细胞 3DO 杂合细胞、人肝癌 Hep G2 细胞和大鼠甲状腺 FRTL 细胞的凋亡，但不影响人正常淋巴细胞、小鼠胸腺细胞、人组织淋巴瘤细胞和人宫颈癌 HeLa 细胞的凋亡[120]。Hsieh 等学者于 2008 年发现 3T 稳态磁场通过 p53、p21、p27 和 Bax 蛋白的表达诱导了软骨细胞的凋亡[86]。而最近有学者将脂肪干细胞（ASCs）暴露于 0.5T 稳态磁场中 7 天，发现其细胞活性受到抑制[89]。

非常有趣但同时也令人感到困惑的是，当稳态磁场与其他一些处理方法联合使用时，它们表现出了完全不同的效果。例如，2001 年 Tofani 等学者就发现当 3mT 稳态磁场和 3mT，50Hz 工频磁场联合作用后，结肠癌细胞 WiDr 和乳腺癌细胞 MCF-7 的凋亡水平升高，而人胚肺成纤维细胞 MRC-5 的凋亡没有变化[121]。2006 年，科学家发现暴露于 NMR 核磁共振仪产生的磁场（1T）中可以促进伤害诱导的造血起源的肿瘤细胞的细胞凋亡，而对正常单核白细胞无作用，这表明了与正常细胞相比，NMR 可能增加了抗肿瘤药物对肿瘤细胞的杀伤作用[22]。上述这些研究表明了稳态磁场能够增强工频磁场或抗肿瘤药物的促细胞凋亡效应。然而，与之相反的是，也有证据表明稳态磁场可以保护细胞免于凋亡。例如，$0.3\sim60$mT 稳态磁场能减少有害药物（如依托泊苷（VP16）和嘌呤毒素（PMC））的促细胞凋亡作用[122]。有趣的是，6mT 稳态磁场可以促进 T 细胞杂合细胞 3DO、人肝癌细胞 Hep G2 和大鼠甲状腺细胞 FRTL 的凋亡，但是当与促凋亡药物（如放线菌酮、嘌呤霉素）联合应用时，稳态磁场对细胞又具有保护效应，因为除了 3DO 之外的其他细胞均可以逃脱凋亡命运[120]。

因此，稳态磁场的促细胞凋亡作用与磁场强度、处理时间以及细胞种类都有关系。在大多数情况下，细胞活力不受稳态磁场影响。然而也有一些研究表明某些细胞可能会受到影响。此外，当稳态磁场与其他处理方式（如脉冲磁场、工频磁场或不同的细胞损伤剂）联合应用时，会产生协同或拮抗作用，因此，我们迫切地需要开展进一步研究以揭示其潜在机制。

4.3.6 细胞附着/黏附

目前有多项研究表明，细胞黏附可能会受到稳态磁场的影响。例如，2011 年，Sullivan 等学者将多种细胞直接暴露于稳态磁场中 18 小时后再铺细胞，发现 WI-38（人胚成纤维细胞）的黏附能力可以被 $35\sim120$mT 稳态磁场显著抑制[30]。2012 年，Li 等也报道了 5mT 稳态磁场处理人脐动脉平滑肌细胞（hUA-SMCs）48 小时之后，其黏附能力明显下降[87]。2014 年，商澎课题组发现 0.26～0.33T 中等强度稳态磁场可以抑制人乳腺癌细胞 MCF-7 的黏附能力[123]。

虽然这些结果表明细胞的附着、黏附可能会受到稳态磁场的影响，但是学术界对此仍然缺乏共识。在很多情况下，稳态磁场似乎抑制了细胞黏附，但是也有相反效应的报道。例如，Mo 等的研究表明地磁场的屏蔽会导致人神经母细胞瘤 SH-SY5Y 细胞纤维状肌动蛋白水平降低，同时抑制其黏附和迁移能力[115]。这说明在无磁场条件下，细胞附着也会被抑制。此外，根据我们自己的经验推测，大多数细胞的黏附并不受中等强度稳态磁场的影响。

毫无疑问，稳态磁场诱导的细胞附着能力的变化也与细胞种类有关。1992 年，Short 等检测了人恶性黑色素瘤细胞和正常成纤维细胞，发现 4.7 T 稳态磁场抑制了人恶性黑色素瘤细胞的黏附能力而不影响正常成纤维细胞[24]。最近，Wang 等发现 0.26～0.33T 中等强度稳态磁场虽然会抑制人乳腺癌 MCF-7 细胞的黏附，但是并不影响 HeLa 细胞[123]。并且除细胞类型之外，不同的实验方法，如是在细胞贴壁前还是贴壁后曝磁等，均可能会影响实验结果。此外，笔者实验室还发现支撑的底物，如细胞培养板和盖玻片等，也会影响细胞附着、黏附的实验结果，因此人们需要更多的研究来检验稳态磁场对细胞附着/黏附的确切影响及它们在体内的效应。

4.3.7　细胞形态

多项研究表明，稳态磁场可以改变细胞的形状。例如，Pacini 等在 2003 年发现 0.2T 稳态磁场可以改变人皮肤成纤维细胞的形态[25]，同年，Iwasaka 等学者发现 14T 稳态磁场影响平滑肌细胞组装的形态，并且诱导细胞集落沿着磁场方向延伸[72]。Chinonna 等也报道了 6mT 稳态磁场会引起人组织淋巴瘤 U937 细胞和正常淋巴细胞细胞形状和膜微绒毛变化，并呈时间依赖性[124]。2005 年，Chionna 等发现 Hep G2 细胞暴露于 6mT 稳态磁场 24 小时后会变得细长，且细胞表面随机分布不规则的微绒毛，并且由从培养皿中部分脱离导致其形状不平坦，此外，细胞骨架在磁场中也随着曝磁时间发生变化[119]。随后 Dini 等又发现 6mT 稳态磁场处理 72 小时会引起人白血病 U937 细胞形态和纤维状肌动蛋白变化，细胞膜变得粗糙且出现大圆泡，同时细胞表面的特异性巨噬细胞标记蛋白的表达也受损[116]。同样有趣的是，虽然对细胞生长有抑制作用，但是长期暴露于 0.5T 稳态磁场也使得大鼠垂体细胞瘤 GH3 细胞的尺寸变大[125]。2013 年，有学者用 2mT 稳态磁场处理猪卵巢颗粒细胞三天后发现，细胞长度、厚度以及肌动蛋白和 α-微管蛋白细胞骨架均发生了变化[82]。最近又有研究发现磁屏蔽能使人神经母细胞瘤 SH-SY5Y 细胞体积变小，变成圆形，而这可能是由肌动蛋白装配的动力学无序化导致的[115]。

　　同样也有许多研究报道并没有观察到稳态磁场造成细胞形态变化，这一点不足为奇。例如，1992 年 Sato 等用 1.5T 稳态磁场处理 HeLa 细胞 96 小时，并未发现细胞形态有明显变化[126]。2003 年，Iwasaka 等发现平滑肌细胞在 8T 稳态磁场中处理 3 小时后，其细胞形态和细胞膜也没有明显变化[75]。2005 年，Bodega 等研究了星形胶质细胞的原代培养对 1mT 正弦、稳态或混合磁场处理不同时间点的响应情况，结果显示其肌动蛋白均无显著变化[117]。再次说明，细胞类型可能在稳态磁场诱导的细胞形态变化中起到了非常重要的作用。例如，1999 年 Pacini 等发现 0.2T 磁场能诱导人神经元 FNC-B4 细胞发生明显的形态学变化，但是对小鼠白血病细胞或人乳腺癌细胞的形态没有影响[127]。

　　此外，还有其他多个因素也会决定人们是否可以观察到稳态磁场处理后细胞形态的变化，如磁场强度和处理时间，以及检测手段和实验装置等。有两个研究均使用了细胞冻存和稳态磁场，但是实验结果却完全不同。第一个例子是，1976 年 Malinin 等学者将冻存的小鼠成纤维细胞 L-929 细胞和人胚肺成纤维细胞 WI-38 在 0.5T 稳态磁场中处理 4~8 小时后复苏培养，1~5 周之后其细胞形态发生显著改变[85]。与之相反的是，Lin 等于 2013 年发现在冻存红细胞的缓慢冷却过程中，使用 0.4T 或 0.8T 稳态磁场处理细胞后，其复苏存活率明显提高，但没有形态学变化[128]。上述两项研究中发现的稳态磁场＋冷冻导致的细胞生长和/或形态变化不同的机制仍然未知，不过可能是由稳态磁场＋冷冻过程的差异或是细胞种类的不同造成的。对此我们还需要进行更多的研究来检测更多种类细胞在这两个过程中产生的现象，以揭示其潜在机制。

4.3.8　细胞迁移

　　有一些研究表明稳态磁场可以影响细胞迁移。早在 1990 年，Papatheofanis 等就发现 0.1T 稳态磁场会抑制人多形核白细胞（PMNs）的细胞迁移能力[129]。2012 年，中国学者发现 5mT 稳态磁场处理人脐动脉平滑肌细胞（hUASMCs）48 小时后，细胞迁移受到抑制[87]。此外，在地磁场（GMF）被屏蔽后，即亚磁场条件下（HMF），细胞迁移受到抑制且伴随着细胞纤维性肌动蛋白水平的降低[115]。除了稳态磁场，最近 Kim 等学者的研究表明 TTF 肿瘤治疗场也会抑制 U87 和 U373 两种胶质母细胞瘤细胞的迁移[130]。

　　也有许多研究使用梯度稳态磁场来分离迁移速率不同的细胞群体，即磁泳。基于血红蛋白的实测磁矩和人红细胞中相对高的血红蛋白浓度，如果暴露于高梯度稳态磁场中，红细胞可能会有不同的迁移速率。例如，2003 年 Zborowski

等利用平均场强 1.40T 和平均梯度 0.131T/mm 的梯度稳态磁场成功分离了脱氧红细胞和含高铁血红蛋白（metHb）红细胞[50]。他们认为四个脱氧和高铁血红蛋白组中存在的未配对电子给予了它们顺磁特性，这与氧合血红蛋白的抗磁特性是不同的。有研究表明，含有 100％脱氧血红蛋白的红细胞和含有 100％ metHb 的红细胞的磁泳迁移率是相近的，而含氧红细胞是抗磁性的[50]。因此，基于细胞内生物大分子的磁特性，磁泳技术可以提供一种手段来鉴定和分离细胞[50]。事实上，该技术已经被用于疟疾检测和被感染红细胞的分离。虽然许多其他技术也可以做到这一点，但是磁泳技术因其对疟疾感染红细胞的高度特异性而拥有良好的应用前景[55]。

也有一些研究利用梯度稳态磁场"引导"细胞迁移。2013 年，Zablotskii 等发现稳态磁场的梯度能协助细胞迁移到磁场梯度最高的区域，从而使得可调控互联干细胞网络的建设成为可能，而这是一条通往组织工程和再生医学的很好的路线[131]。

4.3.9 细胞膜

已有多项研究表明，稳态磁场能够提高细胞膜通透性。2011 年，Liu 等利用 AFM（原子力显微镜）发现 9mT 稳态磁场能够增加 K562 细胞膜上孔洞的数量和尺寸，这可能提高了细胞膜通透性和抗肿瘤药物的透过性[132]。2012 年，Bajpai 等报道了 0.1T 稳态磁场能够抑制革兰氏阳性菌（表皮葡萄球菌）和革兰氏阴性菌（大肠杆菌）的生长，可能是由磁场诱导的细胞膜损伤导致的[133]。也有一些研究表明，稳态磁场能够增加细胞膜刚性。例如，2013 年 Lin 等发现 0.8 T 稳态磁场可以降低红细胞膜的流动性，提高其稳定性，从而抵御缓慢冷却引起的脱水伤害[128]。由于缓慢冷却过程中加磁能提高冻存红细胞的生存率，而且没有明显的细胞损伤，因此他们认为稳态磁场能够增强细胞膜的生物物理稳定性，从而能减轻缓慢冷却过程中红细胞膜的脱水损伤[128]。2015 年，Hsieh 等研究了牙髓细胞（DPCs）在 0.4T 稳态磁场下对脂多糖（LPS）诱导的炎症反应的耐受性，他们发现与对照组相比，加磁组耐受性更高。他们认为是 0.4T 稳态磁场通过改变细胞膜的稳定性和刚度从而抑制了脂多糖诱导的炎症反应[134]。最近，Lew 等学者利用 0.4T 稳态磁场处理牙髓干细胞（DPSCs），实验结果表明其细胞膜受到了影响，从而导致胞内钙离子也发生变化[93]。

稳态磁场对细胞膜的影响也与细胞种类有关。2006 年，Nuccitelli 等发现不同的细胞在 6mT 稳态磁场中处理 5 分钟后其细胞膜电位所受到的影响效果也不同。具体地说，磁场使得 Jurkat 细胞去极化而 U937 细胞超极化[135]。此外，高分辨率的成像技术，如原子力显微镜或电子显微镜，对揭示稳态磁场引起的细胞膜变化也是至关重要的，这些技术已被应用于多项研究中，来揭示稳态磁场引起的膜变化或是膜相关蛋白的变化[15,123,132]。相反，低分辨率成像技术则不太可能揭示膜的变化。2010 年，Wang 等在模式图中阐述了稳态磁场对细胞膜、一些相关受体和通道蛋白以及下游效应器影响的潜在机制[136]。文中指出，细胞膜是稳态磁场的主要靶点之一，这主要是由双层磷脂分子具有的磁各向异性决定的[137]。稳态磁场中的磷脂分子将发生重排或调整，从而影响细胞膜的大部分生物物理特性。此外，由于膜的动态变化会影响膜镶嵌蛋白的活性，所以稳态磁场也可能会影响一些膜相关蛋白，如机械敏感性离子通道或其他膜嵌入式蛋白[136,138]。

4.3.10　细胞周期

有几项研究表明，稳态磁场可能会影响某些类型细胞的细胞周期或特定条件下的细胞周期。例如，2010 年 Chen 等发现 8.8mT 稳态磁场增加了 K562 细胞的 G2/M 期，降低其 G1 和 S 期[139]。Mo 等于 2013 年发现地磁屏蔽可以促进人神经母细胞瘤细胞（SH-SY5Y）G1 期的细胞周期进程[88]。最近，我们发现 1T 稳态磁场可能导致同步化 HeLa 细胞有丝分裂阻滞，进而减少细胞数目[110]。

另一方面，大多数其他研究均表明细胞周期不受稳态磁场影响。2010 年，Hsu 和 Chang 发现 0.29T 稳态磁场并不影响牙髓细胞的细胞周期[96]。同年，Sarvestani 等研究了 15mT 稳态磁场对大鼠骨髓干细胞（BMSC）细胞周期进程的影响，并没有发现任何细胞周期变化[140]。最近，我们首先分析了 1T 稳态磁场对多种类型细胞在不同细胞铺板密度条件下的影响。在我们测试的所有细胞系中，1T 稳态磁场处理两天并没有导致明显的细胞周期变化（图 4.12）[38]。此外，我们利用 9T 稳态磁场处理人结肠癌 HCT116 细胞和人鼻咽癌 CNE-2Z 细胞三天，也没有发现明显的细胞周期变化（未发表数据）。接着，我们更进一步将 CNE-2Z 细胞置于 27T 超高稳态磁场中处理 4 小时，发现细胞周期也并未发生明显改变[102]（图 4.13）。

然而需要指出的是，正如稳态磁场诱导的其他细胞生物学效应，稳态磁场对细胞周期的影响也可能具有细胞种类依赖性。2010 年，许安课题组发现 13T 稳态磁场对中国仓鼠卵巢细胞（CHO）和 DNA 双链断裂修复缺失突变体 XRS-5 细胞的细胞周期分布无明显影响，但是却降低了人原发性皮肤 AG1522 细胞的 G0/G1 期细胞百分比，并增加了其 S 期细胞百分比[37]。这表明稳态磁场可能对原代细胞细胞周期的影响要大于永生化细胞。此外，由稳态磁场诱导的细胞周期的变化在各个报道中也有不同[37,139]。更重要的是，笔者认为有可能是研究者们使用的实验方法的差异导致了实验结果的不同。例如，由于流式细胞仪（图 4.12 和图 4.13）不能将 G2 期和 M 期分开，所以无法揭示 G2 期或 M 期的细微变化。因此，还需要更多的实验方法来探索更多细胞类型和/或实验条件下稳态磁场对细胞周期的影响。

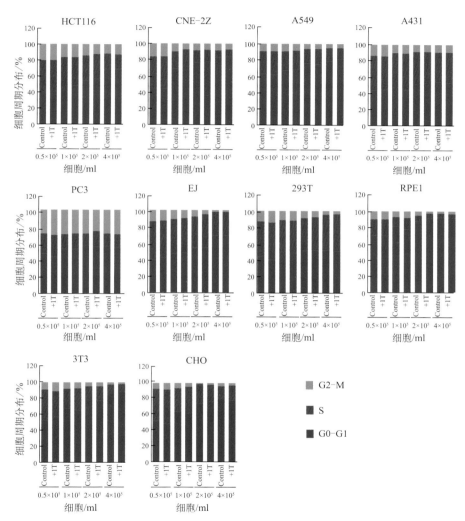

图 4.12　1T 稳态磁场不影响细胞周期

不同细胞以不同密度接种，贴壁后用 1T 稳态磁场处理两天，之后用流式细胞仪检测其细胞周期。

每个细胞系至少进行了两次实验。图中展示了有代表性的实验结果（图片摘自文献 [38]）

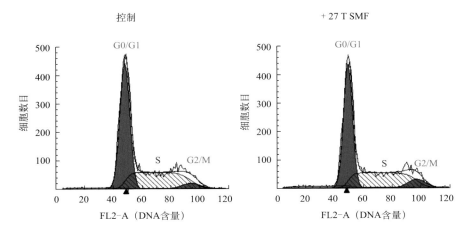

图 4.13　27T 超高稳态磁场并不影响 CNE-2Z 细胞的细胞周期

我们最近将 CNE-2Z 置于 27T 超高稳态磁场中处理 4 小时，发现其细胞周期并未发生明显变化[102]。27T 超高稳态磁场由位于安徽省合肥市的中国科学院强磁场科学中心的四号水冷磁体提供。我们搭建了一套生物样品培养平台，能够提供细胞培养所需温度、气体和湿度（该图由纪新苗提供）

4.3.11　染色体和 DNA

由于公众对输电线路、移动电话和癌症的担忧，所以脉冲和交变磁场等时变磁场对 DNA 完整性的影响经常被研究[141−146]。早在 1984 年，*Science* 就报道了时变磁场能够促进细胞内 DNA 合成[147]。虽然目前还没有足够的证据来证实这些时变磁场会对人体产生有害诱变作用，但还需要更多的研究来评估各种暴露条件的影响。

与此相反，稳态磁场诱导的 DNA 损伤和突变目前还鲜有报道。2004 年，Takashima 等学者在 DNA 修复完整型和修复缺陷型黑腹果蝇中使用体细胞突变和重组测试系统，以检测强稳态磁场对果蝇 DNA 损伤和突变可能造成的潜在影响。他们发现 2T、5T 或 14T 磁场处理 24 小时后，DNA 复制修复缺陷型果蝇体细胞重组频率显著上升，而核苷酸切除修复缺陷型果蝇和 DNA 修复完整型果蝇在曝磁后其体细胞重组频率无明显变化。此外，他们的结果还表明，暴露于强磁场导致的果蝇体细胞重组频率变化与剂量并非线性关系[148]。除了果蝇中的研究以外，大多数其他研究则表明稳态磁场不会引起 DNA 损伤或突变。例如，2015 年 Reddig 等将未刺激分化的人单核血细胞暴露于 7T 稳态磁场，或联合不同梯度磁场和脉冲场中，发现其 DNA 双链并未断裂[97]。2016 年，Romeo 等研究了人胚肺成纤维细胞 MRC-5 暴露于 370mT 稳态磁场中的效应，显示其 DNA

完整性不受影响[118]。最近一项研究也发现暴露于 0.5T 稳态磁场 7 天的脂肪干细胞（ASCs）的 DNA 完整性并未改变[89]。因此，这些研究均没有发现在稳态磁场下 DNA 有直接损伤。有趣的是，实验结果显示由 X 射线诱导的原发性胶质母细胞瘤细胞的 DNA 损伤可以被 80mT 稳态磁场抑制，这可能是由于稳态磁场阻止了由 X 射线造成的线粒体膜电位缺失[149]，所以 80mT 稳态磁场可能在 X 射线诱导的 DNA 损伤中起保护作用。然而也有研究表明，虽然 10T 稳态磁场本身对微核形成没有任何影响，但是与 X 射线相结合后会促进微核形成[36]。

据报道，由于具有相对较强的抗磁各向异性，DNA 链在强磁场中会发生重排[150]，这主要是由于其含有大量的芳香族碱基。此外，目前已有理论预言了高度压缩的有丝分裂染色体会沿着染色体臂方向产生电磁场[151]，而且在 1.4T 稳态磁场中染色体会完全沿着磁场方向排布[150]。并且，Andrews 等学者发现分离出的有丝分裂染色体也可以被电场排列[152]。我们最近发现，27T 超强稳态磁场会影响人类细胞有丝分裂纺锤体的方向，而在这个过程中，染色体起了非常重要的作用[102]。

到目前为止，关于稳态磁场诱导 DNA 损伤和突变的相关证据还不足以得出一个确定的结论。大多数研究表明，稳态磁场不会引起人类细胞的 DNA 损伤和突变。然而，我们应当对不同细胞类型和磁场强度进行更多的研究，从而对该问题进行更全面的理解。

4.3.12　胞内活性氧簇

活性氧簇（ROS）是一类在最外层电子轨道上有一个未配对电子的高度活跃的自由基、离子和分子。ROS 包括活性氧自由基（如 $O_2^-\cdot$，$\cdot OH$，$NO\cdot$ 等）和非活性氧自由基（如 H_2O_2，N_2O_2，$ROOH$，$HOCl$ 等）。众所周知，低水平 ROS 可以作为胞内信号转导信使来氧化蛋白质的巯基基团进而调控其结构和功能，而高水平 ROS 会非特异地攻击蛋白质、脂质和 DNA 进而破坏正常的细胞进程[153,154]。也有多项研究表明，与正常细胞相比，癌细胞的 ROS 水平上升可能导致癌症进一步发展[155]。然而，也有一些研究显示，过度氧化应激会减缓肿瘤细胞的增殖，威胁其生存，而且在新形成的肿瘤细胞中进行治疗干预，进一步增加氧化应激，很可能使它们更容易死亡[156−158]。

有多项研究显示稳态磁场可以升高胞内 ROS 水平（表 4.3）。例如，Calabro 等发现 2.2mT 稳态磁场处理人神经元样细胞 SH-SY5Y 细胞 24 小时后显著降低其线粒体膜电位，并升高其 ROS 水平[159]。De Nicola 等发现 6mT 稳态磁场能增加人组织细胞淋巴瘤 U937 细胞的胞内 ROS 水平[160]。此外，在 2011 年赵国平等学者利用 8.5T 稳态磁场处理三种细胞 3 小时：人-仓鼠杂交细胞 A（L）

细胞、线粒体缺陷的 rho（0）A（L）细胞和 DNA 双链断裂（DSB）修复缺陷 XRS-5 细胞，发现它们的 ROS 水平在磁场作用下显著升高[161]。同年，Martino 和 Castello 在 *PLOS ONE* 上发文，报道他们发现屏蔽地磁场（从 45～60μT 降低到 0.2～2μT）可以抑制人纤维肉瘤 HT1080 细胞、胰腺癌 AsPC-1 细胞和牛肺动脉内皮细胞 PAEC 的 ROS 的产生[162]，这与其他研究中所发现的稳态磁场导致 ROS 水平升高的结果是相一致的。

表 4.3　不同研究中稳态磁场诱导的 ROS 水平变化

细胞系	稳态磁场强度	稳态磁场处理时间	ROS 水平	参考文献
人纤维肉瘤细胞 HT1080，胰腺癌细胞 AsPC-1，牛肺动脉内皮细胞（PAEC）	屏蔽地磁场（从 45～60μT 降低到 0.2～2μT）	6～24 小时	降低	[162]
人神经元样细胞 SH-SY5Y	2.2mT	24 小时	升高	[159]
人组织细胞淋巴瘤 U937 细胞	6mT	2 小时	升高	[160]
人-仓鼠杂交细胞 A（L），线粒体缺陷型 rho（0）A（L）细胞，DNA 双链断裂（DSB）修复缺陷型细胞 XRS-5	8.5T	3 小时	升高	[161]
WI-38 细胞	230～250mT	18 小时	升高	[30]
人肺成纤维细胞 MRC-5	370mT	处理 4 天，每天 1 小时	不变	[118]
WI-38 细胞	230～250mT	5 天	不变	[30]

注：蓝色代表稳态磁场改变了胞内 ROS 水平。灰色代表没有改变胞内 ROS 水平

然而，也有研究显示 ROS 并不受稳态磁场的影响。Romeo 等学者利用 370mT 稳态磁场处理人肺成纤维细胞 MRC-5，发现其胞内 ROS 水平并没有被影响[118]。造成这些差异的原因可能是细胞类型、磁场强度甚至处理时间的不同。例如，Sullivan 等发现 WI-38 细胞铺板后在稳态磁场（230～250mT）中处理 18 小时，其 ROS 产量上升了 37%，但是继续处理 5 天后却没有变化[30]，这说明稳态磁场诱导的 ROS 水平升高具有时间依赖性。此外，ROS 水平在不同细胞种类和不同细胞密度中是不同的[163]。最近我们比较了多种细胞系，发现 1T 稳态磁场能够升高某些细胞的 ROS 水平，但对其他的细胞没有影响。而在另一些细胞中，稳态磁场还具有降低 ROS 水平的功能（未发表数据）。目前稳态磁场中 ROS 水平的变化，线粒体改变的分子机制以及其中的关系还不是很清楚，需要更进一步的深入研究。

4.3.13　三磷酸腺苷（ATP）

目前学术界对稳态磁场是否会在体外直接影响酶促 ATP 的合成还存在着争议。2008 年，Buchachenko 和 Kuznetsov 报道了磁作用会影响体外 ATP 酶促合成速率[164]。他们发现在 $^{25}Mg^{2+}$ 存在下，55mT 和 80mT 稳态磁场会显著增高

ATP 合成速率。然而后来 Crotty 等却没有重复出此结果[165]，并且原因不明。虽然两项研究中所使用的磁场强度几乎相同，但是 Crotty 提供了 Buchachenko 等没有提供的关于磁体设计的实验细节。此外，笔者分析，也有可能是因为两组研究人员使用了不同来源的蛋白质，Buchachenko 等用的是从蛇毒液中分离的单体肌酸激酶同工酶，而 Crotty 用的是二聚的肌酸激酶。在笔者看来，上述关于磁场和蛋白质本身的因素有可能导致了看似不一致的结果。因此，笔者鼓励更多的研究人员开展相关研究以解决这个问题。

在体外实验中，也有一些细胞水平的研究显示 ATP 水平会受到稳态磁场的影响，然而对此还需要具体问题具体分析。早在 1995 年，Itegin 等就发现长期应用 0.02T 稳态磁场对不同 ATP 酶有不同的效果，其中 Na（＋）－K＋ ATP 酶和 Ca^{2+} ATP 酶的平均活性显著升高，而 Mg^{2+} ATP 酶活性却无显著降低[166]。由于不同的细胞具有不同的 ATP 酶网络，所以它们对稳态磁场的响应很有可能有所不同。2010 年，Wang 等检测了中等强度稳态磁场（约 0.25T）对 PC12 细胞（来源于大鼠肾上腺髓质嗜铬细胞瘤）的影响，发现其 ATP 水平虽然增加得并不是那么多，但是却具有统计学意义[136]（图 4.14）。还有 Kurzeja 等的一项研究也表明，在氟化物存在下，稳态磁场会引起 ATP 水平升高。2013 年，他们发现中等强度稳态磁场（0.4T，0.6T 和 0.7T）可以恢复成纤维细胞中氟化物导致的 ATP 减少。此外，该效应与磁场强度有关，因为相比于 0.4T 和 0.6T 来讲，0.7T 的效应最为显著[167]。

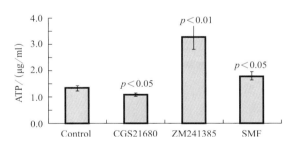

图 4.14　中等强度稳态磁场升高 PC12 细胞中 ATP 水平

细胞分别用 1.0μM 的 CGS21680（一种选择性腺苷 A_{2A} 受体激动剂），ZM241385（一种强效的，非黄嘌呤 $A_{2A}R$ 拮抗剂）处理，还有一组用约 0.25T 稳态磁场处理 6 小时（图片摘自文献 [136]）

也有一些研究表明细胞内 ATP 水平可能会被稳态磁场抑制，且具有细胞种类和磁场强度依赖性。例如，2011 年赵国平等利用 8.5T 均匀稳态强磁场处理三种细胞：人-仓鼠杂交细胞 A（L），线粒体缺陷细胞 rho（0）A（L）和 DNA 双链断裂（DSB）修复缺陷细胞 XRS-5。他们发现稳态磁场诱导的 ATP 含量变化与磁场强度、处理时间以及细胞类型均有关系[161]（表4.4）。此外，他们的研究结果表明8.5T稳态磁场诱导细胞内ATP水平的降低部分是由线粒体和DNA双链断裂修复过程介导的，因为在野生型细胞中ATP水平经过磁场处理后12~24小时便能恢复，而线粒体缺陷型和DNA双链断裂修复缺陷型细胞却无法恢复[161]（表4.4）。

表4.4　赵国平等学者的研究中稳态磁场诱导ATP水平变化情况汇总[161]

细胞系	稳态磁场强度和处理时间	细胞ATP含量
人-仓鼠杂交细胞A（L）	1T 3小时	不变
	1T 5小时	不变
	4T 3小时	不变
	4T 5小时	不变
	8.5T 3小时	降低约20%
	8.5T 5小时	降低约20%
	8.5T 3小时，恢复12小时	不变
	8.5T 3小时，恢复24小时	不变
线粒体缺陷型杂交细胞rho（0）A（L）	8.5T 3小时	降低约30%
	8.5T 3小时，恢复12小时	降低约30%
	8.5T 3小时，恢复24小时	降低约20%
DNA双链断裂（DSB）修复缺陷型细胞XRS-5	8.5T 3小时	降低约50%
	8.5T 3小时，恢复12小时	降低约20%
	8.5T 3小时，恢复24小时	降低约20%

注：不同颜色代表不同细胞系

4.3.14　钙

钙在许多生物系统中起着至关重要的作用，特别是在信号转导级联反应中。目前报道的磁场诱导的胞内钙变化主要是由工频磁场造成的[144,168-172]，而且与细胞状态、磁场强度[168]以及其他磁场参数均有关[47]。有多项研究表明，50~60Hz磁场会增加钙水平[169-171]。

与工频磁场类似的是，有许多研究表明稳态磁场也会增加细胞钙的水平。例如，1998年Flipo等学者研究了0.025~0.15T稳态磁场对体外培养的C57BI/6小鼠巨噬细胞、脾淋巴细胞和胸腺细胞的细胞免疫指标的影响[173]。结果显示，暴露于稳态磁场24小时会导致巨噬细胞胞内Ca^{2+}水平升高，伴刀豆球蛋白A（Concanavalin A）刺激的淋巴细胞Ca^{2+}内流增加[173]。2006年，Tenuzzo等发现6mT稳态磁场能增加多种细胞的钙水平[120]，而0.75T稳态磁场处理大鼠皮层神经元细胞后其钙水平也显著上升[20]。Dini等学者于2009年发现6mT稳态磁场能够引起人白血病U937细胞钙水平显著增加[116]。2010年，研究人员发现0.23~0.28T稳态磁场能够提高大鼠肾上腺嗜铬细胞瘤PC12细胞

的胞外钙水平[136]（图 4.15（a））。此外，他们还发现稳态磁场能够拮抗
CGS21680 诱导的钙还原，这与一种选择性 $A_{2A}R$ 拮抗剂 ZM241385 的效应类
似[136]（图 4.15（b））。同年，Hsu 和 Chang 也发现 0.29T 稳态磁场与 Dex/
beta-GP 联合作用会显著增加早期细胞外钙浓度，之后是明显的钙沉积，这可能
有助于加速成骨细胞分化和牙髓细胞的矿化[96]。2014 年，俄罗斯科学院 Ste-
fanov 课题组发现微弱稳态磁场能升高胞内钙水平并且促进原代培养的新生
Wistar 大鼠骨骼肌细胞的发育[59]。同年，Bernabo 等学者发现 2mT 稳态磁场可
引起卵巢颗粒细胞内可逆的细胞膜除极波（约 1 分钟），这导致了胞内钙浓度增
加和线粒体活性降低[174]。

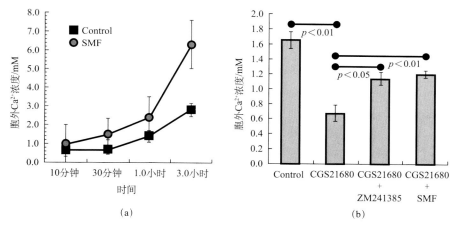

(a)　　　　　　　　　　(b)

图 4.15　中等强度稳态磁场、$A_{2A}R$ 激动剂 CGS21680 和拮抗剂 ZM241385
处理 PC12 细胞后胞内钙水平变化

稳态磁场强度约为 0.25T。（a）不同时间点检测的胞外 Ca^{2+} 水平。$p < 0.05$，$n = 3$。
（b）3 小时检测的胞外 Ca^{2+} 水平，$n = 3$（图片摘自文献 [136]）

同时，也有一些研究表明胞内钙水平并不会受到稳态磁场影响。早在 1986
年，Bellossi 就用均匀或非均匀的 0.2～0.9T 稳态磁场处理新生分离的小鸡大
脑，并没有观察到钙外排的变化[175]。Papatheofanis 等学者将小鼠暴露于 1T 稳
态磁场 10 天，每天处理 30 分钟，也没有观察到钙的变化[176]。此外，0.15T 稳
态磁场也不影响 HL-60 细胞内钙水平[47]。1992 年，Yost 和 Liburdy 两位学者
联合极低频（ELF）时变磁场和稳态磁场共同作用于淋巴细胞，并检测其对钙
信号通路的影响[177]。他们的研究结果表明，16Hz/42.1μT 磁场联合非线性 23.4μT
稳态磁场共同作用于胸腺淋巴细胞 1 小时，抑制了丝裂原激活的细胞钙离子内
流，但对静息淋巴细胞没有作用。然而有趣的是，两种磁场单独作用均无此效

果[177]。Belton 等于 2008 年应用 1mT、10mT 或 100mT 稳态磁场处理 HL-60 细胞，它们都不影响钙离子对 ATP 的响应[178]。还有学者利用马来酸二乙酯（DEM）消耗 HL-60 细胞中的谷胱甘肽（GSH），然后检测它们对 0.1T 稳态磁场的响应，发现并没有明显的钙变化[179,180]。

据我们所知，目前只有少数研究报道了稳态磁场对钙水平的抑制作用。例如，16Hz/42.1μT 工频磁场和 23.4μT 稳态磁场联合作用可降低胸腺淋巴细胞钙水平[177]。120mT 稳态磁场能造成体外培养 GH3 细胞峰值钙电流振幅的轻微降低和电流-电压曲线的变化[181]。此外，还有学者发现 5mT 稳态磁场可降低人血管平滑肌细胞（VSMCs）内游离钙浓度[87]。

另外，还有许多间接证据表明钙参与了稳态磁场诱导的细胞效应。例如，1990 年研究人员利用人多形核白细胞（PMN）发现 0.1T 稳态磁场能诱导其脱粒并且抑制其细胞迁移，而利用一定剂量的钙离子通道拮抗剂如地尔硫卓、硝苯地平和维拉帕米预处理过的细胞则无此效应[129]。而 Okano 和 Ohkubo 发现颈部暴露于 180mT（B_{max}）稳态磁场 5～8 周后在显著抑制或缓解高血压的发展同时增加了压力反射敏感性（BRS）。他们的研究结果表明，与单独使用尼卡地平（NIC）相比，稳态磁场可以通过更有效地拮抗通过钙离子通道的 Ca^{2+} 流的方式来增加 L-型电压门控钙离子通道阻滞剂引起的高血压[182]。2006 年，Ghibelli 等发现 1T 稳态磁场能增强嘌呤霉素和 VP16 的细胞毒性作用，而该效应可被钙离子螯合剂 EGTA 和 BAPTA-AM 以及钙离子通道阻断剂硝苯地平所消除[22]。Yeh 等于 2008 年报道了 8mT 稳态磁场促进钙依赖性的小龙虾尾翻转逃脱反射的突触传导效率[183]。同年，Morris 等学者利用药物发现稳态磁场诱导的抗水肿作用可能是通过血管平滑肌细胞的 L-型钙离子通道实现的[184]。

稳态磁场导致的钙水平变化的差异可能是由多方面原因造成的，如细胞类型、磁场强度以及处理时间。有多项研究表明，不同类型细胞在暴露于磁场后其钙离子浓度的变化是不同的。1999 年，Fanelli 等发现不同类型细胞中钙水平对 6mT 稳态磁场的响应不同，这似乎与稳态磁场诱导的抗凋亡作用相关[122]。他们的进一步研究表明，6mT 和 1T 稳态磁场对药物处理细胞的拮抗或协同效应均是通过胞外基质的钙离子流实现的，但是这一过程却只发生在某些细胞中[22,122]。还有学者测试了由 NMR 产生的 4.75T 稳态磁场和 0.7mT 脉冲电磁场联合作用 1 小时的影响，他们发现 Jurkat 白血病细胞的钙水平在曝磁后显著降低[185]，但在正常或植物血凝素（PHA）诱导的淋巴细胞中，钙水平升高[34]。此外，稳态磁场诱导的钙离子水平变化也与磁场强度有关。Ghibelli 等于 2006 年报道了，无论是 6mT 稳态磁场的抗凋亡作用，还是 1T 稳态磁场的增效作用，均是由钙离子流介导的[22]。2014 年，商澎课题组研究了稳态磁场处理后

MC3T3-E1 成骨细胞矿化过程中多种矿物元素的变化，他们将实验对象分为 500nT 组、对照地磁组（C-GMF）、0.2T 组和 16T 组。结果显示，钙离子水平在 500nT 和 0.2T 稳态磁场处理后下降，而在 16T 稳态磁场处理后却上升[23]。除了细胞类型引起的差异，这些磁场强度引起的差异也可能导致了与文献报道不一致的现象。此外，稳态磁场诱导的钙水平变化似乎也与处理时间有关。2005 年，Chionna 等发现 Hep G2 细胞暴露于 6mT 稳态磁场后钙水平升高，且具有时间依赖性，在 4 小时达到最高值[119]。表 4.5 总结了文献中稳态磁场诱导的钙水平变化情况（表 4.5）。

表 4.5　不同研究中稳态磁场诱导的钙水平变化

样品	稳态磁场强度	钙水平变化	参考文献
卵巢颗粒细胞	2mT	升高	[174]
多种细胞系	6mT	升高	[120]
人白血病 U937 细胞	6mT	升高	[116]
原代培养的来自新生 Wistar 大鼠的骨骼肌细胞	60～400μT	升高	[59]
巨噬细胞	0.025～0.15T	升高	[173]
大鼠肾上腺嗜铬细胞瘤 PC12 细胞	0.23～0.28T	升高	[136]
牙髓细胞 DPCs	0.29T 与 Dex/beta-GP 联合作用	升高	[96]
大鼠皮层神经元细胞	0.75T	升高	[20]
T 淋巴细胞	23.4μT	不变	[177]
HL-60 细胞	0.1T	不变	[179, 180]
HL-60 细胞	0.15T	不变	[47]
分离新生小鸡脑	0.2～0.9T	不变	[175]
小鼠	1T	不变	[176]
T 淋巴细胞	16Hz/42.1μT 工频磁场＋23.4μT 稳态磁场	降低	[177]
人脐动脉平滑肌细胞（hUASMCs）	5mT	降低	[87]
GH3 细胞	120mT	降低	[181]

注：蓝色代表稳态磁场增高胞内钙水平，灰色代表无影响，橙色代表稳态磁场降低胞内钙水平

　　由于钙在细胞增殖和凋亡等细胞进程中起着至关重要的作用，所以不同强度稳态磁场对不同种类细胞的钙水平影响存在差异并不奇怪，这可能会导致完全不同的细胞效应。此外，也有一些文献报道了信号转导通路的变化有可能是（至少是部分原因）由稳态磁场诱导钙调控导致的。例如，2012 年有学者发现 5mT 稳态磁场可以通过抑制整合素 β1 聚合、以及降低细胞内游离钙浓度和钝化 FAK 从而影响人脐动脉平滑肌细胞（hUASMCs）的增殖、迁移和黏附[87]。笔者实验室之前发现 1T 稳态磁场可以抑制人鼻咽癌 CNE-2Z 细胞增殖，而且与 EGFR-Akt-mTOR 信号通路有关[18,21]。正如本章前面所提到的，我们还发现 EGFR 及其下游信号通路可能与稳态磁场诱导的细胞增殖在不同细胞种类和密

度下效应不同有关[38]。事实上，EGFR 蛋白本身的激酶活性就可以被稳态磁场直接抑制[21]，对此我们将在第 6 章详细讨论。最近 Lew 等利用 0.4T 稳态磁场处理牙髓干细胞，发现其细胞增殖率增加。他们的实验结果表明 0.4T 稳态磁场影响牙髓干细胞的细胞膜，激活胞内钙离子活性，这样便激活 p38 MAPK 信号通路进而重组细胞骨架和促进细胞增殖[93]。而且 0.5T 稳态磁场也可以激活磷酸肌醇 3-激酶/Akt（PI3K/Akt）信号通路[94]。

4.4 小　　结

　　由于人体是由不同细胞组成的，而这些不同的细胞里包含着各种能够响应磁场的成分，所以大部分磁场生物学效应研究是在细胞水平上进行的。磁场的参数以及实验中所用的细胞种类对实验结果都有着巨大的影响。迄今为止，大多数稳态磁场的细胞生物学效应很大程度上依赖于磁场种类、强度、细胞类型以及本章中提到的其他因素。磁场的细胞效应不仅包括细胞取向、增殖和钙水平变化等，而且还包括一些相对较少研究的领域，如基因表达、线粒体和免疫系统等方面。很明显，人们需要进行更进一步的研究，才能对稳态磁场的细胞生物学效应有更全面的了解。目前总的来说，除了强磁场引起的取向改变外，稳态磁场的大多数细胞效应还是相对温和的。在笔者的实验室中，为了获得公正和可重复的结果，我们的实验均由至少两名研究人员独立进行同一组实验，并将他们的结果收集起来进行综合数据分析。更重要的是，人们应当了解稳态磁场的细胞效应受到了磁场参数、细胞类型和实验方法等多种因素的影响，如培养时间和磁场方向。此外，一些实验中没有出现其他研究者所报道的阳性结果，很有可能是由于仪器或技术的检测能力不足；因此，人们不仅要认真记录和分析所有的实验细节，还要尝试利用先进的现代技术，以期对稳态磁场的细胞生物学效应取得更全面的了解。

参 考 文 献

[1] Pauling, L., *Diamagnetic anisotropy of the peptide group*. Proc Natl Acad Sci U S A, 1979. **76**（5）：p. 2293-2294.

[2] Vassilev, P. M., et al., *Parallel arrays of microtubules formed in electric and magnetic fields*. Biosci Rep, 1982. **2**（12）：p. 1025-1029.

[3] Bras, W., et al., *The susceptibility of pure tubulin to high magnetic fields：A magnetic birefringence and x-ray fiber diffraction study*. Biophys J, 1998. **74**（3）：p. 1509-1521.

［4］ Bras，W.，et al.，*The diamagnetic susceptibility of the tubulin dimer*. J Biophys，2014. **2014**：p. 985082.

［5］ Albuquerque，W. W.，et al.，*Evidences of the static magnetic field influence on cellular systems*. Prog Biophys Mol Biol，2016. **121**（1）：p. 16-28.

［6］ Zablotskii，V.，et al.，*How a high-gradient magnetic field could affect cell life*. Scientific Reports，2016. **6**：p. 37407.

［7］ Ueno，S. and K. Harada，*Redistribution of dissolved-oxygen concentration under strong dc magnetic-fields*. IEEE Transactions on Magnetics，1982. **18**（6）：p. 1704-1706.

［8］ Ueno，S.，M. Iwasaka，and T. Kitajima，*Redistribution of dissolved-oxygen concentration under magnetic-fields up to 8-T*. Journal of Applied Physics，1994. **75**（10）：p. 7174-7176.

［9］ Ueno，S.，M. Iwasaka，and G. Furukawa，*Dynamic behavior of dissolved-oxygen under magnetic-fields*. IEEE Transactions on Magnetics，1995. **31**（6）：p. 4259-4261.

［10］ Adair，R. K.，*Static and low-frequency magnetic field effects：Health risks and therapies*. Reports on Progress in Physics，2000. **63**（3）：p. 415-454.

［11］ Dini，L. and L. Abbro，*Bioeffects of moderate-intensity static magnetic fields on cell cultures*. Micron，2005. **36**（3）：p. 195-217.

［12］ Miyakoshi，J.，*Effects of static magnetic fields at the cellular level*. Progress of Biophisics and Molecular Biology，2005. **87**：p. 213-223.

［13］ Miyakoshi，J.，*The review of cellular effects of a static magnetic field*. Science and Technology of Advanced Materials，2006. **7**（4）：p. 305-307.

［14］ Ueno，S.，*Studies on magnetism and bioelectromagnetics for 45 years：From magnetic analog memory to human brain stimulation and imaging*. Bioelectromagnetics，2012. **33**（1）：p. 3-22.

［15］ Jia，C. L.，et al.，*EGF receptor clustering is induced by a 0. 4 mT power frequency magnetic field and blocked by the EGF receptor tyrosine kinase inhibitor PD153035*. Bioelectromagnetics，2007. **28**（3）：p. 197-207.

［16］ Simko，M.，*Cell type specific redox status is responsible for diverse electromagnetic field effects*. Current Medicinal Chemistry，2007. **14**（10）：p. 1141-1152.

［17］ Sun，W. J.，et al.，*Superposition of an incoherent magnetic field inhibited EGF receptor clustering and phosphorylation induced by a 1. 8 GHz pulse-modulated radiofrequency radiation*. International Journal of Radiation Biology，2013. **89**（5）：p. 378-383.

［18］ Zhang，L.，et al.，*1 T Moderate intensity static magnetic field affects Akt/mTOR pathway and increases the antitumor efficacy of mTOR inhibitors in CNE-2Z cells*. Science Bulletin，2015. **60**（24）：p. 2120-2128.

［19］ Higashi，T.，et al.，*Orientation of erythrocytes in a strong static magnetic-field*. Blood，1993. **82**（4）：p. 1328-1334.

［20］ Prina-Mello，A.，et al.，*Influence of strong static magnetic fields on primary cortical neurons*. Bioelectromagnetics，2006. **27**（1）：p. 35-42.

［21］Zhang，L.，et al.，*Moderate and strong static magnetic fields directly affect EGFR kinase domain orientation to inhibit cancer cell proliferation*. Oncotarget，2016. **7**（27）：p. 41527-41539.

［22］Ghibelli，L.，et al.，*NMR exposure sensitizes tumor cells to apoptosis*. Apoptosis 2006. **11**（3）：p. 359-365.

［23］Zhang，J.，C. Ding，and P. Shang，*Alterations of mineral elements in osteoblast during differentiation under hypo，moderate and high static magnetic fields*. Biol Trace Elem Res，2014. **162**（1-3）：p. 153-157.

［24］Short，W. O.，et al.，*Alteration of human tumor-cell adhesion by high-strength static magnetic-fields*. Investigative Radiology，1992. **27**（10）：p. 836-840.

［25］Pacini，S.，et al.，*Effects of 0.2 T static magnetic field on human skin fibroblasts*. Cancer Detection and Prevention，2003. **27**（5）：p. 327-332.

［26］Pacini，S.，et al.，*Influence of static magnetic field on the antiproliferative effects of vitamin D on human breast cancer cells*. Oncology Research，1999. **11**（6）：p. 265-271.

［27］Ogiue-Ikeda，M. and S. Ueno，*Magnetic cell orientation depending on cell type and cell density*. IEEE Transactions on Magnetics，2004. **40**（4）：p. 3024-3026.

［28］Anton-Leberre，V.，et al.，*Exposure to high static or pulsed magnetic fields does not affect cellular processes in the yeast saccharomyces cerevisiae*. Bioelectromagnetics，2010. **31**（1）：p. 28-38.

［29］Denegre，J. M.，et al.，*Cleavage planes in frog eggs are altered by strong magnetic fields*. Proc Natl Acad Sci U S A，1998. **95**（25）：p. 14729-14732.

［30］Sullivan，K.，A. K. Balin，and R. G. Allen，*Effects of static magnetic fields on the growth of various types of human cells*. Bioelectromagnetics，2011. **32**（2）：p. 140-147.

［31］Vergallo，C.，et al.，*In vitro analysis of the anti-inflammatory effect of inhomogeneous static magnetic field-exposure on human macrophages and lymphocytes*. PLOS ONE，2013. **8**（8）：p. e72374.

［32］Zhang，J.，et al.，*Regulation of osteoclast differentiation by static magnetic fields*. Electromagn Biol Med，2017. **36**（1）：p. 8-19.

［33］Zhang，J.，et al.，*The effects of static magnetic fields on bone*. Prog Biophys Mol Biol，2014. **114**（3）：p. 146-152.

［34］Aldinucci，C.，et al.，*The effect of strong static magnetic field on lymphocytes*. Bioelectromagnetics，2003. **24**（2）：p. 109-117.

［35］Raylman，R. R.，Clavo A. C.，and R. L. Wahl，*Exposure to strong static magnetic field slows the growth of human cancer cells in vitro*. Bioelectromagnetics，1996. **17**：p. 358-363.

［36］Nakahara，T.，et al.，*Effects of exposure of CHO-K1 cells to a 10-T static magnetic field*. Radiology，2002. **224**（3）：p. 817-822.

［37］Zhao，G. P.，et al.，*Effects of 13T static magnetic fields（SMF）in the cell cycle distribution and cell viability in immortalized hamster cells and human primary fibroblasts cells*. Plasma Sci Technol，2010. **12**（1）：p. 123-128.

［38］Zhang，L.，et al.，*Cell type-and density-dependent effect of 1 T static magnetic field on cell proliferation*. Oncotarget，2017. **8**（8）：p. 13126-13141.

［39］Macieira-Coelho，A.，*Influence of cell density on growth inhibition of human fibroblasts in vitro*. Proc Soc Exp Biol Med，1967. **125**（2）：p. 548-552.

［40］Holley，R. W.，et al.，*Density-dependent regulation of growth of BSC-1 cells in cell culture：control of growth by serum factors*. Proc Natl Acad Sci U S A，1977. **74**（11）：p. 5046-5050.

［41］Mcclain，D. A. and G. M. Edelman，*Density-dependent stimulation and inhibition of cell-growth by agents that disrupt microtubules*. Proceedings of the National Academy of Sciences of the United States of America-Biological Sciences，1980. **77**（5）：p. 2748-2752.

［42］Takahashi，K.，Y. Tsukatani，and K. Suzuki，*Density-dependent inhibition of growth by E-cadherin-mediated cell adhesion*. Molecular Biology of the Cell，1996. **7**：p. 2466-2466.

［43］Caceres-Cortes，J. R.，et al.，*Implication of c-mt and steel factor in cell-density dependent growth in hematological and non hematological tumors*. Blood，1999. **94**（10）：p. 74a-74a.

［44］Caceres-Cortes，J. R.，et al.，*Implication of tyrosine kinase receptor and steel factor in cell density-dependent growth in cervical cancers and leukemias*. cancer research，2001. **61**（16）：p. 6281-6289.

［45］Baba，M.，et al.，*Tumor suppressor protein VHL is induced at high cell density and mediates contact inhibition of cell growth*. Oncogene，2001. **20**（22）：p. 2727-2736.

［46］Swat，A.，et al.，*Cell density-dependent inhibition of epidermal growth factor receptor signaling by p38alpha mitogen-activated protein kinase via Sprouty2 downregulation*. Mol Cell Biol，2009. **29**（12）：p. 3332-3343.

［47］Carson，J. J. L.，et al.，*Time-varying magnetic-fields increase cytosolic free Ca^{2+} in Hl-60 cells*. American Journal of Physiology，1990. **259**（4）：p. C687-C692.

［48］Melville，D.，F. Paul，and S. Roath，*Direct magnetic separation of red-cells from whole-blood*. Nature，1975. **255**（5511）：p. 706-706.

［49］Owen，C. S.，*High gradient magnetic separation of erythrocytes*. Biophysical Journal，1978. **22**（2）：p. 171-178.

［50］Zborowski，M.，et al.，*Red blood cell magnetophoresis*. Biophysical Journal，2003. **84**（4）：p. 2638-2645.

［51］Moore，L. R.，et al.，*Open gradient magnetic red blood cell sorter evaluation on model cell mixtures*. Ieee Transactions on Magnetics，2013. **49**（1）：p. 309-315.

[52] Paul，F.，et al.，*Separation of malaria-infected erythrocytes from whole blood: use of a selective high-gradient magnetic separation technique.* Lancet，1981. **2**（8237）: p. 70-71.

[53] Moore，L. R.，et al.，*Hemoglobin degradation in malaria-infected erythrocytes determined from live cell magnetophoresis.* Faseb Journal，2006. **20**（2）: p. 747-749.

[54] Hackett，S.，et al.，*Magnetic susceptibility of iron in malaria-infected red blood cells.* Biochim Biophys Acta，2009. **1792**（2）: p. 93-99.

[55] Kasetsirikul，S.，et al.，*The development of malaria diagnostic techniques: A review of the approaches with focus on dielectrophoretic and magnetophoretic methods.* Malar J，2016: p. 15.

[56] Pauling，L. and C. D. Coryell，*The magnetic properties and structure of hemoglobin, oxyhemoglobin and carbonmonoxyhemoglobin.* Proceedings of the National Academy of Sciences of the United States of America，1936. **22**: p. 210-216.

[57] Karl，S.，T. M. E. Davis，and T. G. St Pierre，*Parameterization of high magnetic field gradient fractionation columns for applications with Plasmodium falciparum infected human erythrocytes.* Malaria Journal，2010. **9**.

[58] Nam，J.，et al.，*Magnetic separation of malaria-infected red blood cells in various developmental stages.* Analytical Chemistry，2013. **85**（15）: p. 7316-7323.

[59] Surma，S. V.，et al.，*Effect of weak static magnetic fields on the development of cultured skeletal muscle cells.* Bioelectromagnetics，2014. **35**（8）: p. 537-546.

[60] Murayama，M.，*Orientation of sickled erythrocytes in a magnetic field.* Nature，1965. **206**（4982）: p. 420-422.

[61] Higashi，T.，et al.，*Effects of static magnetic-fields on erythrocyte rheology.* Bioelectrochemistry and Bioenergetics，1995. **36**（2）: p. 101-108.

[62] Takeuchi，T.，et al.，*Orientation of red-blood-cCells in high magnetic-field.* J Magn Magn Mater，1995. **140**: p. 1462-1463.

[63] Higashi，T.，et al.，*Orientation of glutaraldehyde-fixed erythrocytes in strong static magnetic fields.* Bioelectromagnetics，1996. **17**（4）: p. 335-338.

[64] Yamagishi，A.，et al.，*Diamagnetic orientation of blood-cells in high magnetic-field.* Physica B，1992. **177**（1-4）: p. 523-526.

[65] Higashi，T.，N. Ashida，and T. Takeuchi，*Orientation of blood cells in static magnetic field.* Physica B，1997. **237**: p. 616-620.

[66] Torbet，J.，J. M. Freyssinet，and G. Hudryclergeon，*Oriented fibrin gels formed by polymerization in strong magnetic-fields.* Nature，1981. **289**（5793）: p. 91-93.

[67] Yamagishi，A.，et al.，*Magnetic-field effect on the polymerization of fibrin fibers.* Physica B，1990. **164**（1-2）: p. 222-228.

[68] Iwasaka，M.，S. Ueno，and H. Tsuda，*Diamagnetic properties of fibrin and fibrino-*

gen. IEEE Transactions on Magnetics，1994. **30**（6）：p. 4695-4697.

[69] Kotani，H.，et al.，*Magnetic orientation of collagen and bone mixture*. Journal of Applied Physics，2000. **87**（9）：p. 6191-6193.

[70] Kotani，H.，et al.，*Strong static magnetic field stimulates bone formation to a definite orientation in vitro and in vivo*. Journal of Bone and Mineral Research，2002. **17**（10）：p. 1814-1821.

[71] Umeno，A.，et al.，*Quantification of adherent cell orientation and morphology under strong magnetic fields*. IEEE Transactions on Magnetics，2001. **37**（4）：p. 2909-2911.

[72] Iwasaka，M.，J. Miyakoshi，and S. Ueno，*Magnetic field effects on assembly pattern of smooth muscle cells*. In Vitro Cellular & Developmental Biology-Animal，2003. **39**（3-4）：p. 120-123.

[73] Eguchi，Y.，M. Ogiue-Ikeda，and S. Ueno，*Control of orientation of rat Schwann cells using an 8-T static magnetic field*. Neuroscience Letters，2003. **351**（2）：p. 130-132.

[74] Iwasaka，M. and S. Ueno，*Detection of intracellular macromolecule behavior under strong magnetic fields by linearly polarized light*. Bioelectromagnetics，2003. **24**（8）：p. 564-570.

[75] Iwasaka，M. and S. Ueno，*Polarized light transmission of smooth muscle cells during magnetic field exposures*. Journal of Applied Physics，2003. **93**（10）：p. 6701-6703.

[76] Eguchi，Y. and S. Ueno，*Stress fiber contributes to rat Schwann cell orientation under magnetic field*. IEEE Transactions on Magnetics，2005. **41**（10）：p. 4146-4148.

[77] Coletti，D.，et al.，*Static magnetic fields enhance skeletal muscle differentiation in vitro by improving myoblast alignment*. Cytometry Part A，2007. **71A**（10）：p. 846-856.

[78] Emura，R.，et al.，*Orientation of bull sperms in static magnetic fields*. Bioelectromagnetics，2001. **22**（1）：p. 60-65.

[79] Emura，R.，et al.，*Analysis of anisotropic diamagnetic susceptibility of a bull sperm*. Bioelectromagnetics，2003. **24**（5）：p. 347-355.

[80] Kim，S.，et al.，*The application of magnets directs the orientation of neurite outgrowth in cultured human neuronal cells*. Journal of Neuroscience Methods，2008. **174**（1）：p. 91-96.

[81] Hirose，H.，T. Nakahara，and J. Miyakoshi，*Orientation of human glioblastoma cells embedded in type I collagen，caused by exposure to a 10 T static magnetic field*. Neuroscience Letters，2003. **338**（1）：p. 88-90.

[82] Gioia，L.，et al.，*Chronic exposure to a 2 mT static magnetic field affects the morphology，the metabolism and the function of in vitro cultured swine granulosa cells*. Electromagn Biol Med，2013. **32**（4）：p. 536-550.

[83] Torbet，J. and M. C. Ronziere，*magnetic alignment of collagen during self-assembly*. Biochemical Journal，1984. **219**（3）：p. 1057-1059.

[84] Guido，S. and R. T. Tranquillo，*A Methodology for the systematic and quantitative study*

of cell contact guidance in oriented collagen gels. Correlation of fibroblast orientation and gel birefringence. J Cell Sci, 1993. **105 (Pt 2)**: p. 317-331.

[85] Malinin, G. I., et al., *Evidence of morphological and physiological transformation of mammalian-cells by strong magnetic-fields.* Science, 1976. **194** (4267): p. 844-846.

[86] Hsieh, C. H., et al., *Deleterious effects of MRI on chondrocytes.* Osteoarthritis Cartilage, 2008. **16** (3): p. 343-351.

[87] Li, Y., et al., *Low strength static magnetic field inhibits the proliferation, migration, and adhesion of human vascular smooth muscle cells in a restenosis model through mediating integrins beta1-FAK, Ca^{2+} signaling pathway.* Ann Biomed Eng, 2012. **40** (12): p. 2611-2618.

[88] Mo, W. C., et al., *Magnetic shielding accelerates the proliferation of human neuroblastoma cell by promoting G1-phase progression.* PLOS ONE, 2013. **8** (1): p. e54775.

[89] Wang, J., et al., *Inhibition of viability, proliferation, cytokines secretion, surface antigen expression, and adipogenic and osteogenic differentiation of adipose-derived stem cells by seven-day exposure to 0.5 T static magnetic fields.* Stem Cells International, 2016. p. 7168175.

[90] Martino, C. F., et al., *Effects of weak static magnetic fields on endothelial cells.* Bioelectromagnetics, 2010. **31** (4): p. 296-301.

[91] Chuo, W. Y., et al., *A Preliminary study of the effect of static magnetic field acting on rat bone marrow mesenchymal stem cells during osteogenic differentiation in vitro.* Journal of Hard Tissue Biology, 2013. **22** (2): p. 227-232.

[92] Stolfa, S., et al., *Effects of static magnetic field and pulsed electromagnetic field on viability of human chondrocytes in vitro.* Physiological Research, 2007. **56**: p. S45-S49.

[93] Lew, W. Z., et al., *Static magnetic fields enhance dental pulp stem cell proliferation by activating. The p38 MAPK pathway as its putative mechanism.* J Tissue Eng Regen Med, 2016. doi: 10. 1002/term. 2333.

[94] Maredziak, M., et al., *Static magnetic field enhances the viability and proliferation rate of adipose tissue-derived mesenchymal stem cells potentially through activation of the phosphoinositide 3-kinase/Akt (PI3K/Akt) pathway.* Electromagn Biol Med, 2017. **36** (1): p. 45-54.

[95] Gao, W. M., et al., *Effects of a strong static magnetic field on bacterium Shewanella oneidensis: An assessment by using whole genome microarray.* Bioelectromagnetics, 2005. **26** (7): p. 558-563.

[96] Hsu, S. H. and J. C. Chang, *The static magnetic field accelerates the osteogenic differentiation and mineralization of dental pulp cells.* Cytotechnology, 2010. **62** (2): p. 143-155.

[97] Reddig, A., et al., *Analysis of DNA double-strand breaks and cytotoxicity after 7 tesla magnetic resonance imaging of isolated human lymphocytes.* PLOS ONE, 2015. **10** (7):

p. e0132702.

[98] Iachininoto，M. G.，et al.，*Effects of exposure to gradient magnetic fields emitted by nuclear magnetic resonance devices on clonogenic potential and proliferation of human hematopoietic stem cells*. Bioelectromagnetics，2016. **37**（4）：p. 201-211.

[99] Minoura，I. and E. Muto，*Dielectric measurement of individual microtubules using the electroorientation method*. Biophysical Journal，2006. **90**（10）：p. 3739-3748.

[100] Wang，D. L.，et al.，*Tubulin assembly is disordered in a hypogeomagnetic field*. Biochemical and Biophysical Research Communications，2008. **376**（2）：p. 363-368.

[101] Valiron，O.，et al.，*Cellular disorders induced by high magnetic fields*. Journal of Magnetic Resonance Imaging，2005. **22**（3）：p. 334-340.

[102] Zhang，L.，et al.，*27 T Ultra-high static magnetic field changes orientation and morphology of mitotic spindles in human cells*. Elife，2017. **6**：doi：10. 7554/eLife. 22911.

[103] Zhao，M.，J. V. Forrester，and C. D. McCaig，*A Small，physiological electric field orients cell division*. Proc Natl Acad Sci U S A，1999. **96**（9）：p. 4942-4946.

[104] Schrader，T.，et al.，*Spindle disturbances in human-hamster hybrid（A（L））cells induced by the electrical component of the mobile communication frequency range signal*. Bioelectromagnetics，2011. **32**（4）：p. 291-301.

[105] Ballardin，M.，et al.，*Non-thermal effects of 2. 45 GHz microwaves on spindle assembly，mitotic cells and viability of Chinese hamster V-79 cells*. Mutation Research-Fundamental and Molecular Mechanisms of Mutagenesis，2011. **716**（1-2）：p. 1-9.

[106] Samsonov，A. and S. V. Popov，*The effect of a 94 GHz electromagnetic field on neuronal microtubules*. Bioelectromagnetics，2013. **34**（2）：p. 133-144.

[107] Kirson，E. D.，et al.，*Disruption of cancer cell replication by alternating electric fields*. Cancer Res，2004. **64**（9）：p. 3288-3295.

[108] Pless，M. and U. Weinberg，*Tumor treating fields：Concept，evidence and future*. Expert Opin Investig Drugs，2011. **20**（8）：p. 1099-1106.

[109] Davies，A. M.，U. Weinberg，and Y. Palti，*Tumor treating fields：A new frontier in cancer therapy*. Ann N Y Acad Sci，2013. **1291**：p. 86-95.

[110] Luo，Y.，et al.，*Moderate intensity static magnetic fields affect mitotic spindles and increase the antitumor efficacy of 5-FU and Taxol*. Bioelectrochemistry，2016. **109**：p. 31-40.

[111] Eguchi，Y.，et al.，*Cleavage and survival of xenopus embryos exposed to 8 T static magnetic fields in a rotating clinostat*. Bioelectromagnetics，2006. **27**（4）：p. 307-313.

[112] Valles，J. M.，*Model of magnetic field-induced mitotic apparatus reorientation in frog eggs*. Biophysical Journal，2002. **82**（3）：p. 1260-1265.

[113] Valles，J. M.，et al.，*Processes that occur before second cleavage determine third cleavage orientation in Xenopus*. Experimental Cell Research，2002. **274**（1）：p. 112-118.

[114] Mo，W. C. ，et al. ，*Altered development of Xenopus embryos in a hypogeomagnetic field*. Bioelectromagnetics，2012. **33**（3）：p. 238-246.

[115] Mo，W. C. ，et al. ，*Shielding of the geomagnetic field alters actin assembly and inhibits cell motility in human neuroblastoma cells*. Sci Rep，2016. **6**：p. 22624.

[116] Dini，L. ，et al. ，*Morphofunctional study of 12-O-tetradecanoyl-13-phorbol acetate (TPA)-induced differentiation of U937 cells under exposure to a 6 mT static magnetic field*. Bioelectromagnetics，2009. **30**（5）：p. 352-364.

[117] Bodega，G. ，et al. ，*Acute and chronic effects of exposure to a 1-mT magnetic field on the cytoskeleton，stress proteins，and proliferation of astroglial cells in culture*. Environmental Research，2005. **98**（3）：p. 355-362.

[118] Romeo，S. ，et al. ，*Lack of effects on key cellular parameters of MRC-5 human lung fibroblasts exposed to 370 mT static magnetic field*. Scientific Reports，2016. **6**：p. 19398.

[119] Chionna，A. ，et al. ，*Time dependent modifications of Hep G2 cells during exposure to static magnetic fields*. Bioelectromagnetics，2005. **26**（4）：p. 275-286.

[120] Tenuzzo，B. ，et al. ，*Biological effects of 6 mT static magnetic fields：A comparative study in different cell types*. Bioelectromagnetics，2006. **27**（7）：p. 560-577.

[121] Tofani，S. ，et al. ，*Static and ELF magnetic fields induce tumor growth inhibition and apoptosis*. Bioelectromagnetics，2001. **22**（6）：p. 419-428.

[122] Fanelli，C. ，et al. ，*Magnetic fields increase cell survival by inhibiting apoptosis via modulation of Ca^{2+} influx*. Faseb Journal，1999. **13**（1）：p. 95-102.

[123] Wang，Z. ，et al. ，*Effects of static magnetic field on cell biomechanical property and membrane ultrastructure*. Bioelectromagnetics，2014. **35**（4）：p. 251-261.

[124] Chionna，A. ，et al. ，*Cell shape and plasma membrane alterations after static magnetic fields exposure*. Eur J Histochem，2003. **47**（4）：p. 299-308.

[125] Rosen，A. D. and E. E. Chastney，*Effect of long term exposure to 0. 5 T static magnetic fields on growth and size of GH3 Cells*. Bioelectromagnetics，2009. **30**：p. 114-119.

[126] Sato，K. ，et al. ，*Growth of human cultured cells exposed to a non-homogeneous static magnetic field generated by Sm-Co magnets*. Biochim Biophys Acta，1992. **1136**（3）：p. 231-238.

[127] Pacini，S. ，et al. ，*Effect of 0. 2 T static magnetic field on human neurons：Remodeling and inhibition of signal transduction without genome instability*. Neuroscience Letters，1999. **267**（3）：p. 185-188.

[128] Lin，C. Y. ，et al. ，*Slow freezing coupled static magnetic field exposure enhances cryopreservative efficiency-A study on human erythrocytes*. PLOS ONE，2013. **8**（3）：p. e58988.

[129] Papatheofanis，F. J. ，*Use of calcium-channel antagonists as magnetoprotective agents*. Radiation Research，1990. **122**（1）：p. 24-28.

[130] Kim，E. H.，et al.，*Tumor treating fields inhibit glioblastoma cell migration，invasion and angiogenesis*. Oncotarget，2016. **7**（40）：p. 65125-65136.

[131] Zablotskii，V.，et al.，*Life on magnets：Stem cell networking on micro-magnet arrays*. PLOS ONE，2013. **8**（8）：p. e70416.

[132] Liu，Y.，et al.，*An Investigation into the combined effect of static magnetic fields and different anticancer drugs on K562 cell membranes*. Tumori，2011. **97**（3）：p. 386-392.

[133] Bajpai，I.，N. Saha，and B. Basu，*Moderate intensity static magnetic field has bactericidal effect on E. coli and S. epidermidis on sintered hydroxyapatite*. Journal of Biomedical Materials Research Part B-Applied Biomaterials，2012. **100B**（5）：p. 1206-1217.

[134] Hsieh，S. C.，et al.，*Static magnetic field attenuates lipopolysaccharide-induced inflammation in pulp cells by affecting cell membrane stability*. Scientific World Journal，2015. p. 492683.

[135] Nuccitelli，S.，et al.，*Hyperpolarization of plasma membrane of tumor cells sensitive to antiapoptotic effects of magnetic fields*. Ann N Y Acad Sci，2006. **1090**：p. 217-225.

[136] Wang，Z.，et al.，*Static magnetic field exposure reproduces cellular effects of the Parkinson's disease drug candidate ZM241385*. PLOS ONE，2010. **5**（11）：p. e13883.

[137] Braganza，L. F.，et al.，*The superdiamagnetic effect of magnetic fields on one and two component multilamellar liposomes*. Biochim Biophys Acta，1984. **801**（1）：p. 66-75.

[138] Petrov，E. and B. Martinac，*Modulation of channel activity and gadolinium block of MscL by static magnetic fields*. European Biophysics Journal with Biophysics Letters，2007. **36**（2）：p. 95-105.

[139] Chen，W. F.，et al.，*Static magnetic fields enhanced the potency of cisplatin on K562 cells*. Cancer Biotherapy and Radiopharmaceuticals，2010. **25**（4）：p. 401-408.

[140] Sarvestani，A. S.，et al.，*Static magnetic fields aggravate the effects of ionizing radiation on cell cycle progression in bone marrow stem cells*. Micron，2010. **41**（2）：p. 101-104.

[141] Mccann，J.，et al.，*A critical-review of the genotoxic potential of electric and magnetic-fields*. Mutation Research，1993. **297**（1）：p. 61-95.

[142] Cridland，N. A.，et al.，*Effects of 50 Hz magnetic field exposure on the rate of DNA synthesis by normal human fibroblasts*. International Journal of Radiation Biology，1996. **69**（4）：p. 503-511.

[143] Olsson，G.，et al.，*ELF magnetic field affects proliferation of SPD8/V79 Chinese hamster cells but does not interact with intrachromosomal recombination*. Mutat Res，2001. **493**（1-2）：p. 55-66.

[144] Zhou，J. L.，et al.，*CREB DNA binding activation by a 50-Hz magnetic field in HL60 cells is dependent on extra- and intracellular Ca^{2+} but not PKA，PKC，ERK，or p38*

MAPK. Biochemical and Biophysical Research Communications，2002. **296**（4）：p. 1013-1018.

[145] Williams，P. A. ，et al. ，*14. 6 mT ELF magnetic field exposure yields no DNA breaks in model system Salmonella，but provides evidence of heat stress protection.* Bioelectromagnetics，2006. **27**（6）：p. 445-450.

[146] Ruiz-Gomez，M. J. ，F. Sendra-Portero，and M. Martinez-Morillo，*Effect of 2. 45 mT sinusoidal 50 Hz magnetic field on Saccharomyces cerevisiae strains deficient in DNA strand breaks repair.* International Journal of Radiation Biology，2010. **86**（7）：p. 602-611.

[147] Liboff，A. R. ，et al. ，*Time-varying magnetic-fields—Effect on DNA-Synthesis.* Science，1984. **223**（4638）：p. 818-820.

[148] Takashima，Y. ，et al. ，*Genotoxic effects of strong static magnetic fields in DNA-repair defective mutants of Drosophila melanogaster.* Journal of Radiation Research，2004. **45**（3）：p. 393-397.

[149] Teodori，L. ，et al. ，*Static magnetic fields modulate X-ray-induced DNA damage in human glioblastoma primary cells.* Journal of Radiation Research，2014. **55**（2）：p. 218-227.

[150] Maret，G. ，et al. ，*Orientation of nucleic-acids in high magnetic-fields.* Physical Review Letters，1975. **35**（6）：p. 397-400.

[151] Zhao，Y. ，et al. ，*Electric fields generated by synchronized oscillations of microtubules，centrosomes and chromosomes regulate the dynamics of mitosis and meiosis.* Theor Biol Med Model，2012. **9**：p. 26.

[152] Andrews，M. J. ，J. A. Mcclure，and G. I. Malinin，*Induction of chromosomal alignment by high-frequency electric-fields.* Febs Letters，1980. **118**（2）：p. 233-236.

[153] Liou，G. Y. and P. Storz，*Reactive oxygen species in cancer.* Free Radical Research，2010. **44**（5）：p. 479-496.

[154] Shi Y，et al. ，*ROS-dependent activation of JNK converts p53 into an efficient inhibitor of oncogenes leading to robust apoptosis.* Cell Death Differ，2014. **21**（4）：p. 612-623.

[155] Gao，P. ，et al. ，*HIF-dependent antitumorigenic effect of antioxidants in vivo.* Cancer Cell，2007. **12**（3）：p. 230-238.

[156] Schumacker，P. T. ，*Reactive oxygen species in cancer cells：Live by the sword，die by the sword.* Cancer Cell，2006. **10**（3）：p. 175-176.

[157] Schumacker，P. T. ，*Reactive oxygen species in cancer：A dance with the devil.* Cancer Cell，2015. **27**（2）：p. 156-157.

[158] Trachootham，D. ，et al. ，*Selective killing of oncogenically transformed cells through a ROS-mediated mechanism by beta-phenylethyl isothiocyanate.* Cancer Cell，2006. **10**（3）：p. 241-252.

[159] Calabro，E. ，et al. ，*Effects of low intensity static magnetic field on FTIR spectra and*

ROS production in SH-SY5Y neuronal-like cells. Bioelectromagnetics，2013. **34** (8)：p. 618-629.

[160] De Nicola，M.，et al.，*Magnetic fields protect from apoptosis via redox alteration*. Signal Transduction Pathways，Pt A，2006. **1090**：p. 59-68.

[161] Zhao，G. P.，et al.，*Cellular ATP content was decreased by a homogeneous 8. 5 T static magnetic field exposure：Role of reactive oxygen species*. Bioelectromagnetics，2011. **32** (2)：p. 94-101.

[162] Martino，C. F. and P. R. Castello，*Modulation of hydrogen peroxide production in cellular systems by low level magnetic fields*. PLOS ONE，2011. **6** (8)：p. e22753.

[163] Limoli，C. L.，et al.，*Cell-density-dependent regulation of neural precursor cell function*. Proceedings of the National Academy of Sciences of the United States of America，2004. **101** (45)：p. 16052-16057.

[164] Buchachenko，A. L. and D. A. Kuznetsov，*Magnetic field affects enzymatic ATP synthesis*. Journal of the American Chemical Society，2008. **130** (39)：p. 12868-12869.

[165] Crotty，D.，et al.，*Reexamination of magnetic isotope and field effects on adenosine triphosphate production by creatine kinase (vol 109，pg 1437，2011)*. Proceedings of the National Academy of Sciences of the United States of America，2012. **109** (18)：p. 7126-7126.

[166] Itegin，M.，et al.，*Effects of static magnetic-field on specific adenosine-5′-triphosphatase activities and bioelectrical and biomechanical properties in the rat diaphragm muscle*. Bioelectromagnetics，1995. **16** (3)：p. 147-151.

[167] Kurzeja，E.，et al.，*Effect of a static magnetic fields and fluoride ions on the antioxidant defense system of mice fibroblasts*. International Journal of Molecular Sciences，2013. **14** (7)：p. 15017-15028.

[168] Walleczek，J. and T. F. Budinger，*Pulsed magnetic-field effects on calcium signaling in lymphocytes-dependence on cell status and field intensity*. Febs Letters，1992. **314** (3)：p. 351-355.

[169] Barbier，E.，B. Dufy，and B. Veyret，*Stimulation of Ca^{2+} influx in rat pituitary cells under exposure to a 50 Hz magnetic field*. Bioelectromagnetics，1996. **17** (4)：p. 303-311.

[170] Tonini，R.，et al.，*Calcium protects differentiating neuroblastoma cells during 50 Hz electromagnetic radiation*. Biophysical Journal，2001. **81** (5)：p. 2580-2589.

[171] Fassina，L.，et al.，*Effects of electromagnetic stimulation on calcified matrix production by SAOS-2 cells over a polyurethane porous scaffold*. Tissue Engineering，2006. **12** (7)：p. 1985-1999.

[172] Yan，J. H.，et al.，*Effects of extremely low-frequency magnetic field on growth and differentiation of human mesenchymal stem cells*. Electromagnetic Biology and Medicine，

2010. **29** (4)：p. 165-176.

[173] Flipo，D.，et al.，*Increased apoptosis，changes in intracellular Ca²⁺，and functional alterations in lymphocytes and macrophages after in vitro exposure to static magnetic field.* Journal of Toxicology and Environmental Health-Part A，1998. **54** (1)：p. 63-76.

[174] Bernabo，N.，et al.，*Acute exposure to a 2 mT static magnetic field affects ionic homeostasis of in vitro grown porcine granulosa cells.* Bioelectromagnetics，2014. **35** (3)：p. 231-234.

[175] Bellossi，A.，*Lack of an effect of static magnetic-field on calcium efflux from isolated chick brains.* Bioelectromagnetics，1986. **7** (4)：p. 381-386.

[176] Papatheofanis，F. J. and B. J. Papatheofanis，*Short-term effect of exposure to intense magnetic-fields on hematologic indexes of bone metabolism.* Investigative Radiology，1989. **24** (3)：p. 221-223.

[177] Yost，M. G. and R. P. Liburdy，*Time-varying and static magnetic-fields act in combination to alter calcium signal transduction in the lymphocyte.* Febs Letters，1992. **296** (2)：p. 117-122.

[178] Belton，M.，et al.，*Real-time measurement of cytosolic free calcium concentration in HL-60 cells during static magnetic field exposure and activation by ATP.* Bioelectromagnetics，2008. **29** (6)：p. 439-446.

[179] Belton，M.，et al.，*Effect of 100 mT homogeneous static magnetic field on [Ca²⁺](c) response to ATP in HL-60 cells following GSH depletion.* Bioelectromagnetics，2009. **30** (4)：p. 322-329.

[180] Rozanski，C.，et al.，*Real-time Measurement of cytosolic free calcium concentration in DEM-treated HL-60 cells during static magnetic field exposure and activation by ATP.* Bioelectromagnetics，2009. **30** (3)：p. 213-221.

[181] Rosen，A. D.，*Inhibition of calcium channel activation in GH3 cells by static magnetic fields.* Biochimica Et Biophysica Acta-Biomembranes，1996. **1282** (1)：p. 149-155.

[182] Okano，H. and C. Ohkubo，*Exposure to a moderate intensity static magnetic field enhances the hypotensive effect of a calcium channel blocker in spontaneously hypertensive rats.* Bioelectromagnetics，2005. **26** (8)：p. 611-623.

[183] Yeh，S. R.，et al.，*Static magnetic field expose enhances neurotransmission in crayfish nervous system.* International Journal of Radiation Biology，2008. **84** (7)：p. 561-567.

[184] Morris，C. E. and T. C. Skalak，*Acute exposure to a moderate strength static magnetic field reduces edema formation in rats.* American Journal of Physiology-Heart and Circulatory Physiology，2008. **294** (1)：p. H50-H57.

[185] Aldinucci，C.，et al.，*The effect of exposure to high flux density static and pulsed magnetic fields on lymphocyte function.* Bioelectromagnetics，2003. **24** (6)：p. 373-379.

第 5 章
稳态磁场对微生物、植物和动物的影响①

5.1 引　言

　　稳态磁场（SMF）是所有生物体在进化过程中的一个普遍存在的环境因素。各种生物体，包括细菌、藻类、蜗牛、涡虫、蜜蜂、鲑鱼、龙虾、蝾螈、信鸽、知更鸟、小鼠、可能还有人类，均具有感知磁场（MF）的能力，进而能够导航、迁移、归巢、逃逸和筑巢[1]。自工业革命以来，人为来源的稳态磁场已成为地球生物的一种不可避免的环境因素；尤其是电磁铁和超导磁体的发展，使生物体更有可能暴露于强磁场环境中。生物常常短时间或长时间暴露于 10 倍于地磁甚至更高的稳态磁场中，这可能造成的风险已经被研究了数十年。已经提出了几种假说，用来解释稳态磁场与生物系统的相互作用，包括磁感应假说、磁铁颗粒假说和自由基假说[2]。然而，稳态磁场影响生命系统的确切机制在很大程度上仍然是未知的，直到最近还是没有关于磁场-生物相互作用的独特理论。在本章中，我们将着重讨论从几毫特斯拉（mT）到数特斯拉（T）稳态磁场对微生物、植物和动物影响的证据，并探索近年来对这些生物体的磁感应研究的关键成果。

5.2 稳态磁场对微生物的影响

5.2.1 稳态磁场影响细胞生长和活力

　　目前已有很多文献报道了不同强度的磁场对细菌、酵母和植物病原真菌生长速率和存活率的影响。早在 1979 年，就有学者发现 30～60mT 稳态磁场能够抑制几种细菌的生长[3]。2012 年，印度科学家 Bajpai 等报道了 100mT 稳态磁场

---

　　① 本章原英文版作者为中国科学院合肥物质科学研究院技术生物与农业工程研究所的许安（An Xu）研究员。

抑制革兰氏阳性菌（表皮葡萄球菌）和革兰氏阴性菌（大肠杆菌）的生长，其抑制作用与细胞膜损伤有关[4]。而更高强度，450mT稳态磁场能抑制甚至杀死大肠杆菌，且温度越高效应越明显[5]。Morrow等学者于2007年研究了中等强度稳态磁场（50~500mT）对化脓性链球菌生长的影响，发现磁场强度达到300mT时生长被抑制，而到500mT时生长速率却反而升高[6]。虽然300mT稳态磁场并不影响营养丰富的LB培养基中大肠杆菌的生长，但是在稀释的LB培养基中却使生长后期的细菌密度增加[7]。EI May等发现200mT稳态磁场虽然未能改变细胞生长，但是处理3~6小时后却可以减少其菌落形成单位（CFU），随后（磁场处理6~9小时后）菌落反而增多[8]。2000年，Kohno等比较了最高为100mT的稳态磁场对变异链球菌（金黄色葡萄球菌）和大肠杆菌在有氧和厌氧条件下生长的影响[9]。他们发现，在厌氧条件下稳态磁场抑制细菌生长，但在有氧条件下抑制作用消失，这说明在此情况下氧气会抑制磁场的作用。

与毫特斯拉级别的稳态磁场抑制细胞生长效应相反，Nakamura等学者发现7T均匀磁场和5.2~6.1T非均匀磁场会显著促进枯草芽孢杆菌MI113和基因转化枯草芽孢杆菌MI113（pC112）的细胞生长[10]。此外，5.2~6.1T稳态磁场也提高了稳定期大肠杆菌的存活率；并且，其CFU数量和由 rpoS 基因编码的S因子表达量也远高于地磁场组[11]。

稳态磁场对植物病原真菌的生长与产孢的影响也已被研究。2004年，Nagy和Fischl发现0.1~1mT稳态磁场会抑制植物病原真菌菌落生长和减少尖孢镰刀菌分生孢子的数量，而烟草赤星病霉菌和弯孢霉的分生孢子数量却增多[12]。并且，Albertini等学者也进一步证明稳态磁场能抑制真菌生长[13]。然而在2004年，Ruiz-Gomez等的研究却发现稳态磁场对真菌的生长没有影响[14]。

2004年，Iwasaka等发现14T梯度磁场可以抑制液-气混合系统中培养的酵母的生长[15]（图5.1），这说明酵母的生长也会受到磁场影响。2010年，Santos等学者进一步发现25mT稳态磁场导致酿酒酵母的谷胱甘肽含量和细胞数量均增加[16]。相反，Malko等发现1.5T稳态磁场处理酵母后，在七个细胞分裂过程中，酵母细胞与未加磁组酵母细胞有着相似的生长速率[17]。而Muniz等于2007年发现，与未曝磁组比较，暴露于200mT稳态磁场的酿酒酵母DAUFPE-1012的生物量（g/L）增加了2.5倍[18]。

5.2.2　稳态磁场引起的微生物形态学和生物化学变化

利用透射电子显微镜（TEM）观察稳态磁场处理后的细胞形态发现，磁场处理组的大肠杆菌细胞壁发生了破裂[5]（图5.2）。2012年，Mihoub等发现200mT稳态磁场显著影响鼠伤寒沙门氏菌野生株和脱氧腺苷甲基化酶（dam）

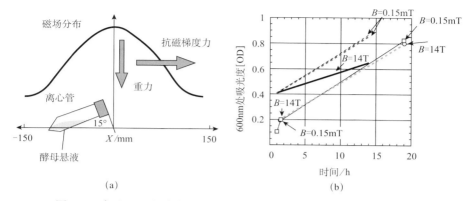

图 5.1　高达 14T 的稳态磁场影响酵母悬浮液在 600nm 波长的光密度

实验中分别在稳态磁场和无磁场条件下测量了样品管的光密度。（a）实验设计图，显示作用于抗磁溶液和酵母的磁力、重力的方向及酵母培养管。（b）磁场对酵母悬浮液光密度的影响（图片摘自文献 [15]）

突变株的磷脂比例，其中受影响最大的是酸性磷脂和心磷脂（CL）[19]。Egami 等研究了稳态磁场对芽殖酿酒酵母出芽的影响，发现其细胞大小和出芽角度均受到了 2.93T 稳态磁场的影响[20]。他们研究发现，在均匀磁场中，子代酵母细胞的出芽方向主要平行于磁场 B 的方向；相反在非均匀磁场中，子代酵母细胞倾向于沿着位于磁场梯度大的区域的毛细管流轴心方向出芽。

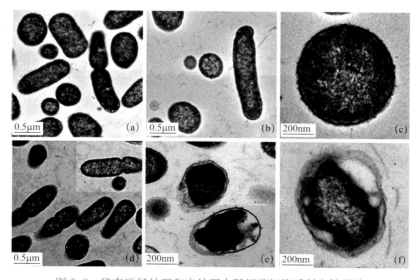

图 5.2　稳态磁场处理和未处理大肠杆菌细胞透射电镜照片

（a）～（c）是未经稳态磁场处理的细胞；（d）～（f）是经稳态磁场处理的细胞。未经处理样品细胞壁完整，而经过处理样品细胞壁受损明显（图片摘自文献 [5]）。（文献 [5] 中的原图在原文中未标出所用磁场强度，根据原文中的方法部分描述，磁场强度应为 450～3500mT）

微生物作为单细胞生物在分析基本代谢反应对磁场响应上具有很大的优势。研究发现 300mT 稳态磁场可以通过改变细胞形态和生化特性来抑制菌丝生长，另外还有参与分生孢子萌发的 Ca^{2+} 依赖性信号转导通路也会受到影响[13]。50～500mT 磁场处理化脓性链球菌后，其释放代谢产物的方式发生明显改变[6]，250～300mT 磁场会导致大多数代谢产物的释放量最大化。钱光人等学者于 2009 年采用傅里叶变换红外光谱（FTIR）和聚类分析手段，发现 10T 稳态磁场对大肠杆菌的效应要更甚于金黄色葡萄球菌[21]。在磁场条件下，大肠杆菌核酸、蛋白质和脂肪酸的组成和构象均发生变化。同年又有研究者进一步发现大肠杆菌蛋白质二级结构中 3.46%～9.92% 的无序螺旋被稳态磁场转变为 α-螺旋[22]。

5.2.3　稳态磁场的基因毒性

1994 年，Mahdi 等学者将大肠杆菌各种突变株暴露于 500mT 或 3T 均匀稳态磁场中[23]，发现即使在细菌 DNA 修复功能缺失的情况下，也没有证据表明稳态磁场导致大肠杆菌 DNA 损伤加剧。之后有学者进行了细菌突变实验，想要确定稳态磁场的致突变性[24]，实验结果显示在鼠伤寒沙门氏菌的四个 uvrB 突变株（TA98、TA100、TA1535 和 TA1537）和大肠杆菌突变株 WP2uvrA 中均未检出突变。2001 年，Schreiber 等也报道了在沙门氏菌诱变实验中，7.2T 稳态磁场处理并没有改变 His^+ 回复突变体的数量[25]。此外，另一项研究表明稳态磁场处理和未处理细胞间的胸腺嘧啶合成基因的突变频率差异也并无统计学意义[26]。高达 13T 的稳态磁场对超氧化物歧化酶（SOD）缺陷型大肠杆菌 QC774 和亲本菌株 GC4468 既没有致突变性，也没有共致突变性，这表明强磁场并不影响这些微生物的超氧化物行为。

2001 年，Belyaev 和 Alipov 发现极低频电磁场使得大肠杆菌染色质构象发生了改变[27]。磁场强度（5T 和 9T 稳态磁场）与超氧化物歧化酶（SOD）缺陷型大肠杆菌 QC774 的突变频率增加之间也有一定关系[28]。DNA 氧化损伤在衰老过程和环境应激相关疾病中起重要作用。然而，化脓性链球菌暴露于 300mT 稳态磁场后，从其中提取的 DNA 中 8-羟基鸟嘌呤含量与对照组相比明显减少，这表明该强度的磁场对其具有抗氧化保护作用[6]。而且，早在 1986 年就有人发现强稳态磁场能够诱导 soxS∷lacZ 融合基因表达[29]。

5.2.4　稳态磁场对基因和蛋白表达的影响

Tsuchiya 等学者发现 5.2～6.1T 非均匀磁场能够促进大肠杆菌 rpoS 基因转录[30]。暴露于 300mT 稳态磁场的大肠杆菌有三个 cDNA 表达，而对照组只有一个[7]。2009 年，EI May 等也报道了在 200mT 稳态磁场作用下，哈达尔沙门氏菌的 16S rRNA 基因的 mRNA 水平表达稳定，但是 rpoA，katN 和 dnaK 基因的 mRNA 在曝磁 10 小时后都过表达了[8]。Ikehata 等发现，14T 稳态磁场处理后，在芽殖酵母和酿酒酵母中与呼吸有关的基因表达略有减少，而小于 5T 稳态磁场处理组则无此现象[31]。虽然 14.1T 稳态磁场对希瓦氏菌 MR-1 的生长影响不大，但是其基因转录水平有明显变化，其中 21 个基因上调，44 个基因下调[32]。与之相反，Potenza 等发现暴露于稳态磁场的白松露菌丝体的基因表达无明显变化，而只有 6-磷酸葡萄糖脱氢酶和己糖激酶的活性明显升高[33]。

Snoussi 与其同事设计了一系列实验来研究 200mT 稳态磁场对哈达尔沙门氏菌外膜蛋白表达的影响[34,35]。他们发现曝磁组细菌相较于对照组共有 11 种蛋白发生了 2 倍以上的变化。在这些变化的蛋白中，有 7 种上调，4 种下调。蛋白质组学分析显示，稳态磁场处理的哈达尔沙门氏菌中有 35 种胞浆蛋白发生了变化，其中 25 种上调，10 种下调。此外，稳态磁场处理后的细菌应激蛋白也表达过量。Mihoub 等于 2012 年的另一项研究也是在相似稳态磁场强度下进行的，他们观察到了曝磁鼠伤寒沙门氏菌细胞膜脂质比例的显著变化[19]。稳态磁场引起酸性磷脂和心磷脂的不正常积累，其中循环脂肪酸和总不饱和脂肪酸相对于总饱和脂肪酸的比例大大提高。

5.2.5 感应磁场的磁小体形成

细菌磁小体是由趋磁细菌（MTB）合成的一种特殊的细胞器，它广泛存在于革兰氏阴性水生原核生物中，包括弧菌、球菌、杆菌和螺旋菌。趋磁细菌利用磁小体去感测磁场并改变其方向[36]。磁小体由有机膜包裹的磁性含铁无机晶体构成[37]。虽然磁小体合成的高度控制过程尚未完全被阐明，但是学术界认为磁小体蛋白在磁铁矿晶体的生物矿化和磁小体链的形成过程中起着重要的作用[38,39]。趋磁细菌（AMB-1）和趋磁螺菌（MSR-1）中大部分磁小体蛋白都由位于一段保守基因组区域（被称为磁小体岛 MAI）的 mam 和 mms 基因编码[40-42]。与磁小体形成相关的各种基因中，磁铁矿颗粒的大小与形状由 mamCD 和 mms6 控制，磁铁矿矿化、磁小体链装配以及铁运输均由 mamAB 基因簇调控[38,43-46]。由于其优异的结晶性和磁性，磁小体在生物矿化与医学应用中前景广阔，包括药物运输、磁共振成像和阵列分析[47-49]。

目前关于稳态磁场对趋磁细菌和磁小体形成的影响的研究还很有限。2008 年，中国科学家发现低于 500nT 的稳态磁场能够抑制趋磁细菌 AMB-1 在稳定期的生长，但在其指数生长期，含有成熟 SD 磁小体的细菌所占百分比却有所升高[50]。实验结果显示，曝磁细胞的磁性颗粒平均尺寸大于 50nm，而且与地磁场组相比，含有 SD 磁小体的细胞所占比例更多。200mT 稳态磁场能够抑制细胞生长，升高培养基的 C_{mag} 值。每个细胞的磁性颗粒的数量和磁小体链的线性都受到了稳态磁场的影响，而且 *mamA*，*mms*13，和 *magA* 基因的表达也有所上调[51]。

5.2.6　稳态磁场在细菌耐药性、发酵与污水处理方面的应用

1994 年的一项研究发现，0.5～2mT 的稳态磁场能够显著增强庆大霉素对绿脓假单胞菌的抑制活性[52]。而在 2001 年，Stansell 等却发现 4.5mT 的稳态磁场能够显著增加大肠杆菌的耐药性[53]。2010 年，Tagourti 等又发现 200mT 稳态磁场可以促进庆大霉素对哈达尔沙门氏菌的抑制活性，但并不影响青霉素、苯唑西林、头孢噻吩、新霉素、丁胺卡那霉素、四环素、红霉素、螺旋霉素、氯霉素、萘啶酸和万古霉素等其他抗生素对肠道细菌的抑制效果[54]。然而，还有学者报道 0.5～4.0T 稳态磁场处理 30～120 分钟对大肠杆菌和金黄色葡萄球菌的生长无明显影响，并对一些抗生素的敏感性也无影响[55]。

稳态磁场对发酵过程的影响主要在于生物量和酶活性两个方面。da Motta 等发现 220mT 稳态磁场使酿酒酵母的生物量（g/L）增加了 2.5 倍，而发酵产物乙醇的浓度为不加磁对照组的 3.4 倍[56]。在磁场中培养的酿酒酵母的葡萄糖消耗量较高，且与乙醇产量相关。蔗糖转化酶（b-呋喃果糖苷酶，EC 3.2.1.26）是一种用于生产无定形蔗糖糖浆的酶。Taskin 等于 2013 年发现，暴露于 5mT 稳态磁场的孢子在发酵过程中其蔗糖转化酶的活性和生物量浓度均达到最大值[57]。

目前利用稳态磁场促进微生物生化进程已应用于废水生物处理。早在 1993 年就有报道称 450mT 稳态磁场能将苯酚降解效率提高 30%[58]。2003 年，Krzemieniewski 等报道了 400～600mT 的稳态磁场能够刺激废水污泥的调节[59]，2008 年 Liu 等发现 60mT 稳态磁场使最大除氮率增加 30%，大约节省了 1/4 的培养时间，这表明磁场可以快速启动厌氧氨氧化过程[60]。2010 年，孙长江课题组发现 20mT 稳态磁场能促进活性污泥和废水生物降解过程中的细菌生长[61]。2011 年，Lebkowska 等发现 7mT 稳态磁场对活性污泥生物量增长以及脱氢酶活性均有积极影响，这与去除活性污泥中对硝基苯胺的实验结果一致[62]。稳态磁场处理过的活性污泥中脱氢酶和水解酶活性均较高。在工作环境下的程序化间歇反应器中，7mT 和 21mT 稳态磁场增加了聚羟基丁酸酯的合成效率和聚羟基戊酸的产量。2014 年，Niu 等发现 20～40mT 稳态磁场能够促进微生物产生更多的不饱和脂肪酸（UFAs），进而刺激生物处理污水过程中氯化三苯基四氮唑脱氢酶（TTC-DHA）的活性[63]。2014 年，捷克学者利用 370mT 稳态磁场短时间重复处理红串红球菌，刺激其底物（酚）被氧化约 34%，反过来促进细菌生长达 28%，缩短其生长迟滞期和指数期，并且增加细菌呼吸活性达 10%[64]，这

与 22mT 磁场增强水中微生物降解含酚污水能力的实验现象相一致。在藻-细菌共生系统中，Tu 等报道发现稳态磁场能够刺激藻类生长和产氧，表明磁场可以降低城市污水有机物降解过程中充氧所需的能量消耗[65]。Tomska 和 Wolny 发现 40 mT 磁场具有促进微生物从污水中去除有机污染物的能力，特别是含氮污染物[66]。王曙光课题组发现 48mT 磁场能够提高亚硝酸盐氧化细菌（NOB）的活性和生长速率，这表明磁场可以促进有氧硝化颗粒的形成[67]。与之相反，2011 年 Mateescu 等发现 500mT 和 620mT 稳态磁场使得真菌出现非典型性生长，菌落变得更少、肿胀且空洞，无法覆盖整个培养基表面[68]。此外，2012 年 Filipic 等发现 17mT 稳态磁场并不影响污水处理厂常见的大肠杆菌和恶臭假单胞菌的生长，反而促进了它们的酶活性[69]。

5.3 稳态磁场对植物的影响

5.3.1 稳态磁场对植物种子发芽的影响

目前已有文献报道种子在播种前用磁场处理可以提高种子的发芽率。2000年，Martinez 等学者用 125mT 稳态磁场处理发芽大麦种子，导致其长度和重量均增加[70]。2009 年，Carbonell 等发现 150mT 磁场长期处理水稻（*Oryza sativa* L.）种子后，其发芽速率和发芽率均显著提高[71]，其中 250mT 磁场处理过的种子的差异最为显著。2008 年，Vashisth 和 Nagarajan 用 0～250mT（50mT 一个梯度）稳态磁场处理鹰嘴豆（*Cicer arietinum* L.）种子，发现能显著提高种子的萌发率、发芽速度、苗长和苗干重[72]。此外，向日葵种子用磁场处理后其发芽速度、幼苗长度和幼苗干重也明显增高，这归因于磁场处理后种子中升高的 α-淀粉酶、脱氢酶和蛋白酶的活性[73]（图 5.3）。Cakmak 等于 2010 年发现 4mT 或 7mT 稳态磁场能促进大豆和小麦种子的发芽率[74]，其中 7mT 组的发芽率和生长率均最高。各种磁场强度和曝磁时间的组合显著提高利尼翁河番茄（*Solanum lycopersicum*）种子的性能，其中 160mT 处理 1 分钟和 200mT 处理 1 分钟效果最好[75]。2012 年，巴基斯坦植物学家 Naz 等报道黄秋葵（*Abelmoschus esculentus* cv. *Sapz pari*）种子在播种前用 99mT 稳态磁场处理后，其发芽率、生长速度和产量均显著上升[76]。2012 年，植物学家 Iqbal 等的研究结果显示 60mT 和 180mT 稳态磁场显著增强豌豆（*Pisum sativum* L. cv. *climax*）种子的萌发参数，其中出苗指数、最终出苗指数和活力指数分别升高了 86.43%、13.21% 和 204.60%[77]。还有报道表明磁场对种子发芽率没有影响，但发芽指数和活力指数 II 与对照组相比有所提高[78]。Poinapen 等于 2013 年研究了不同磁场强度（R1＝332.1±37.8mT；

$R2=108.7\pm26.9$mT；$R3=50.6\pm10.5$mT）和曝磁时间、种子取向（南北极）和相对湿度（RH；7.0%，25.5%和75.5%）对番茄（*Solanum lycopersicum* L.）变种MST/32 种子的影响[79]。他们发现磁处理后的种子较非磁处理组的发芽率更高（约11%），这表明非均匀场相对于 RH 对种子性能有显著影响，并且在种子吸收期间观察到更显著的效果，而不是在后期发育阶段。此外，有研究表明稳态磁场甚至也能促进绿豆种子在反季节的萌发[80]。科学家还发现，与对照组相比，30mT 或 60mT 稳态磁场能促进洋葱（cv. *Giza Red*）种子萌发，提高幼苗生长特性[81]。然而，也有一些学者发现 125mT 或 250mT 稳态磁场显著降低了水稻（*Oryza sativa*）种子的平均发芽时间[82]。

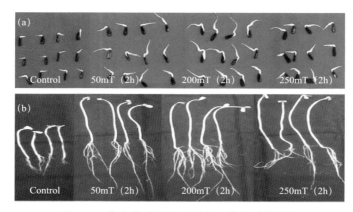

图 5.3　萌发前磁场处理对向日葵种子的影响

（a）显示磁场对萌芽速度的影响；（b）显示磁场对幼苗活力的影响（图片摘自文献［73］）

5.3.2　稳态磁场对植物生长的影响

2000 年，Martinez 等报道 125mT 磁场能够刺激大麦种子第一阶段的生长，并观察到长度和重量的增加[70]。2006 年，De Souza 等也发现磁场处理使得番茄平均单果重、单株果产量、亩产和果实直径都显著增加，总干重也明显高于对照组[83]。连续暴露于 125mT 或 250mT 磁场的玉米植株，也比对照组生长得更高更重，相应的总鲜重也更大[84]。2011 年 Carbonell 等学者发现豌豆连续暴露于 125mT 或 250mT 磁场下，处理时间越长其重量就越大[85]。2001 年，Yano 等报道萝卜（*Raphanus sativus* L.）幼苗的初生根对稳态磁场的响应方式似乎是阴性的，而根系对磁南极有明显的反应[86]。2012 年，Subber 等发现 50mT 稳态磁场显著增加玉米的根长、胚根长度以及蛋白质百分比[87]。2008 年，Vashisth 和 Nagarajan 用 0～250mT 稳态磁场梯度（50mT 逐步增加场强）处理鹰嘴豆，发现其根长显著增加[72]。在相同条件下，向日葵幼苗也表现出较大的干重、根长、根表面积和根体积。在种子萌发过程中，磁场处理过的种子中 α-淀粉酶、脱氢酶和蛋白酶的活性均显著高于对照组[73]。

5.3.3　稳态磁场对植物向重性的影响

向重性是植物对重力最明显的响应，对维持幼苗的空间定向和大多数植物的稳定平衡起着关键作用。植物感受重力的能力主要取决于淀粉填充的淀粉体，这是一种贯穿植物整个生命周期的长期响应。早在 1996 年，Kuznetsov 和 Hasenstein 就报道了高梯度磁场（HGMFs）诱导淀粉体的胞内磁泳[88]。在黑暗中番茄植株（*Lycopersicon esculentum Mill.*，cv. *Ailsa Craig*）突变株 *lazy-2* 幼苗出现了负向重性，但在红光中却呈现正向重性。而诱导的磁泳效应曲线则表明 *lazy-2* 突变株以与野生型类似的方式感知淀粉体的位移，而且高磁场并不影响向重性机制[89]。2000 年，Weise 等利用高梯度磁场（HGMF）处理回转器上的拟南芥，发现其茎部在基底淀粉体位移后缺乏顶端弯曲，这一现象表明底部的重力感知并未传递到顶部[90]。2013 年，Hasenstein 等研究了抛物线飞行中的玉米、小麦和土豆（*Solanum tuberosum*）淀粉颗粒的运动情况，结果显示磁场梯度能够在失重或微重力条件下移动抗磁性成分，并且可以作为低重力环境下种子萌发过程中的定向刺激[91]。此外，虽然稳态磁场本身就能造成植物少数蛋白质组变化，但是重力变化和稳态磁场联合便能产生协同作用进而影响植物的蛋白质组[92]。

5.3.4　稳态磁场对植物光合作用的影响

农作物产量的增加与光合作用的效率密切相关。2011 年，Shine 等研究了 0～300mT 稳态磁场对大豆（*Glycine max*（L.）*Merr. var.*：*JS-335*）种子的影响，发现在播种前种子经磁场处理后能够促进生物量积累，而且曝磁组植株在 J-I-P 期多相叶绿素荧光瞬变（OJIP）时能观察到更高的荧光效应[93]。此外，200mT 稳态磁场预处理的大豆种子在盐分胁迫下 J-I-P 期 OJIP 瞬变的荧光效应增强，其生长、生物量积累和碳氮代谢相比于对照组均有所升高[49]。Anand 等学者于 2012 年的研究发现 100mT 和 200mT 稳态磁场增加了玉米（*Zea mays* L.）变种 Ganga Safed 2 中的光合作用、气孔导度和叶绿素含量[94]。此外，还有学者比较了地磁场和 150mT 稳态磁场对浮萍的生长和光系统 II 的效率的影响[95]。他们发现，虽然磁场对光系统 II 的效率没有影响，但是 150mT 稳态磁场有潜力增强初始叶绿素荧光和能量耗散。

Yano 等于 2004 年发现磁场使萝卜幼苗的 CO_2 吸收率、干重和子叶面积均小于对照苗[96]。然而，Iimoto 等却发现最高为 48mT 的稳态磁场可以促进马铃薯试管苗的生长和 CO_2 吸收[97]。此外，Jovanic 和 Sarvan 报道了稳态磁场诱导蚕豆叶片荧光光谱和温度的显著变化[98]。荧光强度比（FIR）和叶片温度变化 βT 均随着磁场强度增大而变大。

5.3.5　稳态磁场对植物氧化还原状态的影响

包括活性氧/氮（ROS/RNS）等自由基的解偶联，均参与到稳态磁场诱导的植物氧化应激。自由基清除酶包括过氧化氢酶（CAT）、超氧化物歧化酶（SOD）、谷胱甘肽还原酶（GR）、谷胱甘肽转移酶（GT）、过氧化物酶（POD）、抗坏血酸过氧化物酶（APX）和多酚氧化酶（POP），它们在多种植物中的活性均可受稳态磁场影响，包括豌豆、萝卜（*Raphanus sativus*）、羊草、大豆、黄瓜（*Cucumis sti-vus*）、蚕豆、玉米、香菜（*Petroselinum crispum*）和小麦[99,100]。2012 年，Cakmak 等发现 7mT 稳态磁场增加了葱（*Allium ascalonicum*）叶的脂质过氧化物和 H_2O_2 水平[101]。同年，Shine 等报道了 150mT 和 200mT 稳态磁场促进了由细胞壁过氧化物酶催化的 ROS 的产生，而细胞内过氧化物酶活性的增加表明这种抗氧化物酶在清除磁处理大豆种子萌发的幼苗中增加的 H_2O_2 方面起着重要作用[102]。2011 年陈怡平课题组用 600mT 稳态磁场加镉处理绿豆幼苗，发现其丙二醛、H_2O_2 和 $O^-\cdot$ 的浓度均下降，而 NO 浓度和一氧化氮合酶（NOS）活性均上升，这说明磁场补偿镉的毒性效应与 NO 信号有关[103]。

5.3.6　隐花色素感应磁场

隐花色素（CRY）是一种黄素蛋白，参与植物响应蓝光的多个反应过程[104]。CRY 被认为是光诱发的电子传递化学过程的潜在磁受体，自由基机制导致其具有磁敏感性[105,106]。Vanderstraeten 等学者认为地磁场（GMF）会影响隐花色素的氧化还原平衡及相关信号状态[107]；然而，强稳态磁场对其功能的影响在很大程度上仍是未知的。

研究发现拟南芥基因组编码三种隐花色素蛋白，分别是 CRY1、CRY2 和 CRY3[108]。CRY1 和 CRY2 的主要功能是作为蓝光受体调节蓝光诱导的去黄化、光周期开花和生物钟[109]。2014 年 Xu 等发现 500μT 稳态磁场会影响 CRY 的功能[110]。500μT 稳态磁场增强了拟南芥幼苗中 CRY1 和 CRY2 的蓝光依赖性磷酸化水平，而近零的磁场减弱了其磷酸化水平。黑暗条件下，500μT 稳态磁场减缓 CRY1 和 CRY2 的去磷酸化过程，而近零磁场却对其有加速作用。在自由基对系统相对现实的模型中，根据拟南芥 CRY1 中的自由基机制计算，Solov'yov 等在 2007 年发现 500μT 磁场可以将隐花色素信号活性提高 10%，表明 CRY 的功能是受磁场影响的[111]。此外，Ahmad 等发现，500μT 磁场能够增强拟南芥幼苗下胚轴生长的蓝光依赖性抑制[112]。缺乏隐花色素的拟南芥突变体下胚轴生长便不会受磁场强度增强的影响，而隐花色素依赖性反应，如蓝光依赖性的花色素苷积累和 CRY2 蛋白降解均随着磁场强度升高而增强。然而，尽管选择了与前者研究相匹配的实验条件，Harris 等却发现在任何情况下，他们检测到的磁场反应都无统计学意义[113]。

除了植物之外，在昆虫和脊椎动物中也能检测到 CRY 的表达，且与昼夜节律生物钟功能有关[114,115]。在果蝇中，CRY 作为昼夜光感受器感应明暗变化；相反，在脊椎动物中，CRY 则作为转录抑制因子调节昼夜节律的反馈回路[116]。非果蝇属昆虫（如蝴蝶）有两种 CRY：一种像果蝇 CRY 一样具有光感特性，而另一种像脊椎动物 CRY 一样具有转录抑制功能。2014 年，英国曼彻斯特大学的 Marley 等学者发现磁场处理加蓝光脉冲对果蝇幼虫的回避响应有明显影响，而这种响应依赖于 CRY[117]。两年后，同校的 Giachello 等学者提供了新的证据，证明 100mT 磁场能够通过刺激 CRY 活性进而促进神经元活动，这说明了磁感应与神经元活动之间的联系[118]。

5.4　稳态磁场对动物的影响

5.4.1　稳态磁场对秀丽隐杆线虫的影响

秀丽隐杆线虫（C. elegans）是一种小型的自由生活的线虫。由于已知其全基因组序列，秀丽隐杆线虫已被广泛应用于进化、发育、神经生物学和遗传学等基本问题的研究[119,120]。秀丽隐杆线虫的独特优点包括易于培养、体积小、生命周期短、基因可操作、典型的发育以及高通量能力。由于其 40%～60% 的基因与人类同源，因此以秀丽隐杆线虫为基础的分析已被视为一种评估物理和化学诱变剂以及致癌物对人体潜在毒性的哺乳动物模型的替代品[121,122]。

秀丽隐杆线虫（以下简称线虫）为雌雄同体，有一个简单的神经系统，只有 302 个神经元。2015 年，Vidal-Gadea 等报道了 AFD 神经元在线虫响应地磁场中起着关键作用，该神经元可以感应环境温度和化学应力[123]。他们利用 tax-4 基因突变株来研究其趋磁性，因为该基因编码一个具有相似功能的离子通道蛋白作为感光体。对此，Rankin 和 Lin 专门撰写了文章强调了该项研究的意义，称其为生物感知地磁场的导航提供了新的信息[124]。

根据文献报道，磁场对线虫的生物学效应主要集中在衰老、发育、行为学和全基因表达等方面。2010 年，Hung 等学者报道了 200mT 稳态磁场显著降低野生型线虫的发育历期和平均寿命，这与 *lim-7*、*clk-1*、*daf-2*、*unc-3* 和 *age-1* 基因的上调有关[125]。Lee 等随机筛选出了 120 个基因并研究它们对 0～200mT 稳态磁场的响应，最终确定了 26 个有差异表达的基因，涉及细胞凋亡、氧化应激和癌症。其中凋亡通路 *ced-3*、*ced-4* 和 *ced-9* 突变品系在磁场中行动能力减弱，说明凋亡通路参与稳态磁场诱导的行为下降。2008 年，Kimura 等发现 3T 或 5T 稳态磁场显著性地瞬时改变了线虫的全基因表达，尤其是运动活性、细胞骨架、肌动蛋白结合、细胞黏附、Ca^{2+} 结合和角质层相关基因的表达上调[126]。2015 年，Wang 等发现 8.5T 稳态磁场导致的线虫寿命的降低和发育模式的变化均具有时间依赖性[127]（图 5.4）。此外，稳态磁场处理显著增加了线虫生殖细胞凋亡，细胞凋亡关键信号通路和自由基产生介导了这一过程。

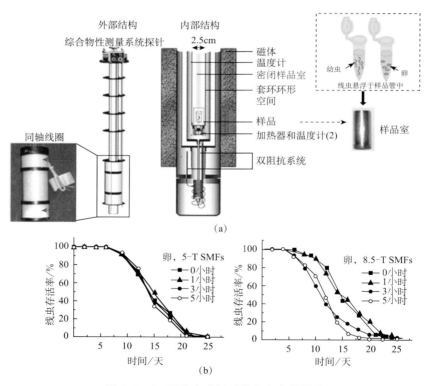

图 5.4　8.5T 稳态磁场对线虫寿命的影响

（a）综合物性测量系统（PPMS）探针和稳态磁场处理系统装置示意图（图片由美国 Quantum Design 公司提供）。（b）不同磁场强度和处理时间对线虫寿命的影响。左图：5T 稳态磁场下处理 1 小时、3 小时、5 小时线虫卵孵化后的寿命。右图：8.5T 稳态磁场下处理 1 小时、3 小时、5 小时线虫卵孵化后的寿命。每组至少统计 60 只线虫（图片摘自文献［127］）

5.4.2　稳态磁场对昆虫的影响

已有研究显示磁场会影响各种昆虫的取向、产卵发育、繁殖力和行为。大量的卵可以同时被放入磁场中，因此研究昆虫卵在磁场下的效应是有优势的。早在 1983 年，就有人发现 4.5mT 稳态磁场对果蝇产卵没有影响，但是却增加了卵、幼虫和蛹的死亡率，降低了成虫存活率[128]。此外，黑腹果蝇和烟蚜夜蛾（烟草蚜虫）在早期胚胎发育时期暴露于微弱稳态磁场中会降低其孵化率[129,130]。2004 年，美国田纳西大学的研究人员发现，在 9.4T 和 14.1T 磁体中心位置，可以观察到明显的蚊卵孵化延迟现象[131]。2009 年，有文献报道 98mT 稳态磁场使得家希天牛的存活力和幼虫质量均显著增加[132]。此外，60mT 稳态磁场会抑制黑腹果蝇和大果蝇的胚胎及胚后发育[133]。还有学者利用 2.4T 稳态磁场的 N 极和 S 极分别处理橡树和山毛榉中的果蝇，发现磁场导致了氧化应激介导的发育延长和存活率降低[134]。

在昆虫体内，神经内分泌系统是所有生命过程（如发育和行为）的主要调节因素，所以昆虫感知外界磁场以及做出响应均可能通过神经内分泌系统传递。例如，375mT 稳态磁场对蜜蜂蛹和黄粉虫蛹的发育和存活造成了障碍[135,136]。Peric-Mataruga 等学者发现 320mT 稳态磁场会导致昆虫前脑的 A1 和 A2 神经内分泌细胞和咽侧体的形态学参数发生变化[137,138]。然而，50mT 稳态磁场并不影响两种粉甲虫的蛹—成虫的动态发育，但是却影响它们的运动行为[139]。

果蝇的触角神经叶为研究神经回路功能提供了理想的完整神经网络模型[140]。2011 年，顾怀宇课题组发现 3.0T 稳态磁场能够调节果蝇大神经元有节奏的自发活动和果蝇触角神经叶中大神经元/大神经元的同侧对的相关活动，表明果蝇是一种评估磁场影响的理想的完整神经回路模型[141]。

比地磁场强 10～12 倍的稳态磁场会导致果蝇种群突变率升高，并据此研究稳态磁场的突变效应[142]。2T、5T 或 14T 稳态磁场会造成 DNA 复制后修复缺陷果蝇的体细胞重组频率稳定地显著上升，但对核苷酸切除修复缺陷果蝇和DNA 修复正常果蝇却无影响[143]。

5.4.3　稳态磁场对罗马蜗牛的影响

罗马蜗牛（*Helix pomatia*）具有简单的神经系统和简单的行为习惯。单个识别神经元相对较大、易操作、神经节表面位置固定以及突触连接种类固定，因此被认为是一种很好的实验模型。2008 年，Nikolic 等报道了 2.7mT 稳态磁场会造成蜗牛的食管下神经节中 Br 神经元动作电位的幅度和持续时间发生变化，而 10mT 稳态磁场则改变了静息电位、振幅峰值、发射频率和动作电位持续时间[144]。此外，10mT 稳态磁场还会显著升高蜗牛神经系统中 Na^+/K^+-ATP 酶的活性和 α-亚基的表达[145,146]。2014 年，Hernadi 和 Laszlo 利用 147mT 稳态磁场处理蜗牛 30 分钟，发现稳态磁场通过影响血清素和阿片神经肽系统来介导外周热痛阈[147]。

5.4.4 稳态磁场对水生动物的影响

海胆是唯一具有与哺乳动物相似发育模式的无脊椎动物。此外，能够容易获取海胆的配子，卵和早期胚胎透明而且胚胎的早期发育高度同步。30mT 稳态磁场会延迟两种海胆（*Lytechinus pictus* 和 *Strongylocentrotus purpurattus*）的有丝分裂发生；其中 *L. pictus* 的外原肠胚形成发生率增加 8 倍，但 *S. purpurattus* 不变[148]。梅氏长海胆（*Echinometra mathaei*）的受精卵暴露于 30mT、40mT 和 50mT 稳态磁场中会延迟早期卵裂发生并显著减少其卵裂细胞数；而且随着磁场强度增加，发育异常越早出现[149]。

此外，小龙虾逃逸回路中神经元间的相互作用也已被研究。借助于日趋成熟的横向大（LG）神经元的电生理研究技术，叶世荣课题组发现 4.74～43.45mT 稳态磁场会增加 LG 神经元动作电位（AP）幅值，且与磁场强度及处理时间相关，而这是由 LG 神经元中胞内 Ca^{2+} 水平上升所介导的[150]。LG 神经元中电和化学突触会产生兴奋性突触后电位（EPSP），并且在 8.08mT 稳态磁场处理 30 分钟后会被增强。然而，灌注磁场处理后小龙虾的电解液或预压 Ca^{2+} 螯合剂和胞内 Ca^{2+} 释放阻滞剂均观察不到相同效应[151]。

作为遗传和神经行为研究中日益重要的模式物种，斑马鱼（*Danio rerio*）可使研究人员更深入地理解稳态磁场的生物学机制。利用基于负强化的快速全自动检测系统，Shcherbakov 等发现了微弱的磁场变化对莫桑比克罗非鱼（一种在淡水和海洋间定期迁徙的鱼类）的影响非常显著，而对非迁徙类的斑马鱼没有影响[152]。此外，Takebe 等在 2012 年发现斑马鱼通过双向定位来响应如地磁场一样微弱的磁场，而且这是一种无关近缘的类属特异性的偏好[153]。2014 年，Ward 等发现 4.7～11.7T 稳态磁场显著干扰成年斑马鱼的取向和运动行为，而且这些影响与其他感官模式的独立性表明它们是由前庭系统介导的[154]（图 5.5）。此外，稳态磁场还会破坏里海库图姆鱼苗的代谢功能和免疫系统[155]。

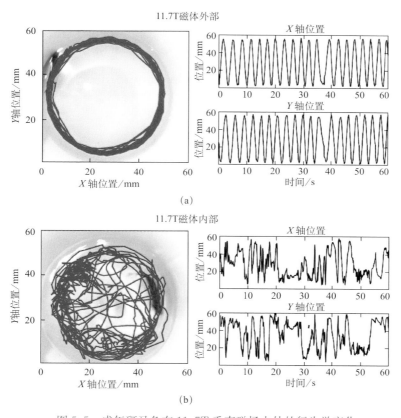

图 5.5　成年斑马鱼在 11.7T 垂直磁场内外的行为学变化

成年斑马鱼在进入磁场前 1 分钟（a）和进入磁场后 1 分钟（b）运动路径追踪。X 和 Y 方向的位置坐标显示为时间的函数。进入磁场后，鱼的游泳轨迹变得不稳定，频繁滚动，紧密循环且游泳速度提高

（图片摘自文献 [154]，开放获取）

5.4.5　稳态磁场对非洲爪蟾的影响

非洲爪蟾的胚胎因其发育迅速且完全在母体外完成，因此被认为是一种研究脊椎动物发育和基因表达的有利工具。早在 1968 年，就有研究发现 1T 永磁体产生的磁场会降低北美豹蛙卵的孵化率[156]。Ueno 等于 1984 年研究了非洲爪蟾卵暴露于 1T 磁场后对它们造成的影响，发现磁场不影响原肠胚和神经胚的形成；然而，曝磁的卵偶尔会孵化出色素沉着减少、轴向异常或小头畸形的蝌蚪。在强稳态磁场中，与第一次和第二次卵裂相比，第三次卵裂最容易重新定向。16.7T 稳态磁场将第三卵裂沟正常的水平方向转变为垂直方向，在 8T 稳态磁场中亦是如此[157,158]。这些结果表明，稳态磁场直接作用于有丝分裂期微管从而造

成第三卵裂沟异常（图 5.6）。2006 年，Kawakami 等发现 11～15T 稳态磁场使得两栖动物胚胎发育显著迟缓，并且导致畸形、双头、异常黏液腺和多发畸形[159]。此外，$Xotx2$（前脑和中脑发育的重要调节器）和 $Xag1$ 基因（对黏液腺形成至关重要）的表达被强磁场显著抑制。2005 年，Mietchen 等利用高达 9.4T 的稳态磁场处理含有或不含凝胶层的可受精非洲爪蟾卵，发现当其凝胶层存在时磁场对其无明显影响，表明稳态磁场的作用可能涉及通常被凝胶层所固定的皮质色素或相关细胞骨架结构[160]。

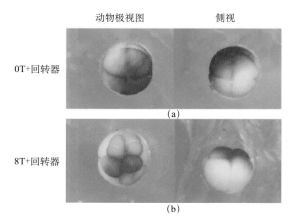

动物极视图　　　　侧视

0T+回转器

(a)

8T+回转器

(b)

图 5.6　位于回转器中的连续旋转的胚胎暴露于或不暴露于 8T 磁场中

（a）显示未加磁，（b）显示在 8T 磁场中。注：在四个卵裂球中第三卵裂沟均是水平的，无磁环境下旋转的卵倾向于具有更大的动物卵裂球，而磁场中倾向于具有更小的卵裂球（图片摘自文献 [158]）

稳态磁场对神经系统的影响已在蛙坐骨神经中进行了研究。1979 年，Edelman 等学者将磁场置于神经纤维轴线周围，发现 385mT 或 600mT 稳态磁场可以显著提高蛙坐骨神经中复合动作电位（CAP）的振幅[161]。虽然 8T 稳态磁场对 CAP 的神经传导速度（NCV）没有影响，但是 Eguchi 等的研究结果却显示，稳态磁场改变了由离子通道的激活介导的恢复过程中的膜激发[162]。Satow 等发现，0.65T 空间均匀场还能够提高牛蛙恢复过程中缝匠肌兴奋性[163,164]。此外，C 纤维神经传导速度被 0.7T 稳态磁场显著降低，但不被 0.21T 稳态磁场影响[165]。

5.4.6　稳态磁场对小鼠和大鼠的影响

5.4.6.1　稳态磁场对骨骼生长、愈合和骨损失的影响

稳态磁场已被用作骨健康维护和骨骼疾病治疗的一种理疗方法，因为它可

以促进骨折愈合和体内外成骨细胞形成[166−168]。随着磁化棒植入大鼠股骨骨干中段，Yan 等发现磁化股骨标本的骨密度（BMD）和钙含量均显著增加[169]。另外，基于建立的股骨缺血性模型，Xu 等发现磁化组的骨重明显增加，这可能与股骨的血液循环改善有关[170]。此外，180mT 稳态磁场增加了去卵巢大鼠的骨质疏松性腰椎的骨密度[171]。2002 年，Kotani 等发现 8T 稳态磁场能刺激小鼠平行于磁场方向的异位骨的形成，该研究中小鼠被植入含有骨形态发生蛋白（BMP）2 的小颗粒[172]。此外，Taniguchi 等发现稳态磁场对佐剂性关节炎大鼠的缓解疼痛作用可能是由血液循环、运动活力和骨密度增加导致的[173]。在去卵巢（OVX）大鼠模型中，Taniguchi 和 Kanai 发现稳态磁场可增加其运动活力和骨骼密度[174]。2016 年，Yun 等报道稳态磁场显著促进了颅盖植入磁性支架小鼠的新骨形成[175]。

5.4.6.2　稳态磁场对心血管系统的影响

1）血压和血流

已有文献报道毫特斯拉水平的稳态磁场能够调节循环血流动力学和/或动脉血压（BP）和压力反射敏感性（BRS)[176−178]。2005 年，Okano 等发现年轻的斯托克耐受性的自发性高血压大鼠（SHR）全身用 10mT 和 25mT 稳态磁场处理后，其血压升高程度和时间明显降低和延迟，这是由一氧化氮（NO）通路和激素调节系统介导的[179]。另外，180mT 稳态磁场显著增强尼卡地平（NIC，一种 L−型电压门控 Ca^{2+} 通道阻断剂）诱导高血压的能力，则是通过更有效地拮抗钙离子通道介导的 Ca^{2+} 流，并且部分和 NO 代谢物的增加有关。此外，利用 12mT 稳态磁场连续处理 Wistar 大鼠至少 2 周后，其由交感神经受体激动剂诱导的高血压、血流动力学均受到降低和抑制，由交感神经控制的行为学变化也有所减轻[180]。

众所周知，皮肤表面温度和皮肤血流量近似成正比。Ichioka 等就报道了将麻醉大鼠全身暴露于 8T 稳态磁场中，其皮肤血流量和温度均减少和降低，撤走磁场后又恢复[181,182]。此外，介于 0.4～8T 的稳态磁场使得小鼠的皮肤表面温度升高和直肠温度降低。然而，也有与上述结果相反的报道，强均匀场或梯度场并未使得啮齿动物体温发生变化[183]。

2）心脏功能

在外加磁场中流动的血液会引起主动脉和中枢循环系统的其他主要动脉产生感应电压，这种电压可在心电图（ECG）中产生叠加的电信号。最大磁感应电压在搏动性血流进入主动脉时出现，并会出现在心电图 T 波的位置，增强了信号。早在 20 世纪 60 年代，Beischer 和 Knepton 以及 Togawa 等就观察到 2～

7T 稳态磁场处理松鼠猴和 1T 稳态磁场处理兔子，均会在心电图中观察到一个显著增强的 T 波[184,185]。另一项类似的研究表明，当大鼠暴露于 2T 均匀稳态磁场时其心电图出现 T 波信号随场强增大而增强，这可能是由主动脉血流量在稳态磁场中产生了附加电势造成的[186]。Morris 和 Skalak 量化了局部稳态磁场暴露对成年大鼠体内骨骼肌微血管直径的影响，发现 70mT 均匀稳态磁场改变了小动脉血管直径，而慢性磁场处理会改变响应机械损伤的自适应性血管重塑过程[178,187]。此外，大鼠暴露于 128mT 稳态磁场后会减少其心肌组织谷胱甘肽过氧化物酶（GP_X）和铜锌-超氧化物歧化酶（CuZn-SOD）含量[188]。

3）血液指标

通常认为稳态磁场促进大鼠脂肪和糖原的分解。128mT 稳态磁场的亚急性暴露会刺激雌性大鼠血浆皮质酮的合成和金属硫蛋白活性[189]。此外，128mT 稳态磁场会升高妊娠大鼠血糖和抑制胰岛素释放，导致其处于类似糖尿病状态[190,191]。2010 年，Elferchichi 等用 128mT 稳态磁场处理成年大鼠后发现其葡萄糖稳态受损和脂质代谢异常[192]。而最近的证据表明补充维生素 D 能够纠正和恢复稳态磁场暴露导致的大鼠血糖和胰岛素异常[193,194]。2006 年，Amara 等发现 128mT 稳态磁场明显降低了雄性 Wistar 大鼠的生长率，但是却增加了其血液中血浆总蛋白、血红蛋白、红细胞、白细胞和血小板数，促进了乳酸脱氢酶（LDH）、天门冬氨酸氨基转移酶（AST）和谷丙转氨酶（ALT）的活性；相比之下，葡萄糖浓度没有受到影响[195,196]。进一步研究表明，硒（Se）改善了稳态磁场导致的血液不良氧化应激，而补充锌可以通过其抗氧化作用防止稳态磁场的毒性作用[197,198]。1995 年，Atef 等利用数百毫特斯拉强度的磁场处理小鼠 10 分钟后，发现其血红蛋白（Hb）氧化反应速率在 350～400mT 场强间下降[199]。并且，128mT 稳态磁场诱导单羧酸转运蛋白（MCT4）和葡萄糖转运蛋白 4（Glut4）增加从而进入假贫血状态[200]。然而，Djordjevich 等发现，尽管向上和向下的磁场引起了统计学上显著的血清转铁蛋白水平的升高，但 16mT 不同方向的稳态磁场并没有改变血红蛋白和血细胞比容[201]。此外，Milovanovich 等发现 128mT 向上和向下稳态磁场都造成了总白细胞（WBC）数的减少[202]。

5.4.6.3 稳态磁场对消化系统的影响

研究发现 128mT 稳态磁场增加总谷胱甘肽水平，提高超氧化物歧化酶（SOD）和过氧化氢酶（CAT）的活性，并且通过涉及线粒体凋亡诱导因子（AIF）的半胱天冬酶非依赖性途径提高大鼠肝细胞凋亡水平，当补充硒和维生素 E 后这些现象均恢复[197,198,203]。Amara 等发现大鼠暴露于 128mT 稳态磁场后其肾脏中 8-羟基-2-脱氧鸟苷（8-oxodGuo）的浓度均有所上升[188,204]，但是肝脏和大脑中 DNA 氧化水平生物标志物不被影响，这与 Chater 等的研究结果相一致[190,191]。

5.4.6.4　稳态磁场对内分泌系统的影响

稳态磁场疗法是一种并不昂贵的非侵入式方法，目前已被证明对各种组织修复均有效，如新鲜和不愈合性骨折、皮肤创伤、溃疡和神经损伤等。2010 年，Jing 等课题组发现，180mT 稳态磁场能够显著促进糖尿病创面（DW）愈合过程，提高伤口抗拉强度（TS）[205]；然而，180mT 局部稳态磁场处理糖尿病大鼠后，其胰岛素分泌或胰腺细胞均未发生变化[206]。进一步研究表明，每日重复曝磁并持续几周，能够预防糖尿病小鼠的高血糖水平的发展[207]。此外，暴露于128mT 稳态磁场会导致大鼠血浆葡萄糖水平上升、胰岛素浓度下降，而且补充维生素 D 后会恢复[193,194,208]；另外，曝磁组的 β-细胞胰岛素含量、葡萄糖转运蛋白 GLUT2 的表达水平和胰岛面积均小于对照组。Elferchichi 等学者于 2011年发现暴露于中等强度稳态磁场后的代谢改变可能引发糖尿病前期状态的发展[209]。此外，Abdelmelek 等发现 128mT 稳态磁场导致大鼠腓肠肌的去甲肾上腺素含量增加[210]。

5.4.6.5　稳态磁场对淋巴系统的影响

早在 1986 年，Bellossi 就发现 600mT 或 800mT 稳态磁场能显著延长一种会发展为自发性淋巴母细胞性白血病的雌性 AKR 小鼠的寿命[211]。2009 年，商澎课题组观察到 200～400mT 稳态磁场延长了 L1210 白血病荷瘤小鼠的平均寿命，并且增加了正常小鼠的脾和胸腺指数[212]。此外，128mT 稳态磁场会导致血清中淋巴细胞减少，脾脏和肾脏炎症中粒细胞减少，以及血液和各种器官中促发炎性细胞的特异性再分配[202]。2016 年，De Luka 等发现 1mT 稳态磁场减少小鼠脾脏中锌含量，但是铜含量保持不变[213]。

5.4.6.6　稳态磁场对神经系统的影响

神经系统，包括大脑、脊髓和神经元，均是磁场的重要靶点。稳态磁场暴露对大鼠不同组织（包括脑组织）的细胞水化有很强的调节作用。2014 年，Deghoyan 等的研究显示，组织水化的初始状态可能在动物年龄依赖性的磁敏感性方面起着重要作用，而这可能是一种年龄依赖性的 Na^+/K^+ 泵功能障碍[214]。2005 年，Kristofikova 等发现 140mT 稳态磁场方向的改变对大鼠产后大脑发育和双侧海马区的功能专用化均有功能性致畸风险[215]。此外，全身曝磁和脊柱局部曝磁对耳厚度会产生几乎相同的效应，而且可能涉及一种低段脊柱对磁场的响应[216]。随后在 2015 年，Kiss 等的结果显示，脊柱局部曝磁会影响耳的厚度，而局部曝磁作用点可能位于低段脊柱区[217]。2004 年，Veliks 等通过测量心率和节律性研究了 100mT 稳态磁场对大鼠脑植物性神经系统的影响，发现稳态磁场的有效性很大程度上取决于脑自主神经中枢的功能特性和功能活动[218]。当原发性皮质神经元暴露于 5T 稳态磁场时，c-Jun 氨基末端激酶（JNK）和细胞外调节激酶（ERK）的活性均显著增加[219]。而且，大鼠脊髓暴露于 128mT 稳态磁场后钙和铁含量明显升高，而镁和铜水平却保持不变[220]。亚急性曝磁可以通过降低大鼠脑中的总硒含量来改变其抗氧化反应[197,198]。然而，1mT 稳态磁场能够增加小鼠脑内锌含量，但铜水平却下降[213]。

行为效应是神经系统功能的本质反应。128mT 稳态磁场不仅改变了十字迷宫中大鼠的情绪行为，而且还导致莫里斯水迷宫中大鼠的认知障碍，或至少是严重的注意力障碍[221,222]。这表明稳态磁场没有重大的影响，但是会影响长期的空间记忆。在简单的 T 型迷宫研究中，4T 稳态磁场对大鼠急性的行为和神经效应非常明显[223]。大鼠暴露于 9.4T 超导磁体产生的磁场 30 分钟后，诱发了紧密的环绕运动活动、条件性味觉厌恶（CTA）和 c-Fos 在脑干中特定前庭和内脏核中的表达[224,225]。Houpt 等进一步研究了大鼠行为和 7T 或 14T 稳态磁场之间的关系，发现曝磁组出现饮水减少、更多绕转和更少养育行为，短时间后出现条件性味觉厌恶（CTA）[226-228]。其中大鼠绕转的方向取决于稳态磁场的方向（图 5.7）。响应磁场产生的行为反应会被化学迷路切除术所阻止，这意味着完整的内耳前庭系统是与磁场相互作用的位点[226,229]。此外，相似的磁感应强度作用于小鼠的结果进一步证明了稳态磁场诱导的行为效应的普遍性[230,231]。在 Huntington 病（慢性进行性舞蹈病）大鼠模型中，利用与阿扑吗啡（APO）相关的喹啉损伤 7 天后，稳态磁场的南北两极产生了截然不同的行为学模式和形态学保存[232]。

磁疗作为一种非接触非入侵而且价格低廉的理疗方法，已经被用于镇痛调节。在小鼠扭体实验中，2～754mT 稳态磁场处理小鼠会产生与阿片类药物介导的镇痛作用相同的效果[216]。小鼠暴露于非均匀（3～477mT）和均匀（145mT）稳态磁场中时，对化学致痛引起的内脏痛也会产生镇痛效果[233]。另外，不均匀亚慢性稳态磁场可以抑制神经内机械刺激小鼠敏感性的增加，这与临床磁共振仪的稳态磁场的镇痛作用一致[234]。然而，Sekino 等却报道了 8T 稳态磁场在大鼠中会上调神经 C 纤维的动作电位，其功能就是一种"疼痛传送者"[235]。

5.4.6.7 稳态磁场对生殖发育的影响

近年来，稳态磁场对精子发生、器官发生，甚至人类个体发育的负面影响备受关注。1.5T 稳态磁场处理小鼠会导致其精子发生和胚胎发生出现轻微变化[236]。Amara 等学者观察了大鼠暴露于 128mT 稳态磁场中 30 天，发现其对大

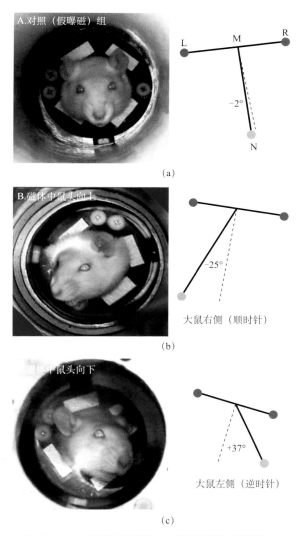

图 5.7　14.1T 稳态磁场对小鼠头部运动的影响

（a）为大鼠置于 Sham 假曝磁组中；（b）为 14.1T 磁场中鼠头向上；（c）为 14.1T 磁场中鼠头向下。左列是录像记录的画面。右列展示了从鼻子（N）到左眼（L）和右眼（R）中间点（M）的角度，定义为头部倾斜的量化。偏向垂直方向右侧的定义为负角度（A），偏向左侧的定义为正角度（C）（图片摘自文献［228］）

鼠睾丸生精功能没有影响，但睾酮浓度降低，氧化应激显著增加[237,238]。9.4T 稳态磁场处理 10 周后并未发现雄性和雌性成年大鼠或它们的后代产生不良的生物学效应[239]。Hoyer 等学者将怀孕骡马的子宫暴露于 7T 的稳态磁场后获得的后代作为受试者，发现其在多个行为方面（包括运动、探索或是空间学习）并没有任何明显的不同[240]。Tablado 等发现，500～700mT 稳态磁场单一、短期或持续、长期处理后，基本上不影响雄性成年小鼠的精子生成的成熟度和活力、精子形态和形态计量，并且小鼠出生后的睾丸和附睾的发育也不受影响[241]。还有报道显示小鼠暴露于 20mT 磁场后，精子数量、活力和每日精子生成量明显减少，睾丸组织病理学改变明显[242]。

胚胎发育是一个高度敏感的过程。早期研究显示 1T 稳态磁场对发育没有影响[243]。4.7T 稳态磁场对远系繁殖怀孕小鼠及胎儿发育均无影响[244]，这与 6.3T 稳态磁场处理怀孕 CD-1 小鼠的结果是一致的[245]。暴露于非均匀稳态磁场（2.8～476.7mT）中未经脂多糖（LPS）处理的妊娠小鼠胎儿的发育和分娩均正常[246]。然而，Mevissen 等报道了怀孕大鼠整个妊娠期暴露于 30mT 稳态磁场导致每窝活胎数显著减少，表明这种曝磁方式可能具有胚胎毒性[247]。根据各种畸形胎儿的数据，在孕期即使使用 400mT 磁场，每天只曝磁 60 分钟，也会对胎儿发育产生明显的致畸影响[248]。但是最新证据表明，子宫内接触磁场的雄性小鼠的睾丸和附睾重量、精子数量、精子形态和生育能力均没有发生变化；在孕鼠宫内胎儿发育期间每日暴露于 1.5T 和 7T 稳态磁场中，产仔数、活产数或出生体重均无不良影响且未见致畸作用。然而，7T 稳态磁场处理小鼠后，由雌鼠获得的子宫内的胎儿的胎盘重量减轻，胚胎重量也减轻，产后小鼠的增重和睁眼均迟缓，说明其发育迟缓[249,250]。

5.4.7　动物中的磁感应蛋白

许多动物都已进化到可以利用地磁场的方向来定位、导航和远距离迁徙。蓝光受体隐花色素（CRYs）在蓝光照射后可形成自由基对，因为自由基对涉及磁场感应，所以隐花色素被认为是磁场受体。CRYs 不仅在植物中表达，也在蝾螈、果蝇、鸟类和哺乳动物眼睛中表达[114,115]。在磁场作用下，黑腹果蝇 CRY 突变体既没有显示出原始的（注：这里指的是没有经过训练的）也没有显示出磁场训练过的反应，而野生型果蝇则对磁场显示出了明显的原始的以及磁场训练过的响应[251]。并且在果蝇 CRY 突变体中表达帝王蝶（*Danaus plexippus*）隐花色素基因，可以使其恢复对磁场的响应。此外，2014 年，Marley 等报道了在胚胎发育期间磁场处理联合 CRY 光激活足以在果蝇第三龄期（L3）幼虫中产生高致癫敏感性[117]。2016 年，Giachello 等提供了新的证据表明，100mT 稳态磁场足以促进光激活 CRY 活性进而增强神经元动作电位，表明 CRY 的活性对外界磁场敏感进而能够改变动物行为[118]。CRYs 在果蝇脑中也可作为昼夜光感受器，调节 24 小时生物钟的光重置。在脊椎动物中，由于光感受的不同，所以

CRYs 主要作为负调节昼夜节律的反馈回路[2,252]。非果蝇昆虫也编码 CRY1 和 CRY2，但是只有 CRY1 保留了感光性能，而 CRY2 则作为和脊椎动物一样的负调控因子。最近，Qin 等发现了一种磁受体蛋白 MagR，与 CRY 一起存在于鸽子视网膜中。MagR 作为一种新型生物指南针类的模型可能有助于阐明动物响应磁场的内在机制[253]。

5.5　结论与展望

稳态磁场是强度和方向不随时间变化的磁场，其对生物系统的影响很大程度上取决于靶组织、磁特性、磁支撑装置、剂量方案以及曝磁方法和时间。虽然磁场对生物体的影响已被研究了几十年，但文献中依然存在着许多矛盾和看似矛盾的结果，这可能是由于缺乏合适的系统性的方法去分离与磁场相关的其他因素，包括地磁场、不同的曝磁系统、不同的生物模型系统以及培养条件和不同的检测方法等。近年来，用于医疗和学术研究目的的磁场强度越来越高；然而，暴露于强磁场中的生物体的数据还不足以评估出潜在的生态风险，我们仍然需要进一步对磁感应功能进行探索。

参 考 文 献

[1] Gould，J. L.，*Magnetoreception*. Current Biology，2010. **20**（10）：p. R431-R435.

[2] Fedele，G.，et al.，*An electromagnetic field disrupts negative geotaxis in Drosophila via a CRY-dependent pathway*. Nature Communications，2014. **5**：p. 4391-4397.

[3] Moore，R. L.，*Biological effects of magnetic-fields—Studies with microorganisms*. Canadian Journal of Microbiology，1979. **25**（10）：p. 1145-1151.

[4] Bajpai，I.，N. Saha，and B. Basu，*Moderate intensity static magnetic field has bactericidal effect on E. coli and S. epidermidis on sintered hydroxyapatite*. Journal of Biomedical Materials Research Part B-Applied Biomaterials，2012. **100B**（5）：p. 1206-1217.

[5] Ji，W. J.，et al.，*Effects of static magnetic fields on Escherichia coli*. Micron，2009. **40**（8）：p. 894-898.

[6] Morrow，A. C.，et al.，*Metabolic effects of static magnetic fields on streptococcus pyogenes*. Bioelectromagnetics，2007. **28**（6）：p. 439-445.

[7] Potenza，L.，et al.，*Effects of a static magnetic field on cell growth and gene expression in Escherichia coli*. Mutation Research-Genetic Toxicology and Environmental Mutagenesis，2004. **561**（1-2）：p. 53-62.

[8] El May，A.，et al.，*Effects of static magnetic field on cell growth, viability, and di-*

fferential gene expression in salmonella. Foodborne Pathogens and Disease，2009. **6**（5）：p. 547-552.

［9］Kohno，M.，et al.，*Effect of static magnetic fields on bacteria：Streptococcus mutans，Staphylococcus aureus，and Escherichia coli*. Pathophysiology，2000. **7**（2）：p. 143-148.

［10］Nakamura，K.，et al.，*Effect of high magnetic field on the growth of Bacillus subtilis measured in a newly developed superconducting magnet biosystem*. Bioelectrochemistry and Bioenergetics，1997. **43**（1）：p. 123-128.

［11］Horiuchi，S.，et al.，*Drastic high magnetic field effect on suppression of Escherichia coli death*. Bioelectrochemistry，2001. **53**（2）：p. 149-153.

［12］Nagy，P. and G. Fischl，*Effect of static magnetic field on growth and sporulation of some plant pathogenic fungi*. Bioelectromagnetics，2004. **25**（4）：p. 316-318.

［13］Albertini，M. C.，et al.，*Morphological and biochemical modifications induced by a static magnetic field on Fusarium culmorum*. Biochimie，2003. **85**（10）：p. 963-970.

［14］Ruiz-Gomez，M. J.，et al.，*Static and 50 Hz magnetic fields of 0. 35 and 2. 45 mT have no effect on the growth of Saccharomyces cerevisiae*. Bioelectrochemistry，2004. **64**（2）：p. 151-155.

［15］Iwasaka，M.，et al.，*Strong static magnetic field effects on yeast proliferation and dis-tribution*. Bioelectrochemistry，2004. **65**（1）：p. 59-68.

［16］Santos，L. O.，et al.，*Effects of magnetic fields on biomass and glutathione production by the yeast Saccharomyces cerevisiae*. Process Biochemistry，2010. **45**（8）：p. 1362-1367.

［17］Malko，J. A.，et al.，*Search for influence of 1. 5-Tesla magnetic-field on growth of yeast-cells*. Bioelectromagnetics，1994. **15**（6）：p. 495-501.

［18］Muniz，J. B.，et al.，*Influence of static magnetic fields on S-cerevisae biomass growth*. Brazilian Archives of Biology and Technology，2007. **50**（3）：p. 515-520.

［19］Mihoub，M.，et al.，*Effects of static magnetic fields on growth and membrane lipid composition of Salmonella typhimurium wild-type and dam mutant strains*. International Journal of Food Microbiology，2012. **157**（2）：p. 259-266.

［20］Egami，S.，Y. Naruse, and H. Watarai，*Effect of static magnetic fields on the bud-ding of yeast cells*. Bioelectromagnetics，2010. **31**（8）：p. 622-629.

［21］Hu，X.，et al.，*Effect of ultra-strong static magnetic field on bacteria：Application of fourier-transform infrared spectroscopy combined with cluster analysis and deconvolu-tion*. Bioelectromagnetics，2009. **30**（6）：p. 500-507.

［22］She，Z. C.，et al.，*FTIR investigation of the effects of ultra-strong static magnetic field on the secondary structures of protein in bacteria*. Infrared Physics & Technology，2009. **52**（4）：p. 138-142.

［23］Mahdi A，et al.，*The effects of static 3. 0 T and 0. 5 T magnetic fields and the echo-pla-nar imaging experiment at 0. 5 T on E. coli*. Br J Radiol，1994. **67**：p. 983-987.

［24］Ikehata，M.，et al.，*Mutagenicity and co-mutagenicity of static magnetic fields detected by bacterial mutation assay*. Mutation Research-Fundamental and Molecular Mechanisms of Mutagenesis，1999. **427**（2）：p. 147-156.

［25］Schreiber，W. G.，et al.，*Lack of mutagenic and co-mutagenic effects of magnetic fields during magnetic resonance imaging*. Journal of Magnetic Resonance imaging，2001. **14**（6）：p. 779-788.

［26］Yoshie，S.，et al.，*Evaluation of mutagenicity and co-mutagenicity of strong static magnetic fields up to 13 Tesla in Escherichia coli deficient in superoxide dismutase*. Journal of Magnetic Resonance Imaging，2012. **35**（3）：p. 731-736.

［27］Belyaev，I. Y. and E. D. Alipov，*Frequency-dependent effects of ELF magnetic field on chromatin conformation in Escherichia coli cells and human lymphocytes*. Biochimica Et Biophysica Acta-General Subjects，2001. **1526**（3）：p. 269-276.

［28］Zhang，Q. M.，et al.，*Strong static magnetic field and the induction of mutations through elevated production of reactive oxygen species in Escherichia coli soxR*. International Journal of Radiation Biology，2003. **79**（4）：p. 281-286.

［29］Carlioz，A. and D. Touati，*Isolation of superoxide-dismutase mutants in Escherichia-coli—Is superoxide-dismutase necessary for aerobic Life*. Embo Journal，1986. **5**（3）：p. 623-630.

［30］Tsuchiya，K.，et al.，*High magnetic field enhances stationary phase-specific transcription activity of Escherichia coli*. Bioelectrochemistry and Bioenergetics，1999. **48**（2）：p. 383-387.

［31］Ikehata，M.，et al.，*Effects of intense magnetic fields on sedimentation pattern and gene expression profile in budding yeast*. Journal of Applied Physics，2003. **93**（10）：p. 6724-6726.

［32］Gao，W. M.，et al.，*Effects of a strong static magnetic field on bacterium Shewanella oneidensis：An assessment by using whole genome microarray*. Bioelectromagnetics，2005. **26**（7）：p. 558-563.

［33］Potenza，L.，et al.，*Effect of 300 mT static and 50 Hz 0. 1 mT extremely low frequency magnetic fields on Tuber borchii mycelium*. Canadian Journal of Microbiology，2012. **58**（10）：p. 1174-1182.

［34］Snoussi，S.，et al.，*Adaptation of Salmonella enterica Hadar under static magnetic field：Effects on outer membrane protein pattern*. Proteome Science，2012. **10**：p. 1-9.

［35］Snoussi，S.，et al.，*Unraveling the effects of static magnetic field stress on cytosolic proteins of Salmonella by using a proteomic approach*. Canadian Journal of Microbiology，2016. **62**（4）：p. 338-348.

［36］Moisescu，C.，I. I. Ardelean，and L. G. Benning，*The effect and role of environmental conditions on magnetosome synthesis*. Frontiers in Microbiology，2014. **5**：p. 49.

［37］Staniland，S.，et al.，*Rapid magnetosome formation shown by real-time X-ray magnetic circular dichroism*. Proceedings of the National Academy of Sciences of the United States of America，2007. **104**（49）：p. 19524-19528.

［38］Komeili，A.，et al.，*Magnetosome vesicles are present before magnetite formation，and MamA is required for their activation*. Proceedings of the National Academy of Sciences of the United States of America，2004. **101**（11）：p. 3839-3844.

［39］Peigneux，A.，et al.，*Learning from magnetotactic bacteria：A review on the synthesis of biomimetic nanoparticles mediated by magnetosome-associated proteins*. Journal of Structural Biology，2016. **196**（2）：p. 75-84.

［40］Matsunaga，T.，et al.，*Complete genome sequence of the facultative anaerobic magneto-tactic bacterium Magnetospirillum sp strain AMB-1*. DNA Research，2005. **12**（3）：p. 157-166.

［41］Ullrich，S.，et al.，*A hypervariable 130-kilobase genomic region of Magnetospirillum gryphiswaldense comprises a magnetosome island which undergoes frequent rearrange-ments during stationary growth*. Journal of Bacteriology，2005. **187**（21）：p. 7176-7184.

［42］Fukuda，Y.，et al.，*Dynamic analysis of a genomic island in Magnetospirillum sp strain AMB-1 reveals how magnetosome synthesis developed*. Febs Letters，2006. **580**（3）：p. 801-812.

［43］Nakamura，C.，et al.，*An iron-regulated gene，maga，encoding an iron transport pro-tein of Magnetospirillum sp strain Amb-1*. Journal of Biological Chemistry，1995. **270**（47）：p. 28392-28396.

［44］Grunberg，K.，et al.，*A large gene cluster encoding several magnetosome proteins is con-served in different species of magnetotactic bacteria*. Applied and Environmental Microbi-ology，2001. **67**（10）：p. 4573-4582.

［45］Amemiya，Y.，et al.，*Controlled formation of magnetite crystal by partial oxidation of ferrous hydroxide in the presence of recombinant magnetotactic bacterial protein Mms6*. Biomaterials，2007. **28**（35）：p. 5381-5389.

［46］Murat，D.，et al.，*Comprehensive genetic dissection of the magnetosome gene island re-veals the step-wise assembly of a prokaryotic organelle*. Proceedings of the National Acade-my of Sciences of the United States of America，2010. **107**（12）：p. 5593-5598.

［47］Yoshino，T. and T. Matsunaga，*Efficient and stable display of functional proteins on bacterial magnetic particles using Mms13 as a novel anchor molecule*. Applied and Environ-mental Microbiology，2006. **72**（1）：p. 465-471.

［48］Matsunaga，T.，et al.，*Molecular analysis of magnetotactic bacteria and development of functional bacterial magnetic particles for nano-biotechnology*. Trends in Biotechnology，2007. **25**（4）：p. 182-188.

［49］Baghel，L.，S. Kataria，and K. N. Guruprasad，*Static magnetic field treatment of seeds improves carbon and nitrogen metabolism under salinity stress in soybean*. Bioelectromagnetics，2016. **37**（7）：p. 455-470.

[50] Wang，X. K.，et al.，*Effects of hypomagnetic field on magnetosome formation of Magnetospirillum magneticum AMB-1*. Geomicrobiology Journal，2008. **25**（6）：p. 296-303.

[51] Wang，X.，et al.，*Effects of static magnetic field on magnetosome formation and expression of mamA，mms13，mms6 and magA in Magnetospirillum magneticum AMB-1*. Bioelectromagnetics，2009. **30**（4）：p. 313-321.

[52] Benson，D. E.，et al.，*Magnetic field enhancement of antibiotic activity in biofilm forming Pseudomonas aeruginosa*. ASAIO J，1994. **40**（3）：p. M371-376.

[53] Stansell，M. J.，et al.，*Increased antibiotic resistance of E-coli exposed to static magnetic fields*. Bioelectromagnetics，2001. **22**（2）：p. 129-137.

[54] Tagourti，J.，et al.，*Static magnetic field increases the sensitivity of Salmonella to gentamicin*. Annals of Microbiology，2010. **60**（3）：p. 519-522.

[55] Grosman，Z.，et al，*Effects of static magnetic field on some pathogenic microorganisms*. Acta Univ Palacki Olomuc Fac Med，1992. **134**：p. 7-9.

[56] da Motta，M. A.，et al.，*Static magnetic fields enhancement of Saccharomyces cerevisae ethanolic fermentation*. Biotechnology Progress，2004. **20**（1）：p. 393-396.

[57] Taskin，M.，et al.，*Enhancement of invertase production by aspergillus niger OZ-3 using low-intensity static magnetic fields*. Preparative Biochemistry & Biotechnology，2013. **43**（2）：p. 177-188.

[58] Jung J，et al.，*Chem Inform abstract：Biodegradation of phenol：A comparative study with and without applying magnetic fields*. ChemInform，1993. **56**：p. 73-76.

[59] Krzemieniewski，M.，et al.，*Effect of sludge conditioning by chemical methods with magnetic field application*. Polish Journal of Environmental Studies，2003. **12**（5）：p. 595-605.

[60] Liu，S. T.，et al.，*Enhanced anammox consortium activity for nitrogen removal：Impacts of static magnetic field*. Journal of Biotechnology，2008. **138**（3-4）：p. 96-102.

[61] Ji，Y. L.，et al.，*Enhancement of biological treatment of wastewater by magnetic field*. Bioresource Technology，2010. **101**（22）：p. 8535-8540.

[62] Lebkowska，M.，et al.，*Effect of a static magnetic field on formaldehyde biodegradation in wastewater by activated sludge*. Bioresource Technology，2011. **102**（19）：p. 8777-8782.

[63] Niu，C.，et al.，*Enhancement of activated sludge activity by 10-50 mT static magnetic field intensity at low temperature*. Bioresource Technology，2014. **159**：p. 48-54.

[64] Kriklavova，L.，et al.，*Effects of a static magnetic field on phenol degradation effectiveness and Rhodococcus erythropolis growth and respiration in a fed-batch reactor*.

Bioresource Technology，2014. **167**：p. 510-513.

［65］Tu，R. J. ，et al. ，*Effect of static magnetic field on the oxygen production of Scenedesmus obliquus cultivated in municipal wastewater.* Water Research，2015. **86**：p. 132-138.

［66］Tomska，A. . et al，*Enhancement of biological wastewater treatment by magnetic field exposure.* Desalination，2008. **222**：p. 368-373.

［67］Wang，X. H. ，et al. ，*Enhanced aerobic nitrifying granulation by static magnetic field.* Bioresour Technol，2012. **110**：p. 105-110.

［68］Mateescu，C. ，N. Buruntea，and N. Stancu，*Investigation of Aspergillus niger growth and activity in a static magnetic flux density field.* Romanian Biotechnological Letters，2011. **16**（4）：p. 6364-6368.

［69］Filipic，J. ，et al. ，*Effects of low-density static magnetic fields on the growth and activities of wastewater bacteria Escherichia coli and Pseudomonas putida.* Bioresource Technology，2012. **120**：p. 225-232.

［70］Martinez，E. ，M. V. Carbonell，and J. M. Amaya，*A Static magnetic field of 125 mT stimulates the initial growth stages of barley（Hordeum vulgare L. ）.* Electro- and Magnetobiology，2000. **19**（3）：p. 271-277.

［71］Carbonell，M. V. ，E. Martinez，and J. M. Amaya，*Stimulation of germination in rice（Oryza sativa L. ）by a static magnetic field.* Electro- and Magnetobiology，2000. **19**（1）：p. 121-128.

［72］Vashisth，A. and S. Nagarajan，*Exposure of seeds to static magnetic field enhances germination and early growth characteristics in chickpea（Cicer arietinum L. ）.* Bioelectromagnetics，2008. **29**（7）：p. 571-578.

［73］Vashisth，A. and S. Nagarajan，*Effect on germination and early growth characteristics in sunflower（Helianthus annuus）seeds exposed to static magnetic field.* Journal of Plant Physiology，2010. **167**（2）：p. 149-156.

［74］Cakmak，T. ，R. Dumlupinar，and S. Erdal，*Acceleration of germination and early growth of wheat and bean seedlings grown under various magnetic field and osmotic conditions.* Bioelectromagnetics，2010. **31**（2）：p. 120-129.

［75］De Souza，A. ，et al. ，*Extremely low frequency non-uniform magnetic fields improve tomato seed germination and early seedling growth.* Seed Science and Technology，2010. **38**（1）：p. 61-72.

［76］Naz，A. ，et al. ，*Enhancement in the germination，growth and yield of Okra（Abelmoschus esculentus）using pre-sowing magnetic treatment of seeds.* Indian Journal of Biochemistry ＆ Biophysics，2012. **49**（3）：p. 211-214.

［77］Iqbal，M. ，et al. ，*Effect of pre-sowing magnetic field treatment to garden pea（Pisum Sativum L. ）seed on germination and seedling growth.* Pakistan Journal of Botany，2012. **44**（6）：p. 1851-1856.

［78］Payez，A.，et al.，*Increase of seed germination，growth and membrane integrity of wheat seedlings by exposure to static and a 10-kHz electromagnetic field.* Electromagnetic Biology and Medicine，2013. **32**（4）：p. 417-429.

［79］Poinapen，D.，D. C. W. Brown，and G. K. Beeharry，*Seed orientation and magnetic field strength have more influence on tomato seed performance than relative humidity and duration of exposure to non-uniform static magnetic fields.* Journal of Plant Physiology，2013. **170**（14）：p. 1251-1258.

［80］Mahajan，T. S. and O. P. Pandey，*Magnetic-time model at off-season germination.* International Agrophysics，2014. **28**（1）：p. 57-62.

［81］Hozayn，M.，et al.，*Effect of magnetic field on germination，seedling growth and cytogenetic of onion（Allium cepa L.）.* Afr J Agric Res，2015. **10**：p. 849-857.

［82］Florez，M.，M. V. Carbonell，and E. Martinez，*Early sprouting and first stages of growth of rice seeds exposed to a magnetic field.* Electromagnetic Biology and Medicine，2004. **23**（2）：p. 157-166.

［83］de Souza，A.，et al.，*Pre-sowing magnetic treatments of tomato seeds increase the growth and yield of plants.* Bioelectromagnetics，2006. **27**（4）：p. 247-257.

［84］Florez，M.，M. V. Carbonell，and E. Martinez，*Exposure of maize seeds to stationary magnetic fields：Effects on germination and early growth.* Environmental and Experimental Botany，2007. **59**（1）：p. 68-75.

［85］Carbonell，M. V.，et al.，*Study of stationary magnetic fields on initial growth of pea（Pisum sativum L.）seeds.* Seed Science and Technology，2011. **39**（3）：p. 673-679.

［86］Yano，A.，et al.，*Induction of primary root curvature in radish seedlings in a static magnetic field.* Bioelectromagnetics，2001. **22**（3）：p. 194-199.

［87］Subber，A.，et al.，*Effects of magnetic field on the growth development of zea mays seeds.* J Nat Prod Plant Res，2012. **2**：p. 456-459.

［88］Kuznetsov，O. A. and K. H. Hasenstein，*Intracellular magnetophoresis of amyloplasts and induction of root curvature.* Planta，1996. **198**（1）：p. 87-94.

［89］Hasenstein，K. H. and O. A. Kuznetsov，*The response of lazy-2 tomato seedlings to curvature-inducing magnetic gradients is modulated by light.* Planta，1999. **208**（1）：p. 59-65.

［90］Weise，S. E.，et al.，*Curvature in Arabidopsis inflorescence stems is limited to the region of amyloplast displacement.* Plant and Cell Physiology，2000. **41**（6）：p. 702-709.

［91］Hasenstein，K. H.，et al.，*Analysis of magnetic gradients to study gravitropism.* American Journal of Botany，2013. **100**（1）：p. 249-255.

［92］Herranz，R.，et al.，*Proteomic signature of arabidopsis cell cultures exposed to magnetically induced hyper-and microgravity environments.* Astrobiology，2013. **13**（3）：p. 217-224.

［93］ Shine，M. B.，K. N. Guruprasad，and A. Anand，*Enhancement of germination，growth，and photosynthesis in soybean by pre-treatment of seeds with magnetic field.* Bioelectromagnetics，2011. **32** (6)：p. 474-484.

［94］ Anand，A.，et al.，*Pre-treatment of seeds with static magnetic field ameliorates soil water stress in seedlings of maize (Zea mays L.).* Indian Journal of Biochemistry &. Biophysics，2012. **49** (1)：p. 63-70.

［95］ Jan，L.，et al.，*Geomagnetic and strong static magnetic field effects on growth and chlorophyll a fluorescence in Lemna minor.* Bioelectromagnetics，2015. **36** (3)：p. 190-203.

［96］ Yano，A.，et al.，*Effects of a 60 Hz magnetic field on photosynthetic CO_2 uptake and early growth of radish seedlings.* Bioelectromagnetics，2004. **25** (8)：p. 572-581.

［97］ Iimoto，M.，K. Watanabe，and K. Fujiwara，*Effects of magnetic flux density and direction of the magnetic field on growth and CO_2 exchange rate of potato plantlets in vitro.* International Symposium on Plant Production in Closed Ecosystems - Automation，Culture，and Environment，1997. (440)：p. 606-610.

［98］ Jovanic，B. R. and M. Z. Sarvan，*Permanent magnetic field and plant leaf temperature.* Electromagnetic Biology and Medicine，2004. **23** (1)：p. 1-5.

［99］ Baby，S. M.，G. K. Narayanaswamy，and A. Anand，*Superoxide radical production and performance index of Photosystem II in leaves from magnetoprimed soybean seeds.* Plant Signal Behav，2011. **6** (11)：p. 1635-1637.

［100］ Jouni，F. J.，P. Abdolmaleki，and F. Ghanati，*Oxidative stress in broad bean (Vicia faba L.) induced by static magnetic field under natural radioactivity.* Mutation Research-Genetic Toxicology and Environmental Mutagenesis，2012. **741** (1-2)：p. 116-121.

［101］ Cakmak，T.，et al.，*Analysis of apoplastic and symplastic antioxidant system in shallot leaves：Impacts of weak static electric and magnetic field.* Journal of Plant Physiology，2012. **169** (11)：p. 1066-1073.

［102］ Shine，M. B.，K. N. Guruprasad，and A. Anand，*Effect of stationary magnetic field strengths of 150 and 200 mT on reactive oxygen species production in soybean.* Bioelectromagnetics，2012. **33** (5)：p. 428-437.

［103］ Chen，Y. P.，R. Li，and J. M. He，*Magnetic field can alleviate toxicological effect induced by cadmium in mungbean seedlings.* Ecotoxicology，2011. **20** (4)：p. 760-769.

［104］ Yu，X.，et al.，*The cryptochrome blue light receptors.* Arabidopsis Book，2010. **8**：p. e0135.

［105］ Hore，P. J. and H. Mouritsen，*The radical-pair mechanism of Magnetoreception.* Annual Review of Biophysics，Vol 45，2016. **45**：p. 299-344.

［106］ Evans，E. W.，et al.，*Magnetic field effects in flavoproteins and related systems.* Interface Focus，2013. **3** （5）：p. 20130037.

［107］Vanderstraeten，J.，et al.，*Could magnetic fields affect the circadian clock function of cryptochromes? Testing the basic premise of the cryptochrome hypothesis（elf magnetic fields）*. Health Physics，2015. **109**：p. 84-89.

［108］Lin，C. T. and T. Todo，*The cryptochromes*. Genome Biology，2005. **6** （5）：p. 1-9.

［109］Liu，B.，et al.，*Signaling mechanisms of plant cryptochromes in Arabidopsis thaliana*. J Plant Res，2016. **129** （2）：p. 137-148.

［110］Xu，C. X.，et al.，*Blue light-dependent phosphorylations of cryptochromes are affected by magnetic fields in Arabidopsis*. Advances in Space Research，2014. **53** （7）：p. 1118-1124.

［111］Solov'yov，I. A.，D. E. Chandler，and K. Schulten，*Magnetic field effects in Arabidopsis thaliana cryptochrome-1*. Biophysical Journal，2007. **92** （8）：p. 2711-2726.

［112］Ahmad，M.，et al.，*Magnetic intensity affects cryptochrome-dependent responses in Arabidopsis thaliana*. Planta，2007. **225** （3）：p. 615-624.

［113］Harris，S. R.，et al.，*Effect of magnetic fields on cryptochrome-dependent responses in Arabidopsis thaliana*. Journal of the Royal Society Interface，2009. **6** （41）：p. 1193-1205.

［114］Moller，A.，et al.，*Retinal cryptochrome in a migratory passerine bird：A possible transducer for the avian magnetic compass*. Naturwissenschaften，2004. **91** （12）：p. 585-588.

［115］Niessner，C.，et al.，*Magnetoreception：Activated cryptochrome 1a concurs with magnetic orientation in birds*. Journal of the Royal Society Interface，2013. **10** （88）.

［116］Michael，A. K.，et al.，*Animal cryptochromes：Divergent roles in light perception，circadian timekeeping and beyond*. Photochemistry and Photobiology，2017. **93** （1）：p. 128-140.

［117］Marley，R.，et al.，*Cryptochrome-dependent magnetic field effect on seizure response in Drosophila larvae*. Scientific Reports，2014. **4**：p. 5799.

［118］Giachello，C. N. G.，et al.，*Magnetic fields modulate blue-light-dependent regulation of neuronal firing by cryptochrome*. Journal of Neuroscience，2016. **36** （42）：p. 10742-10749.

［119］Kaletta，T. and M. O. Hengartner，*Finding function in novel targets：C-elegans as a model organism*. Nature Reviews Drug Discovery，2006. **5** （5）：p. 387-398.

［120］Boyd，W. A.，et al.，*A high-throughput method for assessing chemical toxicity using a Caenorhabditis elegans reproduction assay*. Toxicology and Applied Pharmacology，2010. **245** （2）：p. 153-159.

［121］Dengg，M.，et al.，*Caenorhabditis elegans as model system for rapid toxicity assessment of pharmaceutical compounds*. J Pharmacol Toxicol Methods，2004. **50**：

p. 209-214.

[122] Sprando，R. L.，et al.，*A method to rank order water soluble compounds according to their toxicity using caenorhabditis elegans，a complex object parametric analyzer and sorter，and axenic liquid media.* Food and Chemical Toxicology，2009. **47**（4）：p. 722-728.

[123] Vidal-Gadea，A.，et al.，*Magnetosensitive neurons mediate geomagnetic orientation in Caenorhabditis elegans.* Elife，2015. **4**：doi：10. 7554/eLife. 07493.

[124] Rankin，C. H. and C. H. Lin，*Finding a worm's internal compass*. Elife，2015. **4**：p. e09666.

[125] Hung，Y. C.，et al.，*Effects of static magnetic fields on the development and aging of Caenorhabditis elegans*. Journal of Experimental Biology，2010. **213**（12）：p. 2079-2085.

[126] Kimura，T.，et al.，*The effect of high strength static magnetic fields and ionizing radiation on gene expression and DNA damage in caenorhabditis elegans*. Bioelectromagnetics，2008. **29**（8）：p. 605-614.

[127] Wang，L.，et al.，*Developmental abnormality induced by strong static magnetic field in caenorhabditis elegans.* Bioelectromagnetics，2015. **36**（3）：p. 178-189.

[128] Ramirez，E.，et al.，*Oviposition and development of drosophila modified by magnetic-fields.* Bioelectromagnetics，1983. **4**（4）：p. 315-326.

[129] Ho，M. W.，et al.，*Brief exposures to weak static magnetic-field during early embryogenesis cause cuticular pattern abnormalities in drosophila larvae.* Physics in Medicine and Biology，1992. **37**（5）：p. 1171-1179.

[130] Pan，H. J.，*The effect of a 7 T magnetic field on the egg hatching of Heliothis virescens.* Magnetic Resonance Imaging，1996. **14**（6）：p. 673-677.

[131] Pan，H. J. and X. H. Liu，*Apparent biological effect of strong magnetic field on mosquito egg hatching.* Bioelectromagnetics，2004. **25**（2）：p. 84-91.

[132] Raus，S.，D. Todorovic，and Z. Prolic，*Viability of old house borer（hylotrupes bajulus）larvae exposed to a constant magnetic field of 98 Mt under laboratory conditions（Vol 61，Pg 129，2009）.* Archives of Biological Sciences，2009. **61**（2）：p. 351.

[133] Savic，T.，et al.，*The embryonic and post-embryonic development in two Drosophila species exposed to the static magnetic field of 60 mT.* Electromagnetic Biology and Medicine，2011. **30**（2）：p. 108-114.

[134] Todorovic，D.，et al.，*Estimation of changes in fitness components and antioxidant defense of Drosophila subobscura（Insecta，Diptera）after exposure to 2. 4 T strong static magnetic field.* Environmental Science and Pollution Research，2015. **22**（7）：p. 5305-5314.

[135] Prolic，Z. and Z. Jovanovic，*Influence of magnetic-field on the rate of development of*

honeybee preadult stage. Periodicum Biologorum，1986. **88**（2）：p. 187-188.

［136］Prolic，Z. M. and V. Nenadovic，*The influence of a permanent magnetic-field on the process of adult emergence in tenebrio-molitor.* Journal of Insect Physiology，1995. **41**（12）：p. 1113-1118.

［137］Peric-Mataruga，V.，et al.，*Protocerebral mediodorsal A2′ neurosecretory neurons in late pupae of yellow mealworm（Tenebrio molitor）after exposure to a static magnetic field.* Electromagn Biol Med，2006. **25**（3）：p. 127-133.

［138］Peric-Mataruga，V.，et al.，*The effect of a static magnetic field on the morphometric characteristics of neurosecretory neurons and corpora allata in the pupae of yellow mealworm Tenebrio molitor（Tenebrionidae）.* Int J Radiat Biol，2008. **84**：p. 91-98.

［139］Todorovic，D.，et al.，*The influence of static magnetic field（50 mT）on development and motor behaviour of Tenebrio（Insecta，Coleoptera）.* International Journal of Radiation Biology，2013. **89**（1）：p. 44-50.

［140］Ng，M.，et al.，*Transmission of olfactory information between three populations of neurons in the antennal lobe of the fly.* Neuron，2002. **36**（3）：p. 463-474.

［141］Yang，Y.，et al.，*Static magnetic field modulates rhythmic activities of a cluster of large local interneurons in Drosophila antennal lobe.* Journal of Neurophysiology，2011. **106**（5）：p. 2127-2135.

［142］Giorgi，G.，et al.，*Genetic-effects of static magnetic-fields —body size increase and lethal mutations induced in populations of drosophila-melanogaster after chronic exposure.* Genetics Selection Evolution，1992. **24**（5）：p. 393-413.

［143］Takashima，Y.，et al.，*Genotoxic effects of strong static magnetic fields in DNA-repair defective mutants of Drosophila melanogaster.* Journal of Radiation Research，2004. **45**（3）：p. 393-397.

［144］Nikolic，L.，G. Kartelija，and M. Nedeljkovic，*Effect of static magnetic fields on bioelectric properties of the Br and N（1）neurons of snail Helix pomatia.* Comparative Biochemistry and Physiology a-Molecular &. Integrative Physiology，2008. **151**（4）：p. 657-663.

［145］Nikolic，L.，et al.，*Involvement of Na⁺/K（⁺）pump in fine modulation of bursting activity of the snail Br neuron by 10 mT static magnetic field.* Journal of Comparative Physiology a-Neuroethology Sensory Neural and Behavioral Physiology，2012. **198**（7）：p. 525-540.

［146］Nikolic，L.，et al.，*Changes in the expression and current of the Na⁺/K⁺ pump in the snail nervous system after exposure to a static magnetic field.* Journal of Experimental Biology，2013. **216**（18）：p. 3531-3541.

［147］Hernadi，L. and J. F. Laszlo，*Pharmacological analysis of response latency in the hot plate test following whole-body static magnetic field-exposure in the snail Helix poma-*

tia. International Journal of Radiation Biology，2014. **90**（7）：p. 547-553.

[148] Levin，M. and S. G. Ernst，*Applied DC magnetic fields cause alterations in the time of cell divisions and developmental abnormalities in early sea urchin embryos.* Bioelectromagnetics，1997. **18**（3）：p. 255-263.

[149] Sakhnini，L. and M. Dairi，*Effects of static magnetic fields on early embryonic development of the sea urchin Echinometra mathaei.* Ieee Transactions on Magnetics，2004. **40**（4）：p. 2979-2981.

[150] Ye，S. R.，J. W. Yang，and C. M. Chen，*Effect of static magnetic fields on the amplitude of action potential in the lateral giant neuron of crayfish.* International Journal of Radiation Biology，2004. **80**（10）：p. 699-708.

[151] Yeh，S. R.，et al.，*Static magnetic field expose enhances neurotransmission in crayfish nervous system.* International Journal of Radiation Biology，2008. **84**（7）：p. 561-567.

[152] Shcherbakov，D.，et al.，*Magnetosensation in zebrafish.* Current Biology，2005. **15**（5）：p. R161-R162.

[153] Takebe，A.，et al.，*Zebrafish respond to the geomagnetic field by bimodal and group-dependent orientation.* Scientific Reports，2012. **2**：p. 727.

[154] Ward，B. K.，et al.，*Strong static magnetic fields elicit swimming behaviors consistent with sirect vestibular stimulation in adult zebrafish.* PLOS ONE，2014. **9**（3）.

[155] Loghmannia，J.，et al.，*The physiological responses of the Caspian kutum（Rutilus frisii kutum）fry to the static magnetic fields with different intensities during acute and subacute exposures.* Ecotoxicology and Environmental Safety，2015. **111**：p. 215-219.

[156] Neurath，P. W.，*High gradient magnetic field inhibits embryonic development of frogs.* Nature，1968. **219**（5161）：p. 1358-1359.

[157] Denegre，J. M.，et al.，*Cleavage planes in frog eggs are altered by strong magnetic fields.* Proceedings of the National Academy of Sciences of the United States of America，1998. **95**（25）：p. 14729-14732.

[158] Eguchi，Y.，et al.，*Cleavage and survival of xenopus embryos exposed to 8 T static magnetic fields in a rotating clinostat.* Bioelectromagnetics，2006. **27**（4）：p. 307-313.

[159] Kawakami，S.，et al.，*Effects of strong static magnetic fields on amphibian development and gene expression.* Japanese Journal of Applied Physics Part 1-Regular Papers Brief Communications & Review Papers，2006. **45**（7）：p. 6055-6056.

[160] Mietchen，D.，et al.，*Non-invasive diagnostics in fossils—Magnetic resonance imaging of pathological belemnites.* Biogeosciences，2005. **2**（2）：p. 133-140.

[161] Edelman，A.，J. Teulon，and I. B. Puchalska，*Influence of the magnetic-fields on frog sciatic-nerve.* Biochemical and Biophysical Research Communications，1979. **91**（1）：p. 118-122.

[162] Eguchi，Y.，M. Ogiue-Ikeda，and S. Ueno，*Control of orientation of rat Schwann*

cells using an 8-T static magnetic field. Neuroscience Letters, 2003. **351** (2): p. 130-132.

[163] Satow, Y., H. Satake, and K. Matsunami, *Effects of long exposure to large static magnetic-field on the recovery process of bullfrog sciatic-nerve activity.* Proceedings of the Japan Academy Series B-Physical and Biological Sciences, 1990. **66** (7): p. 151-155.

[164] Satow, Y., et al., *A strong constant magnetic field affects muscle tension development in bullfrog neuromuscular preparations.* Bioelectromagnetics, 2001. **22** (1): p. 53-59.

[165] Okano, H., et al., *The effects of moderate-intensity gradient static magnetic fields on nerve conduction.* Bioelectromagnetics, 2012. **33** (6): p. 518-526.

[166] Miyakoshi, J., *Effects of static magnetic fields at the cellular level.* Progress in Biophysics & Molecular Biology, 2005. **87** (2-3): p. 213-223.

[167] Saunders, R., *Static magnetic fields: Animal studies.* Progress in Biophysics & Molecular Biology, 2005. **87** (2-3): p. 225-239.

[168] Trock, D. H., *Electromagnetic fields and magnets-investigational treatment for musculoskeletal disorders.* Rheumatic Disease Clinics of North America, 2000. **26** (1): p. 51-62.

[169] Yan, Q. C., N. Tomita, and Y. Ikada, *Effects of static magnetic field on bone formation of rat femurs.* Medical Engineering & Physics, 1998. **20** (6): p. 397-402.

[170] Xu, S. Z., et al., *Static magnetic field effects on bone formation of rats with an ischemic bone model.* Bio-Medical Materials and Engineering, 2001. **11** (3): p. 257-263.

[171] Xu, S. Z., et al., *Recovery effects of a 180 mT static magnetic field on bone mineral density of osteoporotic lumbar vertebrae in ovariectomized rats.* Evidence-Based Complementary and Alternative Medicine, 2011: p. 1-8.

[172] Kotani, H., et al., *Strong static magnetic field stimulates bone formation to a definite orientation in vitro and in vivo.* Journal of Bone and Mineral Research, 2002. **17** (10): p. 1814-1821.

[173] Taniguchi, N., et al., *Study on application of static magnetic field for adjuvant arthritis rats.* Evidence-Based Complementary and Alternative Medicine, 2004. **1** (2): p. 187-191.

[174] Taniguchi, N. and S. Kanai, *Efficacy of static magnetic field for locomotor activity of experimental osteopenia.* Evidence-Based Complementary and Alternative Medicine, 2007. **4** (1): p. 99-105.

[175] Yun, H. M., et al., *Magnetic nanocomposite scaffolds combined with static magnetic field in the stimulation of osteoblastic differentiation and bone formation.* Biomaterials, 2016. **85**: p. 88-98.

[176] Okano, H. and C. Ohkubo, *Effects of static magnetic fields on plasma levels of angiotensin II and aldosterone associated with arterial blood pressure in genetically*

hypertensive rats. Bioelectromagnetics，2003. **24**（6）：p. 403-412.

［177］Okano，H. and C. Ohkubo，*Elevated plasma nitric oxide metabolites in hypertension：Synergistic vasodepressor effects of a static magnetic field and nicardipine in spontaneously hypertensive rats*. Clinical Hemorheology and Microcirculation，2006. **34**（1-2）：p. 303-308.

［178］Morris，C. and T. Skalak，*Static magnetic fields alter arteriolar tone in vivo.* Bioelectromagnetics，2005. **26**（1）：p. 1-9.

［179］Okano，H.，H. Masuda，and C. Ohubo，*Decreased plasma levels of nitric oxide metabolites，angiotensin II，and aidosterone in spontaneously hypertensive rats exposed to 5mT static magnetic field.* Bioelectromagnetics，2005. **26**（3）：p. 161-172.

［180］Okano，H. and C. Ohkubo，*Effects of 12 mT static magnetic field on sympathetic agonist-induced hypertension in Wistar rats.* Bioelectromagnetics，2007. **28**（5）：p. 369-378.

［181］Ichioka，S.，et al.，*Skin temperature changes induced by strong static magnetic field exposure.* Bioelectromagnetics，2003. **24**（6）：p. 380-386.

［182］Ichioka，S.，et al.，*High-intensity static magnetic fields modulate skin microcirculation and temperature in vivo.* Bioelectromagnetics，2000. **21**（3）：p. 183-188.

［183］Tenforde，T. S.，*Thermoregulation in rodents exposed to high-intensity stationary magnetic-fields.* Bioelectromagnetics，1986. **7**（3）：p. 341-346.

［184］Beischer，D. E. and J. C. Knepton，*Influence of strong magnetic fields on electrocardiogram of squirrel monkeys（Saimiri Sciureus）.* Aerospace Medicine，1964. **35**（10）：p. 1-24.

［185］Togawa，T.，O. Okai，and M. Oshima，*Observation of blood flow emf in externally applied strong magnetic field by surface electrodes.* Medical & Biological Engineering，1967. **5**（2）：p. 169-170.

［186］Gaffey，C. T. and T. S. Tenforde，*Alterations in the rat electrocardiogram induced by stationary magnetic-fields.* Bioelectromagnetics，1981. **2**（4）：p. 357-370.

［187］Morris，C. E. and T. C. Skalak，*Chronic static magnetic field exposure alters microvessel enlargement resulting from surgical intervention.* Journal of Applied Physiology，2007. **103**（2）：p. 629-636.

［188］Amara，S.，et al.，*Effects of static magnetic field exposure on antioxidative enzymes activity and DNA in rat brain.* General Physiology and Biophysics，2009. **28**（3）：p. 260-265.

［189］Chater S，et al.，*Effects of sub-acute exposure to magnetic field on synthesis of plasma corticosterone and liver metallothionein levels in female rats.* Pak J Med Sci.，2004. **20**：p. 219-223.

［190］Chater S，et al.，*Exposure to static magnetic field of pregnant rats induces hepatic*

GSH elevation but not oxidative DNA damage in liver and kidney. Arch Med Res，2006. **37**：p. 941-946.

[191] Chater，S.，et al.，*Effects of sub-acute exposure to static magnetic field on hematologic and biochemical parameters in pregnant rats.* Electromagnetic Biology and Medicine，2006. **25**（3）：p. 135-144.

[192] Elferchichi，M.，et al.，*Effects of exposure to a 128-mT static magnetic field on glucose and lipid metabolism in serum and skeletal muscle of rats.* Archives of Medical Research，2010. **41**（5）：p. 309-314.

[193] Lahbib，A.，et al.，*Effects of vitamin D on insulin secretion and glucose transporter GLUT2 under static magnetic field in rat.* Environmental Science and Pollution Research，2015. **22**（22）：p. 18011-18016.

[194] Lahbib，A.，et al.，*Vitamin D supplementation ameliorates hypoinsulinemia and hyperglycemia in static magnetic field-exposed rat.* Archives of Environmental & Occupational Health，2015. **70**（3）：p. 142-146.

[195] Amara S，et al.，*Effects of static magnetic field exposure on hematological and biochemical parameters in rats.* Braz Arch Biol Technol，2006. **49**：p. 889-895.

[196] Amara S，et al.，*Effects of subchronic exposure to static magnetic field on testicular function in rats.* Arch Med Res.，2006. **37**：p. 947-952.

[197] Ghodbane，S.，et al.，*Effect of selenium pre-treatment on plasma antioxidant vitamins A (retinol) and E (alpha-tocopherol) in static magnetic field-exposed rats.* Toxicology and Industrial Health，2011. **27**（10）：p. 949-955.

[198] Ghodbane，S.，et al.，*Selenium supplementation ameliorates static magnetic field-induced disorders in antioxidant status in rat tissues.* Environmental Toxicology and Pharmacology，2011. **31**（1）：p. 100-106.

[199] Atef，M. M.，et al.，*Effects of a static magnetic-field on hemoglobin structure and function.* International Journal of Biological Macromolecules，1995. **17**（2）：p. 105-111.

[200] Elferchichi，M.，et al.，*Subacute static magnetic field exposure in rat induces a pseudoanemia status with increase in MCT4 and Glut4 proteins in glycolytic muscle.* Environmental Science and Pollution Research，2016. **23**（2）：p. 1265-1273.

[201] Djordjevich，D. M.，et al.，*Hematological parameters' changes in mice subchronically exposed to static magnetic fields of different orientations.* Ecotoxicol Environ Saf，2012. **81**：p. 98-105.

[202] Milovanovich，I. D.，et al.，*Homogeneous static magnetic field of different orientation induces biological changes in subacutely exposed mice.* Environmental Science and Pollution Research，2016. **23**（2）：p. 1584-1597.

[203] Ghodbane，S.，et al.，*Static magnetic field exposure-induced oxidative response and caspase-independent apoptosis in rat liver：Effect of selenium and vitamin E supplemen-*

tations. Environmental Science and Pollution Research，2015. **22**（20）：p. 16060-16066.

［204］Amara，S.，et al.，*Zinc supplementation ameliorates static magnetic field-induced oxidative stress in rat tissues*. Environmental Toxicology and Pharmacology，2007. **23**（2）：p. 193-197.

［205］Jing，D.，et al.，*Effects of 180 mT static magnetic fields on diabetic wound healing in rats*. Bioelectromagnetics，2010. **31**（8）：p. 640-648.

［206］Rosmalen，J. G. M.，et al.，*Islet abnormalities in the pathogenesis of autoimmune diabetes*. Trends in Endocrinology and Metabolism，2002. **13**（5）：p. 209-214.

［207］Laszlo，J. F.，et al.，*Daily exposure to inhomogeneous static magnetic field significantly reduces blood glucose level in diabetic mice*. International Journal of Radiation Biology，2011. **87**（1）：p. 36-45.

［208］Lahbib，A.，et al.，*Time-dependent effects of exposure to static magnetic field on glucose and lipid metabolism in rat*. General Physiology and Biophysics，2010. **29**（4）：p. 390-395.

［209］Elferchichi，M.，et al.，*Effects of exposure to static magnetic field on motor skills and iron levels in plasma and brain of rats*. Brain Injury，2011. **25**（9）：p. 901-908.

［210］Abdelmelek，H.，et al.，*Skeletal muscle HSP72 and norepinephrine response to static magnetic field in rat*. Journal of Neural Transmission，2006. **113**（7）：p. 821-827.

［211］Bellossi，A.，*Effect of static magnetic-fields on survival of leukemia-prone akr mice*. Radiation and Environmental Biophysics，1986. **25**（1）：p. 75-80.

［212］Yang，P. F.，et al.，*Inhibitory effects of moderate static magnetic field on leukemia*. Ieee Transactions on Magnetics，2009. **45**（5）：p. 2136-2139.

［213］De Luka，S. R.，et al.，*Subchronic exposure to static magnetic field differently affects zinc and copper content in murine organs*. Int J Radiat Biol，2016. **92**（3）：p. 140-147.

［214］Deghoyan，A.，et al.，*Age-dependent effect of static magnetic field on brain tissue hydration*. Electromagnetic Biology and Medicine，2014. **33**（1）：p. 58-67.

［215］Kristofikova，Z.，et al.，*Exposure of postnatal rats to a static magnetic field of 0. 14 T influences functional laterality of the hippocampal high-affinity choline uptake system in adulthood；In vitro test with magnetic nanoparticles*. Neurochemical Research，2005. **30**（2）：p. 253-262.

［216］Gyires，K.，et al.，*Pharmacological analysis of inhomogeneous static magnetic field-induced antinociceptive action in the mouse*. Bioelectromagnetics，2008. **29**（6）：p. 456-462.

［217］Kiss，B.，et al.，*Analysis of the effect of locally applied inhomogeneous static magnetic field-exposure on mouse ear edema—a double blind study*. PLOS ONE，2015. **10**（2）：p. e0118089.

［218］Veliks，V.，et al.，*Static magnetic field influence on rat brain function detected by heart rate monitoring.* Bioelectromagnetics，2004. **25**（3）：p. 211-215.

［219］Prina-Mello，A.，et al.，*Influence of strong static magnetic fields on primary cortical neurons.* Bioelectromagnetics，2006. **27**（1）：p. 35-42.

［220］Miryam，E.，et al.，*Effects of acute exposure to static magnetic field on ionic composition of rat spinal cord.* General Physiology and Biophysics，2010. **29**（3）：p. 288-294.

［221］Ammari，M.，et al.，*Static magnetic field exposure affects behavior and learning in rats（vol 27，pg 185，2008）.* Electromagnetic Biology and Medicine，2008. **27**（3）：p. 323-323.

［222］Maaroufi，K.，et al.，*Effects of combined ferrous sulphate administration and exposure to static magnetic field on spatial learning and motor abilities in rats.* Brain Injury，2013. **27**（4）：p. 492-499.

［223］Weiss，J.，et al.，*Bioeffects of high magnetic-fields—A study using a simple animal-model.* Magnetic Resonance Imaging，1992. **10**（4）：p. 689-694.

［224］Nolte，C. M.，et al.，*Magnetic field conditioned taste aversion in rats.* Physiology & Behavior，1998. **63**（4）：p. 683-688.

［225］Snyder，D. J.，et al.，*C-fos induction in visceral and vestibular nuclei of the rat brain stem by a 9.4 T magnetic field.* Neuroreport，2000. **11**（12）：p. 2681-2685.

［226］Houpt，T. A.，et al.，*Rats avoid high magnetic fields：Dependence on an intact vestibular system.* Physiology & Behavior，2007. **92**（4）：p. 741-747.

［227］Houpt，T. A.，et al.，*Behavioral effects on rats of motion within a high static magnetic field.* Physiology & Behavior，2011. **102**（3-4）：p. 338-346.

［228］Houpt，T. A.，et al.，*Head tilt in rats during exposure to a high magnetic field.* Physiology & Behavior，2012. **105**（2）：p. 388-393.

［229］Cason，A. M.，et al.，*Labyrinthectomy abolishes the behavioral and neural response of rats to a high-strength static magnetic field.* Physiology & Behavior，2009. **97**（1）：p. 36-43.

［230］Tsuji，Y.，M. Nakagawa，and Y. Suzuki，*Five-tesla static magnetic fields suppress food and water consumption and weight gain in mice.* Industrial Health，1996. **34**（4）：p. 347-357.

［231］Lockwood，D. R.，et al.，*Behavioral effects of static high magnetic fields on unrestrained and restrained mice.* Physiology & Behavior，2003. **78**（4-5）：p. 635-640.

［232］Giorgetto，C.，et al.，*Behavioural profile of Wistar rats with unilateral striatal lesion by quinolinic acid（animal model of Huntington disease）post-injection of apomorphine and exposure to static magnetic field.* Experimental Brain Research，2015. **233**（5）：p. 1455-1462.

［233］Kiss B，et al.，*Lateral gradients significantly enhance static magnetic field-induced inhibition of pain responses in mice—a double blind experimental study.* Bioelectromagnetics，2013. **34**：p. 385-396.

[234] Antal，M. and J. Laszlo，*Exposure to inhomogeneous static magnetic field ceases mechanical allodynia in neuropathic pain in mice.* Bioelectromagnetics，2009. **30**（6）：p. 438-445.

[235] Sekino，M.，et al.，*Effects of strong static magnetic fields on nerve excitation.* Ieee Transactions on Magnetics，2006. **42**（10）：p. 3584-3586.

[236] Narra，V. R.，et al.，*Effects of a 1.5-tesla static magnetic field on spermatogenesis and embryogenesis in mice.* Investigative Radiology，1996. **31**（9）：p. 586-590.

[237] Amara，S.，et al.，*Effects of static magnetic field exposure on hematological and biochemical parameters in rats.* Brazilian Archives of Biology and Technology，2006. **49**（6）：p. 889-895.

[238] Amara，S.，et al.，*Effects of subchronic exposure to static magnetic field on testicular function in rats.* Archives of Medical Research，2006. **37**（8）：p. 947-952.

[239] High，W. B.，et al.，*Subchronic in vivo effects of a high static magnetic field（9.4 T）in rats.* Journal of Magnetic Resonance Imaging，2000. **12**（1）：p. 122-139.

[240] Hoyer C，et al.，*Repetitive exposure to a 7 Tesla static magnetic field of mice in utero does not cause alterations in basal emotional and cognitive behavior in adulthood.* Reprod Toxicol，2012. **34**：p. 86-92.

[241] Tablado，L.，et al.，*Development of mouse testis and epididymis following intrauterine exposure to a static magnetic field.* Bioelectromagnetics，2000. **21**（1）：p. 19-24.

[242] Ramadan，L. A.，et al.，*Testicular toxicity effects of magnetic field exposure and prophylactic role of coenzyme Q10 and L-carnitine in mice.* Pharmacological Research，2002. **46**（4）：p. 363-370.

[243] Konermann，G. and H. Monig，*Studies on the influence of static magnetic-fields on prenatal development of mice.* Radiologe，1986. **26**（10）：p. 490-497.

[244] Okazaki，R.，et al.，*Effects of a 4.7 T static magnetic field on fetal development in ICR mice.* Journal of Radiation Research，2001. **42**（3）：p. 273-283.

[245] Murakami，J.，Y. Torii，and K. Masuda，*Fetal development of mice following intrauterine exposure to a static magnetic-field of 6.3-T.* Magnetic Resonance Imaging，1992. **10**（3）：p. 433-437.

[246] Laszlo，J. F. and R. Porszasz，*Exposure to static magnetic field delays induced preterm birth occurrence in mice.* Am J Obstet Gynecol，2011. **205**（4）：p. 362 e26-31.

[247] Mevissen，M.，S. Buntenkotter，and W. Loscher，*Effects of static and time-varying（50-Hz）magnetic-fields on reproduction and fetal development in rats.* Teratology，1994. **50**（3）：p. 229-237.

[248] Saito，K.，H. Suzuki，and K. Suzuki，*Teratogenic effects of static magnetic field on mouse fetuses.* Reproductive Toxicology，2006. **22**（1）：p. 118-124.

［249］Zahedi，Y.，et al.，*Impact of repetitive exposure to strong static magnetic fields on pregnancy and embryonic development of mice.* Journal of Magnetic Resonance Imaging，2014. **39**（3）：p. 691-699.

［250］Zaun，G.，et al.，*Repetitive exposure of mice to strong static magnetic fields in utero does not impair fertility in adulthood but may affect placental weight of offspring.* J Magn Reson Imaging.，2014. **39**：p. 683-690.

［251］Gegear，R. J.，et al.，*Cryptochrome mediates light-dependent magnetosensitivity in Drosophila.* nature，2008. **454**（7207）：p. 1014-1018.

［252］Yoshii，T.，M. Ahmad，and C. Helfrich-Forster，*Cryptochrome mediates light-dependent magnetosensitivity of drosophila's circadian clock.* Plos Biology，2009. **7**（4）：p. 813-819.

［253］Qin，S. Y.，et al.，*A magnetic protein biocompass.* Nature Materials，2016. **15**（2）：p. 217-226.

第6章
稳态磁场在癌症治疗中的潜在应用[①]

本章分别从分子、细胞、动物和人体水平总结了目前稳态磁场对癌症抑制效应的证据和潜在机制，探讨了稳态磁场单独或与化疗药物、脉冲磁场以及放射疗法结合使用在癌症治疗中的潜在应用前景。

6.1 引　言

如本书第 2 章所简单提到的，尽管基于稳态磁场的磁疗已作为替代疗法被人们用于多种慢性疾病的辅助治疗中，但其科学依据仍然匮乏。笔者在本书第 4 章中也提到，很多研究已经报道了磁场对人体细胞的生物学效应，发现其结果依赖于多个因素，包括磁场频率、强度、曝磁时间和动态学因素，但更为重要的是细胞类型。需要特别指出的是，大量研究显示稳态磁场可以抑制多种癌细胞的生长，但是对大多数正常细胞（除了一些特定类型的细胞，如胚胎细胞或神经细胞）则没有影响[1-5]。这表明稳态磁场可以差异性地影响癌细胞和正常细胞，从而揭示了它们的抗癌潜能。众所周知，癌细胞在很多方面都不同于正常细胞，例如，多种癌细胞均会响应癌基因相关蛋白（如表皮生长因子受体 EGFR 等）的信号进而增殖。而我们最近发现，稳态磁场能够影响 EGFR 的取向，从而降低其本身以及相关通路蛋白的活性来抑制部分癌细胞的生长[6,7]。另一方面的差异是大多数癌细胞相对于正常细胞来说，其细胞分裂一直保持在一个更为活跃的状态。我们观察到中等强度和强稳态磁场能够干扰微管和细胞分裂，而这与美国食品药品监督管理局（FDA）批准的肿瘤治疗场（tumor treating fields，TTF）电磁疗法的靶点相同。本章将讨论所有有关稳态磁场在癌症领域的应用，而稳态磁场在其他疾病中的潜在应用将在本书的第 7 章进行讨论。

---

① 本章原英文版作者为 Xin Zhang（中国科学院强磁场中心的张欣研究员），因此本章节中的"笔者"均指张欣研究员。

6.2 癌细胞的稳态磁场效应

6.2.1 稳态磁场能够抑制一些癌细胞的生长而对正常细胞影响较小

笔者在前 1 章中已经提到，稳态磁场对细胞的具体生物学效应主要取决于细胞类型，而目前为止稳态磁场对各种细胞没有共同的影响。例如，Sullivan 等研究了 35～120mT 的稳态磁场对四种不同细胞的影响，显示它们之间有很大差别[8]。然而，就不同的细胞类型来说，稳态磁场对癌细胞的生长抑制效应相对于其他细胞还是比较一致的。众多研究显示稳态磁场能够抑制癌细胞的生长而对正常细胞影响较小（表 6.1）。尽管在每项独立研究中使用的细胞类型都非常有限，但总体来讲，稳态磁场倾向于抑制癌细胞但不影响正常细胞这个趋势仍然很明显。例如，早在 1996 年，Raylman 等就发现 7T 稳态磁场可以抑制一些癌细胞的生长[1]。随后有几项研究同时比较了癌细胞和正常细胞，结果显示它们对稳态磁场的响应不同。例如，WiDr 结肠癌和 MCF-7 乳腺癌两种癌细胞都可以被 3mT 稳态磁场联合 50Hz 工频磁场所抑制，而人正常胚肺成纤维细胞 MRC-5 则不受影响；并且当裸鼠结肠癌 WiDr 细胞被放置在 3～4mT 稳态磁场联合 1.0～2.5mT 工频磁场中连续曝磁 4 周（频率为 70 分钟/天，5 天/周）后肿瘤生长抑制程度高达 50%[2]。2003 年，Aldinucci 等发现 4.75T 稳态磁场不影响人外周血单核细胞（PBMC）的增殖，但是却抑制了白血病 Jurkat 细胞的生长[3]。另外，有报道表明 1T 稳态磁场可以促进化疗诱导的 U937 单核细胞（肿瘤）的细胞凋亡，而对单核白细胞（非肿瘤）的凋亡则没有影响[9]。2011 年，Tatarov 等测试了 100mT 稳态磁场对乳腺肿瘤细胞 EpH4-MEK-Bcl2 荷瘤小鼠的影响，结果显示小鼠每天暴露于磁场 3 小时或 6 小时，连续曝磁 4 周会抑制肿瘤生长；而每天只曝磁 1 小时则不受影响[10]。此项研究结果说明中等强度的稳态磁场不仅能抑制小鼠乳腺癌细胞的生长，而且证明抑制程度与曝磁时间直接相关[10]。2015 年，Zafari 等研究了人宫颈癌 HeLa 细胞和成纤维细胞分别在 5mT、10mT、20mT 和 30mT 稳态磁场作用下的生存能力，曝磁时间范围为 24～96 小时，结果显示随着稳态磁场强度和曝磁时间的增加，HeLa 细胞的死亡率和增殖率与成纤维细胞相比均明显增加[11]。因此，从目前报道的多项关于稳态磁场对癌细胞和正常细胞生长的影响效应研究结果来看，稳态磁场能够抑制多种癌细胞的生长而对正常细胞的影响较小，相关结果总结如表 6.1 所示。

表 6.1 多项细胞水平研究表明癌细胞对稳态磁场反应更敏感

	细胞	稳态磁场强度	处理时间	细胞效应	文献
人癌细胞	结肠癌细胞 WiDr	3～30mT	曝磁 20 分钟＋释放 3 小时	凋亡增加	[2]
	结肠癌细胞 WiDr 和乳腺癌细胞 MCF-7	3mT 稳态磁场＋3mT 50Hz 工频磁场	曝磁 20 分钟＋释放 3 小时	凋亡增加	[2]
	WiDr 细胞荷瘤小鼠	0～5mT（稳态磁场＋50Hz 工频磁场）	70 分钟/天，连续 4 周	肿瘤生长抑制	[2]
	P53 突变型 Jurkat 细胞	6mT	24～72 小时	诱导凋亡，细胞周期变化呈时间依赖性	[5]
	Jurkat 细胞	4.75T	1 小时	细胞增殖降低	[3]
	黑色素瘤细胞 HTB 63、卵巢癌细胞 HTB 77IP3、淋巴瘤细胞 CCL 86 和 Raji	7T	64 小时	细胞数目减少	[1]
	结肠癌细胞 HCT116、鼻咽癌细胞 CNE-2Z	1～9T	3 天	细胞增殖降低	[7]
人正常细胞	人外周血单核细胞（PBMC）	4.75T	1 小时	无影响	[3]
	胚胎肺成纤维细胞 MRC-5	3mT 稳态磁场＋3mT 50Hz 工频磁场	曝磁 20 分钟＋释放 3 小时	无影响	[2]
啮齿动物癌细胞	大鼠垂体瘤细胞 GH3	0.5T	4 周	减少肿瘤细胞生长但增加细胞体积	[4]
啮齿动物正常细胞	中国仓鼠卵巢细胞 CHO	1～9T	3 天	无影响	[7]
	中国仓鼠卵巢细胞 CHO	10T	4 天	无影响	[12]
	中国仓鼠卵巢细胞 CHO	13T	3～5 小时	无影响	[13]

注：现有文献显示很多癌细胞能被稳态磁场抑制而正常细胞所受影响不大。对于表中的不同细胞类型，我们按照研究中所用的磁场强度升序来排列。在这些研究中，除了文献［2］中是工频磁场联合了稳态磁场，其余均为单独使用稳态磁场

如上所述，在之前大多数研究中，每项单独的实验都只测试了一种或少数几种细胞，从而限制了人们对于不同种类细胞在稳态磁场下的生物学效应的全面了解。最近，我们课题组系统性地研究了 15 种不同类型的细胞，包括 12 种人源细胞（7 株癌细胞和 5 株正常细胞）和 3 种啮齿动物细胞。为了更接近于临床上磁共振成像患者（大多在 0.5～3T）以及磁疗中（大多在几十 mT 到 1T 之间）所接触到的磁场强度，我们选择了 1T 的稳态磁场。并且，为了得到客观可重复性的实验结果，两位研究人员分别进行了独立实验，并且重复实验至少 3 次，然后将所得实验结果进行汇总和统计分析。经仔细分析后我们发现，大多数实体瘤细胞（7 种中的 6 种）在高密度接种时，它们的生长会被 1T 稳态磁场所抑制，而我们所测的 5 种人正常细胞的数目则不受 1T 稳态磁场的抑制（表 6.2）。由此可见，稳态磁场对于细胞增殖的影响不仅与细胞类型相关，细胞

接种密度（铺板密度）也起了不可忽视的作用[14]。

表 6.2　对于 15 种细胞系的系统性研究表明细胞类型和铺板密度
都能够影响 1T 稳态磁场对细胞的作用

	细胞系名称	细胞类型	1T 稳态磁场对细胞数目的影响	
			高细胞密度	低细胞密度
人实体瘤细胞	CNE-2Z	人鼻咽癌细胞	减少	增多
	HCT116	人结肠癌细胞	减少	不影响
	A431	人皮肤癌细胞	减少	不影响
	A549	人肺癌细胞	减少	不影响
	MCF7	人乳腺癌细胞	减少	增多
	PC3	人前列腺癌细胞	减少	不影响
	EJ1	人膀胱癌细胞	不影响	增多
人非肿瘤细胞	HSAEC2-KT	人正常肺细胞	增多	增多
	HSAEC30-KT	人正常肺细胞	增多	不影响
	HBEC30-KT	人正常肺细胞	增多	增多
	RPE1	人视网膜色素上皮细胞	不影响	不影响
	293T	胚胎肾细胞	不影响	不影响
啮齿动物细胞	CHO	中国仓鼠卵巢细胞	不影响	不影响
	CHO-EGFR	转染了 EGFR 的中国仓鼠卵巢细胞	减少	增多
	NIH-3T3	小鼠胚胎纤维细胞	减少	不影响

注：实验中使用了 7 种人实体癌细胞、5 种人正常细胞和 3 种啮齿动物细胞。细胞铺板后第二天开始加磁，1T 稳态磁场作用 2 天。高密度组为 $(4\sim5)\times10^5$ 细胞/毫升，实验结束时对照组细胞长满 100%；低密度组为 0.5×10^5 细胞/毫升，实验结束时对照组细胞大约长满 50%。两位研究人员分别进行了独立实验，共重复 3~4 次（实验结果摘自于文献 [14]）

6.2.2　稳态磁场通过改变 EGFR 取向并抑制其激酶活性来抑制癌细胞增殖

之前我们已经提到，多项研究显示，稳态磁场能够抑制一些癌细胞的增殖而对正常细胞影响较小，然而机制并不清楚。鉴于很多类型的癌细胞会在接收到酪氨酸激酶（RTK）信号后增殖，一些学者研究了稳态磁场对表皮生长因子受体（EGFR）的影响[15-17]。从目前报道的结果来看，不管是 0.4mT 50Hz 的工频磁场还是 2μT 1.8GHz 的射频磁场均能够促进 EGFR 的磷酸化；然而有趣的是，这种效应却能被相同磁场强度的非相干磁场（也称为"噪声磁场"）所逆转[16,17]。这些结果不仅证明 EGFR 可能是磁场作用于细胞的一个分子靶标，而且显示不同类型的磁场对 EGFR 活性的影响不同。然而，EGFR 是否真能被稳态磁场所影响及磁场影响 EGFR 的机制仍是未知。近期，我们检测了稳态磁场作用于 EGFR 的效应，体内和体外实验均表明中等和强稳态磁场确实能够抑制

EGFR 的活性，并且其抑制程度与磁场强度相关[7]（图 6.1（a））。我们使用了扫描隧道显微镜（STM）（图 6.1（b））和分子动力学模拟（MD）的方法进一步研究了其潜在机制（图 6.1（c）），发现稳态磁场能够通过改变 EGFR 激酶结构域的取向，干扰 EGFR 单体之间正确的相互作用，进而抑制其活性。并且，在生长不受 0.05T、1T 或 9T 稳态磁场影响的中国仓鼠卵巢细胞（CHO）里转入 EGFR 之后，细胞变得对稳态磁场敏感，其细胞生长开始受到 1T 和 9T 磁场的影响（图 6.1（d））。因此，虽然我们意识到 EGFR 不是磁场作用于细胞的唯一靶点，但它确实是稳态磁场抑制癌细胞增殖的关键调控因子之一。同时，我们仍需进一步探索这些不同类型的磁场造成 EGFR 活性变化差异的分子机制。

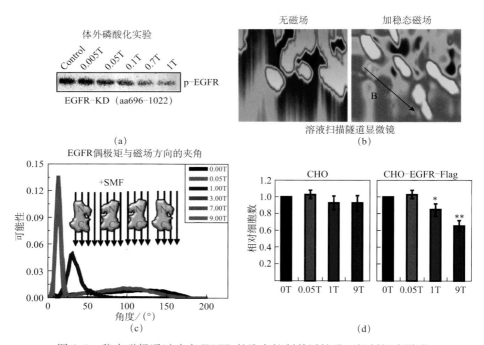

图 6.1　稳态磁场通过改变 EGFR 的取向抑制其活性进而抑制细胞增殖

（a）体外激酶活性实验显示中等强度的稳态磁场能够抑制 EGFR 激酶结构域的自磷酸化。图中显示了磷酸化 EGFR 的蛋白印迹结果，使用的磁场强度范围是 0.005～1T，孵育时间为 10 分钟。（b）溶液扫描隧道显微镜（STM）结果表明 0.4T 稳态磁场能够改变 EGFR 激酶结构域的取向。（c）理论计算显示 EGFR 激酶结构域偶极矩平行于稳态磁场方向的概率与磁场强度成正比。（d）CHO 细胞的细胞数不受 0.05T、1T 或 9T 稳态磁场的影响，而过表达 EGFR-Flag 的 CHO 细胞在 1T 或 9T 稳态磁场作用下细胞数目却显著减少。磁场处理时间均为 3 天，$*p < 0.05$；$**p < 0.01$（图片摘自文献 [7]）

我们的实验结果显示，来源于同一组织的癌细胞和正常细胞对于稳态磁场的反应完全不同。当肺癌细胞 A549 以高密度接种时，其生长能够被 1T 稳态磁场所抑制；而正常的肺细胞在同等密度下却被 1T 稳态磁场促进增殖（表 6.2）。我们检测了这些细胞的 EGFR-mTOR-Akt 通路，发现在肺癌细胞 A549 和正常肺细胞 HSAEC2-KT 中这些通路蛋白的表达和活性完全不同（图 6.2）[14]。肺癌细胞 A549 的 EGFR 蛋白、mTOR 蛋白和 Akt 蛋白的表达和磷酸化水平均远远高于正常肺细胞 HSAEC2-KT。因此，结合上面的 EGFR 实验[7]，我们推断 EGFR-mTOR-Akt 通路可能是稳态磁场差异性调控不同类型细胞增殖的关键因素之一。另外，值得一提的是，细胞铺板密度也以不同的模式影响肺癌细胞 A549 和正常肺细胞 HSAEC2-KT（图 6.2）。高密度培养的肺癌细胞 A549 的 EGFR 和 4EBP1 的表达和磷酸化水平要明显高于低密度培养的 A549 细胞，而在正常肺细胞 HSAEC2-KT 中却没有这种现象。以上这些结果综合表明：EGFR-mTOR-Akt 通路可能是细胞类型依赖性和细胞密度依赖性的稳态磁场效应的关键调控因子之一。

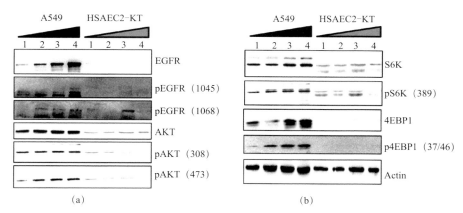

图 6.2　EGFR-mTOR-Akt 信号通路蛋白的表达和磷酸化水平在肺癌细胞 A549 和
正常肺细胞 HSAEC2-KT 中以及受细胞密度的影响情况均不同

肺癌细胞 A549 和正常肺细胞 HSAEC2-KT 分别以 4 种不同的密度接种，第二天收样进行免疫印迹实验
（图片摘自文献［14］，"1"代表最低铺板密度，"4"代表最高铺板密度）

6.2.3　稳态磁场和细胞分裂

除了 EGFR，还有其他细胞成分在稳态磁场抑制细胞生长效应中发挥不可或缺的作用，如细胞分裂。细胞分裂是导致肿瘤无限增殖的关键步骤，因此干扰细胞分裂可以抑制肿瘤生长。事实上，市场上已经有很多靶向于细胞分

裂的化学药物，如紫杉醇等。并且，癌细胞和正常细胞对细胞周期紊乱的响应会呈现差异性。例如，人正常细胞和癌细胞在微管药物的作用下表现出极其不同的生存差异[18]。Brito 和 Rieder 发现诺考达唑和紫杉醇这两种微管药物可以杀死大量的人宫颈癌 HeLa 细胞和人骨肉瘤 U2OS 细胞，但是对于非肿瘤细胞 RPE1 的影响却小很多。93％的 HeLa 细胞和 46％的 U2OS 细胞可以被接近于临床用药浓度的 5nM 的紫杉醇杀死，而该浓度下却只有 1％的 RPE1 非肿瘤细胞会死亡，而且不同类型的癌细胞对微管药物的响应也不同[18]。此外，同样干扰一个对细胞周期调控等多个过程起重要作用的蛋白激酶 PLK1（polo 样激酶），在 HeLa 细胞中引起了显著的细胞增殖和周期异常，但是对非肿瘤 RPE1 和 MCF10A 乳腺细胞的影响却很小[19]。因此，靶向于微管或者细胞周期的药物可以在癌细胞和正常细胞，甚至是不同类型的癌细胞中产生截然不同的效果。

有丝分裂纺锤体主要由微管组成，是控制整个细胞分裂的关键。众所周知，微管本身可以被稳态磁场所影响，近期的证据显示细胞分裂也可以受稳态磁场影响（已在本书第 4 章中讨论）。虽然迄今为止大多数结果表明稳态磁场不会影响细胞的整体细胞周期分布，但是我们的结果却表明，将 1T 稳态磁场的作用时间延长至 7 天时，HeLa 细胞中不正常的纺锤体比例以及有丝分裂指数会增加（已在第 4 章中讨论）；并且，我们还发现 1T 稳态磁场能够增加有丝分裂期的持续时间（图 6.3）。我们通过细胞同步化实验（图 6.3（a））进一步证明，1T 稳态磁场推迟了细胞走出有丝分裂期（图 6.3）。在没有磁场时，大部分双胸苷同步化的细胞在胸苷释放后 12 小时走出有丝分裂期，而在 1T 稳态磁场作用下胸苷释放 12 小时后仍还有很多细胞停留在有丝分裂期（图 6.3（c），（d）和（e））。

虽然目前对于癌细胞和正常细胞在稳态磁场作用下的差异性响应机制的认识仍然很片面，但是稳态磁场干扰微管会对大多数分裂中的细胞产生广泛的影响。同时我们需要注意的是，尽管 EGFR 和细胞分裂很重要，它们却并不是导致各类型细胞受稳态磁场差异性影响的唯一因素，可能还有其他因素参与。例如，Short 等发现 4.7T 稳态磁场可以改变人恶性肿瘤细胞的黏附性，而对正常人纤维细胞无影响[20]，这说明癌细胞和正常细胞在稳态磁场作用下的细胞黏附性的变化不同。此外，还应该仔细研究其他方面的因素影响，如细胞代谢、线粒体功能、ROS（活性氧簇）应答和 ATP 水平等，这些都有可能造成癌细胞中和正常细胞中差异性变化。目前，我们课题组正致力于这些课题的研究，希望在不久的将来对此能够有更深入更全面的理解。

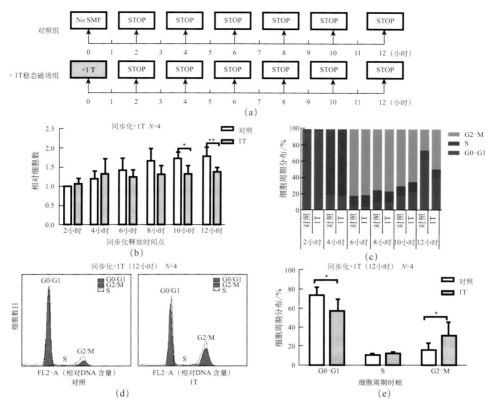

图 6.3　1T 稳态磁场会推迟细胞走出有丝分裂并减少宫颈癌 HeLa 细胞的数目

(a) 示意图显示双胸苷同步化 HeLa 细胞释放后，分别用 1T 稳态磁场处理 2 小时、4 小时、6 小时、8 小时、10 小时和 12 小时，同时设立不加磁对照。"STOP"代表收取细胞进行分析时的时间点。(b) 相应时间点的细胞计数。细胞数目已归一化到对照组（2 小时的时间点）。(c) ～ (e) 流式分析结果显示 1T 稳态磁场推迟细胞走出有丝分裂期，其中 (c) 为 HeLa 细胞的周期分布图，(d) 流式细胞术结果显示 1T 稳态磁场处理 12 小时后处于 G2/M 期细胞的比例增加，(e) 是 (d) 的三次独立实验的定量结果。利用 student t 检验方法对比分析对照组和稳态磁场处理组，数据均代表平均值±方差。* $p < 0.05$；** $p < 0.01$（图片摘自文献 [21]）

6.2.4　稳态磁场和肿瘤微循环

一些研究表明，中等强度稳态磁场可以抑制肿瘤血管生成和微循环，从而抑制体内肿瘤的生长。例如，2008 年 Strieth 等发现 600mT 以下的稳态磁场可以抑制 A-Mel-3 肿瘤在叙利亚金黄地鼠的背皮褶室内的生长。他们发现大约 150mT 稳态磁场的短时间处理就可以明显减慢肿瘤微血管内的红细胞流速（vRBC）和阶段性血流；而在 587mT 稳态磁场作用下，红细胞流速会可逆性降低，功能性血管的密度也会降低；并且当磁场暴露时间由 1 分钟延长至 3 小时后效果更明显[22]。另外，稳态磁场不仅能够减慢肿瘤血管的血液流速，而且可以激活并增加血小板的黏附[22]。2009 年，Strelczyk 等评估了延长磁场处理时间对肿瘤血管生成和生长的效应，结果显示 586mT 稳态磁场处理 3 小时可以有效减少功能性血管的密度、直径以及红细胞流速进而抑制肿瘤血管生成和生长[23]。并且，磁场处理组水肿增加，这预示着稳态磁场会增加肿瘤微血管的渗漏。2014 年，该课题组进一步研究发现 587mT 稳态磁场可以在携带 A-Mel-3 肿瘤的仓鼠体内增加肿瘤微血管的通透性[24]（图 6.4）。异硫氰酸荧光素（FITC）-葡聚糖标记的功能性肿瘤微血管在稳态磁场作用后大量减少，特别是重复曝磁组，这可能是因为肿瘤血管生成受到了抑制，这项结果十分有趣，但也在意料之中。然而，不管是单次曝磁或重复曝磁，血管渗漏均会明显增加，只是重复曝磁的效果更强，因此该文章作者认为肿瘤血管通透性的增强有可能是磁场增强化疗药物紫杉醇药效的原因（图 6.5）[24]。

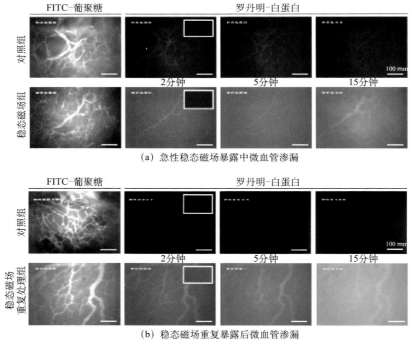

图 6.4　587mT 稳态磁场导致携带 A-Mel-3 肿瘤的仓鼠体内肿瘤微血管的通透性增加

在肿瘤细胞植入的第 10 天，FITC-葡聚糖标记之后，以及罗丹明标记的白蛋白注射之前，选择感兴趣的代表性区域，来突出功能性肿瘤微血管。对照组的血管外室荧光标记的白蛋白会持续微量增加，而曝磁组的增加更为明显。（a）磁场处理时荧光显微镜检测分析体内的微血管渗漏。在整个体内的微血管通透性评估的第 10 天将动物用 587mT 稳态磁场处理，并设立对照组。（b）在肿瘤植入后的第 5、7 和 9 天分别将动物曝磁于 587mT 稳态磁场，每次 3 小时，然后进行活体荧光显微镜检测。反复曝磁的微血管渗漏会更明显，尽管这可能与功能性血管密度明显降低相关（图片摘自文献 [24]）

另外一个课题组的研究结果也表明稳态磁场可以影响血管生成。2009 年，商澎课题组发现 0.2～0.4T 的梯度稳态磁场（2.09T/m，磁场处理时间 1～11 天）在体外可以影响人脐静脉内皮细胞（HUVECs）的血管生成，磁场处理 24 小时后 HUVECs 的增殖被明显抑制；并且，体内实验显示其也能抑制鸡胚绒毛尿囊膜（CAM）和基质胶小室两个模型的血管生成，而且这两项体内模型的血管生成在曝磁 7 天或 11 天后减慢[25]。尽管这项研究采用的并不是肿瘤相关模型，但其结果可以说明中等强度的稳态磁场能够抑制血管生成，这也与 Strieth 及合作者们的报道一致[22,23]。总体说来，这些报道都说明 0.1～0.6T 稳态磁场可以减慢一些动物模型的血管生成，预示它们在体内也许能够抑制肿瘤生长。然而，为了确定该效应，我们还需要研究更多的磁场强度和更多类型的肿瘤模型来进一步确认。

6.3　稳态磁场与其他治疗方法联合使用

6.3.1　稳态磁场和化疗药物联合使用

已有一些研究表明，中等强度的稳态磁场也许在肿瘤治疗中可以作为化疗的辅助方法[6,7,9,21,24,26~30]。多项实验表明稳态磁场和化疗药物的联合，与稳态磁场单独处理或化疗药物单独处理相比，稳态磁场与化疗药物联合可以提高多种化疗药物的抑瘤效果。例如，2014 年 Gellrich 等发现，587mT 稳态磁场可以抑制肿瘤血管生成并增加血管的通透性，从而显著增加化疗药物紫杉醇的抑瘤效果（图 6.5）[24]。我们课题组的研究也表明，1T 中等强度稳态磁场可以增强 mTOR 抑制剂、EGFR 抑制剂、Akt 抑制剂、紫杉醇和 5-Fu 等的抑瘤效果[6,7,14,21]。在白血病细胞 K562 及其荷瘤小鼠中，化疗药物阿奇霉素的抑瘤效果可以被 110mT 或 8.8mT 的稳态磁场所增强[26,28]。另外，8.8mT 稳态磁场也可以提高化疗药物紫杉醇对白血病细胞 K562 的药效[29]。对于白血病细胞 HL-60 而言，1T 稳态磁场与 4 种化疗药物的混合物（5-Fu，顺铂，多柔比星和长春新碱）联合具有更好的组合效应[27]。2006 年，Ghibelli 等的报道表明 1T 稳态磁场增加了抗肿瘤药物诱导的人体肿瘤 U937 细胞的凋亡率，而对单核白细胞的凋亡率没有影响[9]；这暗示着稳态磁场和化疗药物联用可能更优先作用于肿瘤细胞，而非正常细胞，不过这一点还需要更多的证据来进行证实。还有学者提出稳态磁场可以增加细胞膜的通透性，从而允许更多的药物进入细胞[24,31,32]。鉴于稳态磁场可以影响脂质分子的排列（已在本书第 3 章中讨论），因此这个解释是比较合理、令人信服的，而且完全能够解释稳态磁场和化疗药物的联合效应。然而令人费解的是，稳态磁场并不是简单地促进所有化疗药物的效果。例如，Vergallo 等发现 31.7～

232mT 稳态磁场并不能增加顺铂对人神经母细胞瘤细胞 SH-SY5Y 的抗癌作用[33]。事实上，我们实验室前期在宫颈癌细胞 HeLa、结肠癌细胞 HCT116、鼻咽癌细胞 CNE-2Z 和乳腺癌细胞 MCF7 这 4 株人源癌细胞系中比较了稳态磁场和几种化疗药物的联用效果，结果表明 1T 稳态磁场可以增加 5-Fu 和 5-Fu＋紫杉醇的抗癌效应，而对顺铂却没有影响[21]，与 Vergallo 等的发现一致。这预示着稳态磁场和化疗药物的组合可能是药物特异性或者是细胞类型特异性的。

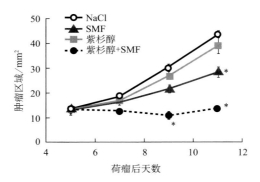

图 6.5　稳态磁场和化疗药物紫杉醇联合使用抑制肿瘤生长

2014 年，Gellrich 等检测了 587mT 稳态磁场单独使用或与化疗药物紫杉醇联用对携带 A-Mel-3 肿瘤的仓鼠的抑瘤效果。经过三轮处理，虽然单独的曝磁组能抑制肿瘤生长，但是联合治疗组的肿瘤生长更为缓慢。实验中在肿瘤植入后的第 5 天随机将仓鼠分为四组，每组 6 只；并在第 5 天、第 7 天和第 9 天接受磁场或药物处理。"紫杉醇＋稳态磁场"组在 587mT 稳态磁场下作用 120 分钟，并在此期间持续静脉注射紫杉醇 90 分钟；"紫杉醇"组只单独持续静脉注射紫杉醇 90 分钟，无磁场处理；"稳态磁场"组只曝磁于 587mT 稳态磁场下 120 分钟，不注射紫杉醇；"氯化钠"组使用与其他组同等体积的 0.9％氯化钠持续静脉注射 90 分钟（图片摘自文献 [24]）

　　然而需要指出的是，从现有报道的实验结果来看，顺铂和稳态磁场组合的效果并不完全一致。尽管我们和 Vergallo 等都发现稳态磁场不仅不能增加顺铂的效果，还可能有一定的拮抗效应，但是还有一些报道的结论和我们相反。例如，研究者们发现稳态磁场可以增加顺铂对小鼠 lewis 肺癌细胞[31]和白血病 K562 细胞[34]的抑制效果。我们认为这主要归因于不同实验中所使用的磁场强度（从几毫特斯拉到几百毫特斯拉）或细胞类型的差异，如我们前面所讨论的，这两个因素都可以直接影响磁场效应。具体说来，可能 1～10mT 稳态磁场可以增加顺铂的抗肿瘤效果[31,34]，而在我们[21]以及 Vergallo 等[33]的研究中使用的磁场强度则分别达到了 1T 和 31.7～232mT，所以更强的磁场强度效应可能相反。不过，接下来我们需要进一步研究不同强度的稳态磁场联合顺铂在不同类型细胞里的联合效应和确切的机制。

　　事实上，据文献报道，磁场强度和细胞类型都会影响稳态磁场和药物的组合效果。在不同类型的人细胞中，不同强度的稳态磁场（从 6 高斯开始）能够降低某些试剂诱发的以凋亡方式死亡的细胞死亡率，该效应主要是通过调节钙离子内流引起，并具有磁场强度依赖性[35]，也是磁场强度影响稳态磁场和药物联合效果的最直接证据。对于细胞类型引发的差异，最好的例子则是 2003 年 Aldinucci 等的研究，他们将不同类型的细胞分别与磁共振装置产生的 4.75T 稳态磁场和 0.7mT 脉冲电磁场组合使用 1 小时，结果显示 T 淋巴细胞 Jurkat 细胞曝磁后细胞内钙离子水平显著降低[3]，而在正常细胞或 PHA 改变的淋巴细胞里钙离子水平会升高[36]。2006 年，Ghibelli 等比较了 1T 和 6mT 两种磁场强度，以及四种细胞（两株癌细胞：人白血病单核细胞淋巴瘤 U937 和 T 淋巴细胞 Jurkat；两株正常细胞：人单核细胞和淋巴细胞）[9]。结果如我们在第 4 章中讨论的，两种强度的稳态磁场都不能诱发这四株细胞的凋亡。然而有趣的是，1T 稳态磁场却能够促进嘌呤霉素（PMC）诱导的 U937 细胞的凋亡（图 6.6），而对其他三株细胞没有影响[9]；而 6mT 的稳态磁场不但不能增加以上任何一株

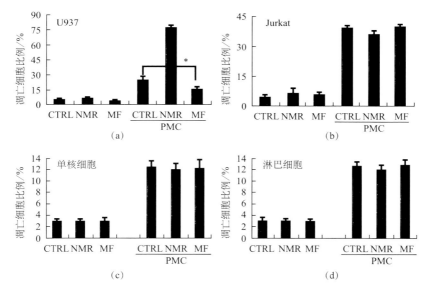

图 6.6　稳态磁场和药物的联合效应具有磁场强度和细胞类型依赖性

CTRL：对照；NMR：1T 稳态磁场；MF：6mT 稳态磁场；PMC：嘌呤霉素 10 微克/毫升。四种不同类型的细胞（两株癌细胞：人白血病单核细胞淋巴瘤 U937 和 T 淋巴细胞 Jurkat；两株正常细胞：人单核细胞和淋巴细胞）进行稳态磁场和嘌呤霉素处理 3～5 小时，收样后检测细胞凋亡。1T 稳态磁场促进了嘌呤霉素对 U937 细胞的诱导效果，而对其他三株细胞没有影响；而 6mT 的稳态磁场却抑制了嘌呤霉素诱导的 U937 细胞凋亡，而对另外三株细胞无影响（转载于文献 [9]。版权所有）

细胞中 PMC 诱导的细胞凋亡，相反却降低了 PMC 诱导的 U937 细胞的凋亡（图 6.6）[9]。接着，Tenuzzo 等将 6mT 稳态磁场和多种凋亡诱导剂（放线菌酮、双氧水、嘌呤霉素、热休克、依托泊苷）联合使用，比较了它们作用于人淋巴细胞、小鼠淋巴细胞和 3DO、U937、HeLa、HepG2 和 FRTL-5 等细胞的效应。结果表明 6mT 稳态磁场对凋亡的影响是具有细胞类型及磁场处理时间依赖性的[37]。总之，以上研究显示，稳态磁场与药物的联合效用与磁场强度、磁场处理时间和细胞类型均相关。

除了磁场强度和细胞类型，细胞铺板密度和化疗药物的浓度同样会影响化疗药物和稳态磁场的组合效果。例如，在一些人实体瘤细胞（如乳腺癌 MCF-7、结肠癌 HCT116 和鼻咽癌 CNE-2Z）中，1T 稳态磁场确实能够增强一些化疗药物（5-Fu，紫杉醇）的效果，但仅仅是在一定的药物浓度范围内[21]。另外，我们最近将研究范围由实体瘤扩展到了白血病细胞，与我们前期检测的大多数实体瘤细胞不同，人白血病 K562 细胞在低密度时生长受到 0.5T 稳态磁场抑制，而高浓度时没有影响（图 6.7（a））。因此，我们进一步在低细胞密度下检测了 0.5T 稳态磁场和长春新碱的联合效应，虽然效果比较微弱，但是在 K562 细胞中稳态磁场确实能够增加长春新碱（使用了 0.5nM、1nM 和 2nM 三个浓度）的药效（图 6.7（b））。其机制还需进一步进行研究。

总体来说，虽然大多数情况下稳态磁场能够增加化疗药物的药效，然而也有例外情况，即稳态磁场和一些化疗药物之间并没有协同效应或相加效应（表 6.3）。这些效应之间的差异可能是由细胞类型、磁场强度或药物类型的差异引起的，因此，不同场强的稳态磁场和不同种类的化疗药物在不同类型的癌细胞中的组合效应研究亟待进一步开展。该领域的发展不仅有助于探索稳态磁场和化疗药物的潜在应用，而且可以警示正在使用某些化疗药物（如顺铂等）的患者，以免他们频繁暴露于医院的磁共振成像或其他类型的磁体装置。

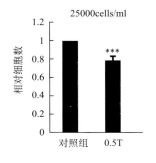
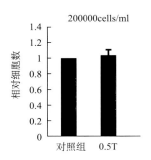

(a)

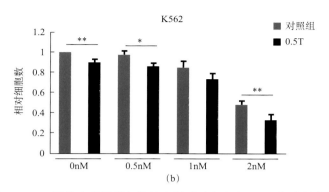

图 6.7　0.5T 稳态磁场增加了长春新碱对白血病 K562 细胞的药效

（a）两种不同铺板密度的 K562 细胞对 0.5T 稳态磁场的反应不同。细胞以 25000 或 200000 个细胞/毫升接种，第二天开始置于 0.5T 稳态磁场下曝磁 2 天，并设立不曝磁的对照组，两天后计数分析细胞数目。（b）0.5T 稳态磁场增加了长春新碱对 K562 细胞的药效。细胞以 25000 或 200000 个细胞/毫升接种，12 小时后开始添加不同浓度的长春新碱联合，并置于 0.5T 稳态磁场下曝磁 2 天，2 天后计数分析细胞数目。实验中使用的 0.5T 稳态磁场为 5cm×5cm×5cm 规格的钕铁硼永磁体，我们将细胞培养板放在磁体的正上方，磁铁 N 极朝上。对照组远离永磁体至少 30～40cm 的距离放置，高斯计显示约有 0.9Gs 的强度，要远远低于 0.5T 实验组（5000 倍）。实验由两名研究人员独立完成，共重复 3 次。

* $p<0.05$；** $p<0.01$；*** $p<0.005$（本实验室未发表的数据，图由研究人员纪新苗和查蒙提供）

表 6.3　现有文献中关于稳态磁场和不同化疗药物、
细胞毒性药物在不同细胞中联合使用的效果总表

细胞系/动物模型	化学药物	稳态磁场强度	药物效果	文献
Lewis 肺癌荷瘤小鼠	顺铂	3mT	增强	[31]
T 细胞淋巴瘤 3DO 细胞	放线菌酮、嘌呤霉素	6mT	增强	[37]
白血病细胞 K562	顺铂	8.8mT	增强	[34]
小鼠移植性乳腺肿瘤	阿霉素	8.8mT	增强	[28]
白血病细胞 K562	紫杉醇	8.8mT	增强	[29]
白血病细胞 K562	阿奇霉素	110mT	增强	[26]
白血病细胞 K562	长春新碱	500mT	增强	未发表数据，图 6.7
携带 A-Mel-3 肿瘤的仓鼠	紫杉醇	587mT	增强	[24]
鼻咽癌细胞和结肠癌细胞	mTOR 抑制剂	1T	增强	[6]
鼻咽癌细胞和结肠癌细胞	EGFR 抑制剂阿法替尼	1T	增强	[7]
鼻咽癌细胞和结肠癌细胞	紫杉醇和 5-Fu	1T	增强	[21]
白血病细胞 HL-60	5-Fu、顺铂、多柔比星和长春新碱混合物	1T	增强	[27]
人肿瘤 U937 单核细胞	嘌呤霉素、依托泊苷、过氧化氢	1T	增强	[9]
人鼻咽癌细胞	AKT 抑制剂（MK2206、BEN-235）	1T	增强	[31]
正常人单核细胞、淋巴细胞和肿瘤 Jurkat 细胞	嘌呤霉素	6mT 和 1T	无影响	[37]

续表

细胞系/动物模型	化学药物	稳态磁场强度	药物效果	文献
B16 黑色素性黑色素瘤	环磷酰胺	3mT	无影响	[9]
淋巴细胞、胸腺细胞、U937 淋巴瘤细胞、肝癌细胞 HepG2、宫颈癌细胞 HeLa、大鼠甲状腺细胞 FRTL-5	环磷酰胺、嘌呤霉素	6mT	降低	[37]
人 U937 肿瘤单核细胞	嘌呤霉素	6mT	降低	[9]
人神经母细胞瘤 SH-SY5Y 细胞	顺铂	31.7~232mT	降低	[33]
人鼻咽癌细胞、乳腺癌细胞、宫颈癌细胞和结肠癌细胞	顺铂	1T	降低	[21]

注：蓝色代表稳态磁场增强药效；灰色代表没有联合效应；粉红色代表稳态磁场降低药效

6.3.2 稳态磁场和工频磁场联合[①]

大量研究表明，稳态磁场和工频磁场联用能够抑制癌细胞生长[38]（表 6.4）。例如，Tofani 等就稳态磁场和 50Hz 工频磁场的组合效应进行了一系列研究，2001 年，他们发现与单独的稳态磁场组和工频磁场组相比，3mT 稳态磁场和 50Hz 工频磁场联合能够促进更多细胞凋亡[2]；并且更为有趣的是，细胞凋亡只发生在人类结肠腺癌 WiDr 细胞和乳腺癌 MCF-7 细胞两种转化细胞里，而正常细胞 MRC-5 胚胎肺成纤维细胞则没有。同时，他们还研究了 WiDr 细胞移植的裸鼠，在小于 5mT 稳态磁场和工频磁场联合作用 4 周（每周 5 天，每天 70 分钟）后，肿瘤被显著抑制（达 50%）[2]。2002 年，他们又进一步测试了 5.5mT 稳态磁场和 50Hz 工频磁场的组合效应，曝磁频率为 70 分钟/天，连续曝磁 4 周，结果显示这种磁场组合确实具有抗癌潜能，不仅 WiDr 细胞荷瘤裸鼠的存活时间延长了 31%，而且肿瘤被显著抑制（40%）；肿瘤细胞的有丝分裂指数和增殖活性均降低；同时，细胞凋亡率显著增加，免疫反应性 p53 的表达降低[39]。这些研究表明，3mT 以上的稳态磁场＋50Hz 工频磁场可能具有抗癌潜力。相反，与 3mT、10mT 和 30mT 的稳态磁场不同，低强度（如 1mT）的稳态磁场并不能诱导细胞凋亡[2]。他们的结果也能间接证明为何体外培养的星形胶质细胞在被 1mT 稳态磁场和 50Hz 正弦工频磁场联合作用 11 天后毫无变化[40]，这极有可能是因为磁场强度不够高。

表 6.4　现有文献中关于稳态磁场和工频磁场联合在不同细胞系中的效应总表

细胞系/动物模型	工频磁场强度和频率	稳态磁场强度	抗癌效应	参考文献
体外培养的星形胶质细胞	50Hz，1mT	1mT	无效应	[40]
人结肠腺癌细胞 WiDr	50Hz，3mT	3mT	凋亡增加	[2]

---

① 英文原版中此部分应为工频磁场，而非脉冲磁场。

续表

细胞系/动物模型	工频磁场强度和频率	稳态磁场强度	抗癌效应	参考文献
人乳腺癌细胞 MCF-7	50Hz，3mT	3mT	凋亡增加	[2]
胚肺成纤维细胞	50Hz，3mT	3mT	无效应	[2]
WiDr 荷瘤裸鼠	50Hz，5mT	5.5mT	生存时间延长	[39]

注：蓝色代表有抗癌效应，灰色代表无效果

据我们所知，现有研究中与 50Hz 工频磁场联用的都是 1~10mT 的稳态磁场（表 6.4），未见有更高强度的稳态磁场或其他频率磁场联合的报道。目前报道的毫特斯拉稳态磁场和 50Hz 工频磁场联用的抑癌作用是否也可以应用于其他磁场参数（如不同的磁场强度或频率）尚且未知。另外，如我们上面提到的，两株癌细胞 WiDr 和 MCF-7 细胞系在稳态磁场和工频磁场联合下的凋亡率增加，而正常细胞 MRC-5 却无影响，因此细胞类型也会影响最后呈现的效应，因此，我们需要进一步研究其他类型的细胞是否会受这种联合磁场的影响。

6.3.3　稳态磁场和放疗联合

放射疗法是肿瘤治疗的常用方法，其原理是利用高能量的射线杀死癌细胞，从而减小肿瘤的大小。X 射线是目前最常用的，但在一些情况下伽马射线和带电粒子也常被用于肿瘤治疗。近年来，图像引导放射治疗（image-guided radiotherapy，IGRT）日益兴起，它利用了超声、X 射线和计算机断层扫描（computed tomography，CT）等现代成像技术，大大提高了放射疗法的精确性和准确性。这些成像技术在放射治疗前和治疗过程中不但能够提供包括肿瘤的大小、形状、位置，以及周围组织和骨头等信息，而且可以及时修正定位偏差，因此提高了每日放射治疗的精确度。尽管目前 CT 常被用于引导放射治疗，但是磁共振成像（MRI）引导的放射疗法却逐渐引起了越来越多的关注。这不仅是因为 MRI 能够提供更好的软组织对比度，更为重要的是，与 CT 和 X 射线相比，MRI 在引导放射治疗过程中的优势在于它不会给患者带来更多的放射性危害。迄今为止，已经有很多学者正在或已经开始试验 MRI（磁场强度为 0.3~0.5T）指导的放疗。其中，医科达公司宣布计划推出"大西洋"的商业版本，它是由 1.5T MRI 指导的放疗系统，预计将于 2017~2018 年开始应用。

随着 MRI 引导的放射疗法的发展，磁场对电离辐射的潜在影响变得越来越重要。然而，尽管一些证据显示工频磁场（如 50Hz 磁场）可以增强电离辐射对于细胞的效应[41]，但是相应的关于稳态磁场和辐射的组合效应的实验研究却相对匮乏。迄今为止，仅有少量研究检测了稳态磁场和电离辐射的组合效应，其中大多数均显示稳态磁场似乎能够增加放射疗法的效果（表 6.5）。例如，2002年，Nakahara 等报道 10T 稳态磁场单独作用对中国仓鼠卵巢细胞 CHO-K1 的生长、周期分布或微核百分比均没有影响，但是当它与 4Gy（戈瑞，放射剂量单位）的 X 射线联合作用时却能够增加 X 射线导致的微核率[12]。2010 年，Sarvestani 等研究了大鼠骨髓干细胞（BMSC）分别在 15mT 稳态磁场单独作用（5小时）和 0.5Gy X 射线和 15mT 稳态磁场联合作用（先使用 X 射线，然后磁场作用 5 小时）下细胞周期的变化，前者未发现任何改变，而后者显示 15mT 稳态磁场能够进一步增强 0.5Gy X 射线诱导的 G2/M 期细胞比例增加的效应[42]。随后，Teodori 等研究了 80mT 稳态磁场与 X 射线联合作用，以及两者分别单独作用对原发性胶质母细胞瘤的遗传毒性，结果显示 5Gy X 射线会导致大量的 DNA 损伤，而 80mT 稳态磁场却能够显著降低此效应[43]。这项结果与上述报道的 10T 稳态磁场能够促进中国仓鼠卵巢细胞的 DNA 损伤[12]看起来似乎是相矛盾的。然而，笔者认为这种差异可能是细胞类型及磁场强度的不同导致的。2013 年，Politanski 等测试了 X 射线和稳态磁场组合之后对雄性白化 Wistar 大鼠淋巴细胞的活性氧簇（ROS）的效应，发现 3Gy X 射线辐射会使细胞的 ROS增加，并且 5mT 稳态磁场在此基础上会有进一步的增强效应；然而，"0mT"（与地磁场相反的 50μT 磁场感应）却常显示出与 5mT 稳态磁场截然相反的效果[44]。这意味着不同强度的磁场对于辐射诱导效应的影响也不同。因此，不同磁场强度，特别是与磁共振成像接近的磁场强度在不同类型细胞里对辐射诱导效应的影响，以及伽马射线等其他射线类型等，都需要进一步作全面具体的研究。

表 6.5   现有文献中关于稳态磁场和不同剂量 X 射线联合在不同细胞系中的效应总结

细胞系/动物模型	射线剂量	稳态磁场强度	相对于单独放射组的效应	文献
原发性胶质母细胞瘤细胞	5Gy X 射线	80mT	DNA 损伤降低	[43]
中国仓鼠卵巢细胞	1Gy X 射线	10T	无效应	[12]
中国仓鼠卵巢细胞	2Gy X 射线	10T	无效应	[12]
大鼠骨髓干细胞	0.5Gy X 射线	15mT	G2/M 期阻滞增加	[42]
中国仓鼠卵巢细胞	4Gy X 射线	10T	微核增加	[12]

注：蓝色代表稳态磁场降低 X 射线效果；灰色代表没有联合效应；粉红色代表稳态磁场增强 X 射线效果

6.4 患者研究

令人感到有趣并且充满希望的是，众多研究表明时变电磁场在患者水平是有效的，因此被认为是一项新的癌症治疗模式。其中最著名的当属肿瘤治疗电场（TTF 或 TTFields），它是利用低强度、中等频率（100～300Hz）、可变的电磁场通过诱发有丝分裂异常而引起细胞凋亡和死亡，并能够有效抑制多种人类和啮齿类动物肿瘤细胞的生长，而对正常的非分裂期细胞无明显损伤[45~47]。

同时，Barbault 等通过无创生物反馈法研究了不同类型的癌症患者，鉴定出"肿瘤特异性频率"，显示癌症相关频率是肿瘤特异性的，肿瘤特异性频率的治疗是可行的，并且耐受性良好，在晚期癌症患者身上也有疗效[48]。近期，Kim 等通过 TTF 研究了胶质母细胞瘤 U87 和 U373 的转移潜能，结果显示 TTF 影响了细胞内的 NF-κB、MAPK 和 PI3K/AKT 信号通路，并且使 VEGF、HIF1α 和基质金属蛋白酶 2 和 9 下调，这表明 TTF 对于胶质母细胞瘤患者来说是一个新的充满希望的、抗侵袭、抗血管生成的治疗策略[49]。更为重要的是，复发性胶质母细胞瘤患者的 TTF 研究证明，TTF 延长了患者的总生存期（OS），并且没有出现新的副反应[50,51]。正因为这些临床结果，FDA 批准认可 TTF 可以作为复发性或新诊断的胶质母细胞瘤的现有的标准疗法之外的替代疗法。

另一方面，虽然大量的体内外实验显示稳态磁场有抗癌潜力，然而迄今为止它们在临床癌症治疗中的证据却相对缺乏。2003 年，Salvatore 等检测了接受稳态磁场作用的志愿者的白细胞和血小板数目，显示稳态磁场不会增加化疗药物的毒副作用[52]。随后，Ronchetto 等在一项不同剂量的稳态磁场的曝磁研究中检测了 11 例经过"大量治疗"的晚期癌症患者，证实只要根据曝磁时间表的安排，磁场完全可以被安全的应用[53]。尽管这些研究显示稳态磁场在患者水平来说是一种比较安全的方法，但是它们并没有报道磁场本身所引起的治疗效果。而事实上从我国发表的一些论文来看，有学者已经在临床研究中将稳态磁场应用于肿瘤治疗中，具体详见周万松教授的中文综述[54]。从这些结果看来，不管永磁铁是单独使用，还是与工频磁场或放射疗法结合使用，在癌症抑制方面的作用都是积极的，并且其疗效与磁场强度有关。从这些研究中看来 0.2T 及以上的稳态磁场有抗癌效应，而低于 0.1T 的稳态磁场则没有。从笔者的观点来说，虽然这些研究并不符合现代国际科学研究标准（随机、双盲、有对照），但却显示出了稳态磁场的抗癌潜力，因此我们期待更多双盲、符合现代科学研究标准的临床研究来证实他们的结论。

与此同时，由永磁铁组成的旋磁治疗仪的研究也有一些有趣的阳性结果。在这些研究中磁体都以低速旋转，因此被称为"极低频率磁场"[55-58]。例如，2012 年，Sun 等检测了 0.4T、420 转/分钟的旋磁设备对 13 例晚期非小细胞肺癌（NSCLC）患者的生存和一般症状缓解的影响[56]。患者连续接受 6～10 周的磁场处理，每周 5 天，每天 2 小时。接受安慰治疗的患者的中位生存期为 4 个月，而旋磁治疗组却能将其延长至 6 个月，相当于增加了 50%。虽然这比化疗治疗组患者的中位生存期要短（顺铂为 9.1 个月，卡铂为 8.4 个月），但是旋磁治疗却没有额外的毒性或副作用，总体来讲患者症状减轻，生存质量比化疗组高[56]。并且值得注意的是，对于一年生存率来说，旋磁治疗患者达到了

31.7％，这与化疗治疗组非常接近（顺铂为37％，卡铂为34％），而远远高于安慰治疗组（15％）。事实上，目前在我国也有人正在更多的癌症患者身上进行测试，发现旋磁可以对多种类型的晚期癌症患者起到较好的效果（未发表数据），并且对在细胞和老鼠模型上的结果也进行了相应的论证[55,57,58]。另外，还有一些非正式报道宣称旋磁可以作为一种替代疗法。总体来说，虽然这些研究尚处于初步阶段，但是在此领域的探索仍充满希望。鉴于目前对于这些人体研究报道的一个重要批判是缺乏对照，因此，下一步人们需要对更多的磁场参数，如磁场强度、磁场类型（固定或旋转）、曝磁频率和癌症分型等，进行进一步的系统性检测，并且在临床试验中争取做到更严格、控制良好、双盲，来证明磁场在癌症治疗中的有效性。

6.5　结　　论

　　癌症是一种异质性疾病，其复杂性阻碍了有效性和安全性兼顾的治疗方法的发展。本章中所涉及的研究能够帮助我们理解稳态磁场影响癌细胞的机制，以及未来它们在癌症治疗中的潜在应用。但是在机制方面，除了上述的 EGFR、细胞骨架与分裂以及微循环等，还有更多的因素参与其中，包括免疫系统、离子通道、氧化自由基以及代谢等。并且，现有关于稳态磁场作用于癌症的细胞实验和动物模型的研究总体来讲重复性较差，因此进一步系统性地研究不同的磁场处理参数将是十分有益的；同时，尽管已经有了一些作用机制的假说，但是进一步对其进行论证十分必要。总的来讲，虽然我们还需要进行更多的实验研究来证明稳态磁场的安全性和有效性，但是现有的实验结果说明稳态磁场是相对安全的。因此，对于传统治疗方法耐受的肿瘤来讲，了解和开发稳态磁场在未来作为肿瘤辅助疗法的潜能是十分必要的。

参 考 文 献

[1] Raylman，R. R.，A. C. Clavo，and R. L. Wahl，*Exposure to strong static magnetic field slows the growth of human cancer cells in vitro*. Bioelectromagnetics，1996. **17**（5）：p. 358-363.

[2] Tofani，S.，et al.，*Static and ELF magnetic fields induce tumor growth inhibition and apoptosis*. Bioelectromagnetics，2001. **22**（6）：p. 419-428.

[3] Aldinucci，C.，et al.，*The effect of strong static magnetic field on lymphocytes*. Bioelectromagnetics，2003. **24**（2）：p. 109-117.

［4］Rosen，A. D. and E. E. Chastney，*Effect of long term exposure to 0. 5 T static magnetic fields on growth and size of GH3 cells*. Bioelectromagnetics，2009. **30**（2）：p. 114-119.

［5］Ahmadianpour，M. R. ，et al. ，*Static magnetic field of 6 mT induces apoptosis and alters cell cycle in p53 mutant Jurkat cells*. Electromagn Biol Med，2013. **32**（1）：p. 9-19.

［6］Zhang，L. ，et al. ，*1 T moderate intensity static magnetic field affects Akt/mTOR pathway and increases the antitumor efficacy of mTOR inhibitors in CNE-2Z cells*. Sci Bull，2015. **60**（24）：p. 2120-2128.

［7］Zhang，L. ，et al. ，*Moderate and strong static magnetic fields directly affect EGFR kinase domain orientation to inhibit cancer cell proliferation*. Oncotarget，2016. **7**（27）：p. 41527-41539.

［8］Sullivan K，B. A. ，Allen RG. ，*Effects of static magnetic fields on the growth of various types of human cells*. Bioelectromagnetics，2011. **32**（2）：p. 140-147.

［9］Ghibelli，L. ，et al. ，*NMR exposure sensitizes tumor cells to apoptosis*. Apoptosis，2006. **11**（3）：p. 359-365.

［10］Tatarov，I. ，et al. ，*Effect of magnetic fields on tumor growth and viability*. Comp Med，2011. **61**（4）：p. 339-345.

［11］Zafari，J. ，et al. ，*Investigation on the effect of static magnetic field up to 30 mT on viability percent，proliferation rate and IC50 of HeLa and fibroblast cells*. Electromagn Biol Med，2015. **34**（3）：p. 216-220.

［12］Nakahara，T. ，et al. ，*Effects of exposure of CHO-K1 cells to a 10-T static magnetic field*. Radiology，2002. **224**（3）：p. 817-822.

［13］Zhao，G. P. ，et al. ，*Effects of 13T static magnetic fields（SMF）in the cell cycle distribution and cell viability in immortalized hamster cells and human primary fibroblasts cells*. Plasma Sci Technol，2010. **12**（1）：p. 123-128.

［14］Zhang，L. ，et al. ，*Cell type- and density-dependent effect of 1 T static magnetic field on cell proliferation*. Oncotarget，2017. **8**（8）：p. 13126-13141.

［15］Jia，C. ，et al. ，*EGF receptor clustering is induced by a 0. 4 mT power frequency magnetic field and blocked by the EGF receptor tyrosine kinase inhibitor PD153035*. Bioelectromagnetics. ，2007. **28**（3）：p. 197-207.

［16］Sun，W. ，et al. ，*An incoherent magnetic field inhibited EGF receptor clustering and phosphorylation induced by a 50-Hz magnetic field in cultured FL cells*. Cell Physiol Biochem，2008. **22**（5-6）：p. 507-514.

［17］Sun，W. ，et al. ，*Superposition of an incoherent magnetic field inhibited EGF receptor clustering and phosphorylation induced by a 1. 8 GHz pulse-modulated radio frequency radiation*. Int J Radiat Biol，2013. **89**（5）：p. 378-383.

［18］Brito，D. A. and C. L. Rieder，*The ability to survive mitosis in the presence of microtubule poisons differs significantly between human nontransformed（RPE-1）and cancer*

(U2OS，HeLa) cells. Cell Motil Cytoskeleton，2009. **66**（8）：p. 437-447.

[19] Liu，X.，et al.，*Normal cells，but not cancer cells，survive severe Plk1 depletion.* Cell Biol.，2006. **26**（6）：p. 2093-2108.

[20] Short，W. O.，et al.，*Alteration of human tumor cell adhesion by high-strength static magnetic fields.* Invest Radiol，1992. **27**（10）：p. 836-840.

[21] Luo，Y.，et al.，*Moderate intensity static magnetic fields affect mitotic spindles and increase the antitumor efficacy of 5-FU and taxol.* Bioelectrochemistry，2016. **109**：p. 31-40.

[22] Strieth，S.，et al.，*Static magnetic fields induce blood flow decrease and platelet adherence in tumor microvessels.* Cancer Biol Ther，2008. **7**（6）：p. 814-819.

[23] Strelczyk，D.，et al.，*Static magnetic fields impair angiogenesis and growth of solid tumors in vivo.* Cancer Biol Ther，2009. **8**（18）：p. 1756-1762.

[24] Gellrich，D.，S. Becker，and S. Strieth，*Static magnetic fields increase tumor microvessel leakiness and improve antitumoral efficacy in combination with paclitaxel.* Cancer Lett，2014. **343**（1）：p. 107-114.

[25] Wang，Z.，et al.，*Inhibitory effects of a gradient static magnetic field on normal angiogenesis.* Bioelectromagnetics，2009. **30**（6）：p. 446-453.

[26] Gray，J. R.，C. H. Frith，and J. D. Parker，*In vivo enhancement of chemotherapy with static electric or magnetic fields.* Bioelectromagnetics，2000. **21**（8）：p. 575-583.

[27] Sabo，J.，et al.，*Effects of static magnetic field on human leukemic cell line HL-60.* Bioelectrochemistry，2002. **56**（1-2）：p. 227-231.

[28] Hao，Q.，et al.，*Effects of a moderate-intensity static magnetic field and adriamycin on K562 cells.* Bioelectromagnetics，2011. **32**（3）：p. 191-199.

[29] Sun，R. G.，et al.，*Biologic effects of SMF and paclitaxel on K562 human leukemia cells.* Gen Physiol Biophys，2012. **31**（1）：p. 1-10.

[30] Ghodbane，S.，et al.，*Bioeffects of static magnetic fields：Oxidative stress，genotoxic effects，and cancer studies.* Biomed Res Int，2013. **2013**：p. 602987.

[31] Tofani，S.，et al.，*Static and ELF magnetic fields enhance the in vivo anti-tumor efficacy of cis-platin against lewis lung carcinoma，but not of cyclophosphamide against B16 melanotic melanoma.* Pharmacol Res，2003. **48**（1）：p. 83-90.

[32] Liu，Y.，et al.，*An Investigation into the combined effect of static magnetic fields and different anticancer drugs on K562 cell membranes.* Tumori，2011. **97**（3）：p. 386-392.

[33] Vergallo，C.，et al.，*Impact of inhomogeneous static magnetic field（31. 7-232. 0 mT）exposure on human neuroblastoma SH-SY5Y cells during cisplatin administration.* PLoS One，2014. **9**（11）：p. e113530.

[34] Chen，W. F.，et al.，*Static magnetic fields enhanced the potency of cisplatin on k562 cells.* Cancer Biother Radiopharm，2010. **25**（4）：p. 401-408.

［35］Fanelli，C.，et al.，*Magnetic fields increase cell survival by inhibiting apoptosis via modulation of Ca²⁺ influx.* FASEB J，1999. **13**（1）：p. 95-102.

［36］Aldinucci，C.，et al.，*The effect of exposure to high flux density static and pulsed magnetic fields on lymphocyte function.* Bioelectromagnetics，2003. **24**（6）：p. 373-379.

［37］Tenuzzo，B.，et al.，*Biological effects of 6 mT static magnetic fields：A comparative study in different cell types.* Bioelectromagnetics，2006. **27**（7）：p. 560-577.

［38］Tofani，S..，*Electromagnetic energy as a bridge between atomic and cellular levels in the genetics approach to cancer treatment.* Curr Top Med Chem，2015.（15）：p. 6.

［39］Tofani，S.，et al.，*Increased mouse survival，tumor growth inhibition and decreased immunoreactive p53 after exposure to magnetic fields.* Bioelectromagnetics，2002. **23**（3）：p. 230-238.

［40］Bodega，G.，et al.，*Acute and chronic effects of exposure to a 1-mT magnetic field on the cytoskeleton，stress proteins，and proliferation of astroglial cells in culture.* Environ Res，2005. **98**（3）：p. 355-362.

［41］Francisco，A. C.，et al.，*Could radiotherapy effectiveness be enhanced by electromagnetic field treatment?* Int J Mol Sci，2013. **14**（7）：p. 14974-14995.

［42］Sarvestani，A. S.，et al.，*Static magnetic fields aggravate the effects of ionizing radiation on cell cycle progression in bone marrow stem cells.* Micron，2010. **41**（2）：p. 101-104.

［43］Teodori，L.，et al.，*Static magnetic fields modulate X-ray-induced DNA damage in human glioblastoma primary cells.* J Radiat Res，2014. **55**（2）：p. 218-227.

［44］Politanski，P.，et al.，*Combined effect of X-ray radiation and static magnetic fields on reactive oxygen species in rat lymphocytes in vitro.* Bioelectromagnetics，2013. **34**（4）：p. 333-336.

［45］Kirson，E. D.，et al.，*Disruption of cancer cell replication by alternating electric fields.* Cancer Res，2004. **64**（9）：p. 3288-3295.

［46］Pless，M. and U. Weinberg，*Tumor treating fields：Concept，evidence and future.* Expert Opin Investig Drugs，2011. **20**（8）：p. 1099-1106.

［47］Davies，A. M.，U. Weinberg，and Y. Palti，*Tumor treating fields：A new frontier in cancer therapy.* Ann N Y Acad Sci，2013. **1291**：p. 86-95.

［48］Barbault，A.，et al.，*Amplitude-modulated electromagnetic fields for the treatment of cancer：Discovery of tumor-specific frequencies and assessment of a novel therapeutic approach.* J Exp Clin Cancer Res，2009. **28**：p. 51.

［49］Kim，E. H.，et al.，*Tumor treating fields inhibit glioblastoma cell migration，invasion and angiogenesis.* Oncotarget，2016. **7**（40）：p. 65125-65136.

［50］De Bonis，P.，et al.，*Electric fields for the treatment of glioblastoma.* Expert Rev Neurother，2012. **12**（10）：p. 1181-1184.

[51] Rulseh，A. M.，et al.，*Long-term survival of patients suffering from glioblastoma multiforme treated with tumor-treating fields.* World J Surg Oncol，2012. **10**：p. 220.

[52] Salvatore，J. R.，J. Harrington，and T. Kummet，*Phase I clinical study of a static magnetic field combined with anti-neoplastic chemotherapy in the treatment of human malignancy：initial safety and toxicity data.* Bioelectromagnetics，2003. **24**（7）：p. 524-527.

[53] Ronchetto，F.，et al.，*Extremely low frequency-modulated static magnetic fields to treat cancer：A pilot study on patients with advanced neoplasm to assess safety and acute toxicity.* Bioelectromagnetics，2004. **25**（8）：p. 563-571.

[54] Zhou，W.，*Application and review of magnetic field treatment for cancer.* J Magn Mater Devices，2000. **31**（4）：p. 32-34.

[55] Wang，T.，et al.，*Involvement of midkine expression in the inhibitory effects of low frequency magnetic fields on cancer cells.* Bioelectromagnetics，2011. **32**（6）：p. 443-452.

[56] Sun，C.，et al.，*A pilot study of extremely low-frequency magnetic fields in advanced non-small cell lung cancer：Effects on survival and palliation of general symptoms.* Oncol Lett，2012. **4**（5）：p. 1130-1134.

[57] Nie，Y.，et al.，*Low frequency magnetic fields enhance antitumor immune response against mouse H22 hepatocellular carcinoma.* PLoS One，2013. **8**（11）：p. e72411.

[58] Nie，Y.，et al.，*Effect of low frequency magnetic fields on melanoma：Tumor inhibition and immune modulation.* BMC Cancer，2013. **13**：p. 582.

第 7 章
稳态磁场用于磁疗的前景、困难和机遇①

本章概述了电磁场（EMF）用于人类疾病治疗的应用前景，并将特别关注于稳态磁场（SMFs）在疾病治疗中的应用前景。所提供的信息涵盖了被广泛质疑的"磁疗"的潜在基础——在一定程度上是基于过去两个世纪（甚至更长时间）的从业者夸夸其谈。另外，令人信服的科学基础能够推动新的努力，从而使磁疗从一个倍受质疑的医学治疗机遇转变为主流医学。本章的目的是对一些特定的非全面的人类疾病的实例进行总结，从目前的信息看来这些疾病将有望从磁疗中获益。

7.1 引　言

涉及电磁场（EMF）的治疗方法可以追溯到磁和电的最初使用和探索。据民间传闻，不随时间变化的磁场［即稳态磁场（SMF）］疗法可以追溯到两到三千年前（大概是公元前一千年左右[1]），也就是当"磁石"被认为有能力从人体中"吸走"疾病的时候[2,3]。16 世纪早期，瑞士医生 Paracelsus 就用磁铁成功治疗了癫痫、腹泻和出血；18 世纪中期，一位奥地利医生 Franz Mesmer 在巴黎开了一家治疗沙龙，以治疗身体天生具有的"动物磁性"的不利作用[1]。随着电作为能源的出现，电磁场被添加到治疗系统中，并且早在 19 世纪中期就被用于辅助骨愈合，而且在 20 世纪 70 年代已经有确切的文献报告验证了其有效性[4,5]。

自第二次世界大战以来，磁场疗法（在本章中一般称为"磁疗"）尽管在不同国家被接受的程度参差不齐，但还是在全球范围内蓬勃发展，每年估计有 200 万人接受治疗[6]。磁疗有很多吸引人的特点，包括其相对许多当前治疗方式较低的成本，其（一般）非侵入性以及它比较确定的安全性（当然也有明显的例外，如

---

① 本章原英文版作者为美国约翰霍普金斯大学的 Kevin Yarema 教授，因此本章节中的"笔者"均指 Kevin Yarema 教授。

带有心脏起搏器或胰岛素泵等医疗器械植入物的人）。另外，磁疗长久以来被认为是江湖医术，例如在 19 世纪晚期，撒切尔芝加哥磁疗用品公司（一家邮购公司）声称："如果被正确应用，磁能够治愈所有可治愈的疾病，无论病因"[7]。

现如今，来自某些地方的一些类似的夸张言辞继续掩盖了磁疗的有效科学基础。在某种程度上，磁疗仍保存争议，因为它的反对者和支持者的言论都有些极端化，要么断然否定磁场有益健康的可能性，要么承诺它们是众多疾病的灵丹妙药。然而几乎可以肯定的是事实就存在于这两种极端之间，并且本章的目的就是总结我们对于人类磁疗的已知的、未知的以及需要知道（和解决）的内容，从而推动这一领域向前发展。

7.2 电磁场治疗方式概述

虽然有些武断，Markov 在一个很好的关于磁场对人类健康影响的简介中将EMF 治疗方式分为了五类（一些分类方案则划分为六类）[8]，下面将对此进行简要介绍。

7.2.1 低频正弦波

低频正弦波（LFS）电磁场主要来源于商品化电力输送，在北美地区为 60 Hz，在欧洲和亚洲通常为 50 Hz [8]。LFS 的用途之一是在深部脑刺激中替代高频场来治疗癫痫[9]。另一个潜在应用是治疗癌症[10]；更广泛地说，研究者们正致力于使用不同频率的电磁场来治疗癌症[11]，包括在本书第 6 章中提到的稳态磁场。

7.2.2 脉冲电磁场

脉冲电磁场（PEMF）是具有特定波形和振幅的低频场[8]。Bassett 及其同事在 20 世纪 70 年代就已经将 PEMF 治疗引入临床，他们将特定的两相低频信号用于骨愈合，特别是用于治疗陈旧性骨折[4,5]。尽管仍有研究质疑脉冲电磁场疗法的疗效[12]，经颅磁刺激（注：TMS，在本书第 2 章中也有介绍）设备却已经被美国食品药品监督管理局（FDA）批准用于对化学抗抑郁药没有反应的患者的治疗[13,14]。此外，还有大量的脉冲电磁场设备被打上 FDA 认证的"保健设备"标志销售，但是这些产品都不被允许宣称有治疗疾病的功效[15]。

7.2.3 脉冲射频场

脉冲射频场（PRF）疗法是指每秒以一定速率产生射频振荡的技术，范围为 $1.0 \times 10^{4} \sim 3.0 \times 10^{11}$ Hz。在治疗方面，脉冲射频场可以用来替代自 20 世纪

70 年代以来就一直被用于缓解疼痛而不会造成组织破坏的连续射频（CRF）疗法[16]。这些治疗方法通常利用的频率在 300～750kHz（千赫兹），由导管传送到身体的精确位置。正如前面所提到的，它们主要有两个模式：一个是设计为能够在连续模式下产生深部热量，而另一个是在脉冲（非热）模式下使用短的（如 20ms）高电压脉冲串，随后长时间（如 480ms）的静息期来消散热量；它们可被用于软组织刺激[8]。热脉冲射频场（即连续射频）治疗是通过加温至 60～80℃的温度，提供高电流聚焦于目标组织（如肿瘤或引起心律失常的心脏组织），从而导致局部组织的破坏[16]。

对于非热脉冲射频场是否真的能避免因加热而产生的生物效应，目前仍然存在争议。例如，将温度保持或低于 42℃尽管可以将细胞死亡或组织破坏降到最低，但是仍然可以引发热休克反应。解决这一模棱两可的问题对于全面定义脉冲射频场疗法相关治疗反应的生化机制尤为必要。虽然目前 PRF 的机制（甚至是效果）仍不确定，但它正在被用于越来越多适应症的治疗中，尤其是对于疼痛症状的改善，包括轴性疼痛、神经痛、面部疼痛、腹股沟疼痛和睾丸痛，以及其他各种疼痛症状[16]。

7.2.4 经颅磁/电刺激

经颅磁/电刺激（TMS）涉及将高达 8T 的非常短的磁脉冲应用到大脑的特定区域[8]。在应用 TMS 时，磁场发生器会放置在受试者头部的邻近部位[17]，线圈通过电磁感应在位于其下方的脑部区域产生电流。TMS 可用于诊断大脑和肌肉之间的连接，从而评估多种适应症的损伤，包括中风、多发性硬化、肌肉萎缩性硬化症、运动障碍、运动神经元疾病和损伤[17]。在治疗方面，TMS 已经被用于评估运动障碍、中风、肌肉萎缩性硬化症、多发性硬化症、癫痫、意识障碍、耳鸣、抑郁症、焦虑症、强迫症、精神分裂症、嗜癖/成瘾以及病情转归[18]。在最近的一篇综述中，Lefaucheur 和合作者们总结道，有充分的证据表明，初级运动皮层（M1）的高频（HF）TMS 治疗对侧疼痛的止痛，以及左背外侧前额叶皮层（DLPFC）的 HF-TMS 的抗抑郁，都具有"明确效果"。而右背外侧前额叶皮层的低频（LF）TMS 对于抗抑郁、左背外侧前额叶皮层的高频 TMS 对治疗精神分裂症的阴性症状以及对侧初级运动皮层的低频 TMS 对慢性运动中风都有"可能的疗效"。最后他们还指出，TMS 对很多适应症都"可能有效果"，包括左颞叶皮质的低频 TMS 在耳鸣和幻听中的应用等[18]。

7.2.5 稳态磁场

各种永磁铁的特征之一是产生不随时间变化的——也就是"稳态的/静止

的"磁场；另外，线圈中通的直流电（DC）也会产生稳态磁场[8]。这些被称为"稳态磁场或者静磁场（SMF）"的磁场是本书的主要关注点，对此我们已经在第 1 章中进行了详细描述。在本章中，我们将进一步讨论 SMF 的强度，其中 7.3.1 节将涉及强度为地磁场范围（<0.65 高斯或～65 微高斯）的微弱磁场，7.3.2 节将讨论这些微弱磁场"缺失"的情况（这自然提供了一个令人信服的证据，来说明人类是可以探测到并且（无意识地）对弱磁场产生响应的）；最后 7.3.3 节将提供高达 1T（1 特斯拉或 10000 高斯）的中等强度磁场的治疗应用概述。虽然在磁疗中很少使用高于 1T 的磁场，但是人们在磁共振成像（MRI）过程中却会暴露于这些强度的磁场，但通常不会对健康产生任何明显的影响。

7.2.6　"非治疗用途"电磁场的暴露会引发安全性问题

在过去的一个世纪左右，人类无意地接触"人造"电磁场的行为越来越多。例如，在 19 世纪晚期，金属工业、焊接工艺和某些电气化铁路系统的兴起，让工人甚至是旁观者严重暴露于稳态磁场；1921 年，Drinker 和 Thomson 提出这样一个问题："磁场是否构成了工业危害"，但结论是没有[19]。多年来，随着"电磁场"这一新威胁的出现[20]，如生活在高压电线下或手机的广泛使用，引发了人们对儿童和脑部癌症的担忧，不过经详细的审查后发现并没有关于损害的明确证据。最终，对很多此类研究进行 Meta 分析之后，人们对电磁场暴露是否会对人体健康造成可测量的危害表示怀疑，这有助于建立磁疗的安全性。另外，如果假设这些磁场可能对人类健康没有显著影响，而有关电磁场有害效应的缺乏，也使人们对电磁场是否有可能会产生有益的影响而产生了怀疑；本章的很大一部分就是在直接或间接地讨论这个谬论。

7.3　不同磁场强度的稳态磁场疗法的生物医学效应

7.3.1　广泛使用但并未经许可的低中强度稳态磁场的自制治疗

现有的"磁疗"中最大的一部分属于自制（DIY）一类，在这个类别中，人们使用各种类型的永磁铁来提供"持续开放"的稳态磁场。用互联网快速搜索就会发现这种磁疗的方式被用于治疗各种疾病（笔者是 2017 年 1 月进行的搜索，不过至少最近 20 年以来都是这样）。搜索结果会出现磁性床垫、磁铁嵌入式枕头、磁性鞋垫、磁性背带、腿和胳膊的磁性支持物、磁性手环、磁性手指环和脚趾环等，总结一下，磁铁基本上可以佩戴于身体的任何部位。基于多方面的原因，笔者在这里并没有提及任何具体的网址。首先，任何特定的商业链接都可能很快过时；其次，本书希望能够避免出现对任何特定产品的支持；最后，鼓励感兴趣的读者对"磁疗产品"（或类似的术语）自行搜索。这样的搜索不仅会找出很多出售这些产品的网站，而且会有很多链接来"披露"整个磁疗的概念，讽刺消费者们掉入 10 亿美元的"骗局"（报道所称的 20 年前这些产品的年销售保守估值[21]），也有很多链接乐观地赞同磁疗可以有效地治疗各种疾病，并且还有越来越多的产品被用来治疗宠物！

单凭直觉，许多 DIY 磁疗的尝试很可能是被误导的，而且效果也很微弱。即使他们声称所使用的磁铁是"高质量的"（例如，是由最新的钕合金制成），磁场强度范围为几十到几百高斯（比地球磁场高出 2～3 个数量级），但是关键问题是磁铁本身并不是治疗性的。关于这一点 Markov 也曾经讨论过[6]，他描述了"磁疗法"其实是一种错误的说法。相反，他强调，磁铁的治疗效果来自于它们产生的磁场，以及这些磁场与人体内目标组织或器官的相互作用（注意本章中的"磁疗"即为磁场疗法）。在这方面，值得注意的是磁场强度会随着与永磁铁表面距离的加大而呈指数性衰减（例如，对于数百高斯的磁铁，距离其表面仅几毫米就可以使其磁场强度变化 2 个数量级），因此到达深层组织的磁场强度往往可以忽略不计，而在据称可以被磁疗治疗的许多病症中，这些部位是需要被磁场穿透的。

举一个例子来说明这个陷阱：有研究表明商业性的磁性毯子并不会影响马的血液循环[22]或人的疼痛知觉[23]，这个结果其实是在意料之中的，因为所使用的磁场强度并没有有效地渗透到目标血管和神经所处的深层组织中。更琐碎但仍然很重要的是，如果通过衣服或者包装等包裹在身体周围的磁铁很松，或者在日复一日使用中佩戴不同，就会产生不一致的磁场接触。举个例子，在离 500高斯磁铁的表面仅 1cm 或 2cm 时，磁场强度就有可能只有 1 高斯。因此，在DIY 磁疗中，由于剂量决定了治疗结果的关键参数，往往难以准确地确定[6]。

7.3.2　亚磁场——默认磁疗的依据？

有趣的是，微弱至中等强度稳态磁场对人类健康的影响是被默认为最令人信服的；这个结论是通过观察地磁场强度的磁场缺失所导致的效应得到的。人们已经利用了一个世纪的努力来研究用于保护敏感设备免受磁场影响的材料，如海底电报电缆、电力变压器、阴极射线管和磁卡盒。为了达到所需的屏蔽条件，科学家们已经开发出"软铁合金"，其代表性成分是含有 77％镍、16％铁、5％铜和 2％铬或钼[24]。从本质上说，"软铁合金"是一种高导磁率合金，它本身并不会阻止磁场，而是为磁场线提供了一种路径，使其可以绕过被屏蔽的区域。关于磁场屏蔽的细节在很大程度上已经超出了本章的讨论范围，若想知道更多信息可以查询相关网站（例如磁性屏蔽产品供应商提供的技术文件，如 http://www.magnetic-shield.com/pdf/how_do_magnetic_shields_work.pdf。在这个讨论中，关键的一点是，这些产品可以有效地保护物体不受环境磁场的影响，而为了实际目的，可以将研究对象从背景磁场（一般是地磁场）中隔离出来。地磁场屏蔽后就产生了所谓的"亚磁场"（HFM）。

过去几年中的一系列实验表明，亚磁场在不同物种中（包括人）都有许多生物学和生物医学效应。例如，长期的亚磁场暴露与昆虫[25]、两栖动物（如蝾螈[26]和青蛙[27]）和啮齿类动物（如老鼠[28]）的胚胎畸形有关。另外，在啮齿动物中，HMF 还有其他作用，包括抑制应激诱导的镇痛[29]、去甲肾上腺素的释放减少[30,31]、以及鸟类[32]和果蝇[33]的学习缺陷等。最后，据报道说亚磁场的负面影响已经延伸到人类身上；这些影响往往是从地和从太空飞行中推测出来的，是最令人信服的，因为在那里地磁场的强度可以忽略不计，而人为地将人类保护在人工屏蔽的亚磁场区域一般来说是不现实的。这些研究已经显示出亚磁场对人类的影响包括扰乱昼夜节律[34,35]和削弱认知功能[36]。

对许多物种来说，亚磁场对其一些生物过程普遍存在有害的影响，包括人们仍在猜测但看似合理的现象，这也强化了弱磁场确实具有合理的生物医学相关性的观点。例如，看起来地磁场（GMF）使我们保持健康并促进了人体的正常生理机能。从这些观察中推断，假设缺乏磁场是有害的，那么比地球磁场更强的磁场强度可能会增加并扩展地磁场的有益影响。这与药理学也有相似之处，例如许多天然的"药物"（比如阿司匹林或抗氧化剂白藜芦醇），人们必须要摄取远远超过了自然消耗的量，才能产生医学效果[37]。同样的，也有人提出了这样的观点：人类是在地球磁场强度比如今大一个数量级的情况下进化而来的（地球的磁场在不断减弱，甚至在百万年的时间尺度上极性逆转[38]，这与大规模物种灭绝有关[39]）——为了从磁疗中获得最大利益，更强的磁场应该（甚至是"必须"）被利用起来。

7.3.3　更高场强的磁场对人类健康的影响

7.3.3.1　中等强度稳态磁场治疗

使用强于地磁场强度的磁场对人类治疗的好处（或必要性）促使了人们致力于使用比今天的地磁场更强的稳态磁场。在某些情况下，这些策略涉及在数十至数百毫特斯拉范围内"自制"磁场的应用，但正如上面所讨论的，这些努力可能对需要深入渗透治疗的组织无效。而通常来自欧洲的医疗设备因为能制造出更强的电磁场，已作为另一种选择被市场推广。美国食品药品监督管理局（FDA）批准其作为"一般性保健"[15]项目，而禁止其宣称对任何具体的医学适应症的有效性。

　　在某些情况下，磁疗的支持者们正在寻求更严格的疗效证据。Joe Kirsch-vink 等为了证明人类受到了与医学应用相关的外部磁场的影响，一直在做持续不断的努力（正如第 3 章中详细描述的）[40]。而另一个推进治疗干预的例子是由先进磁力研究所（AMRi）提供的，他们开发出了一个"磁分子能量器"（MME）设备[41]，该设备能够产生 0.3～0.5T 的稳态磁场，在半径 20cm 范围内能够完全穿透人体（图 7.1）。假设磁场感应的"生物传感器"直接位于病变

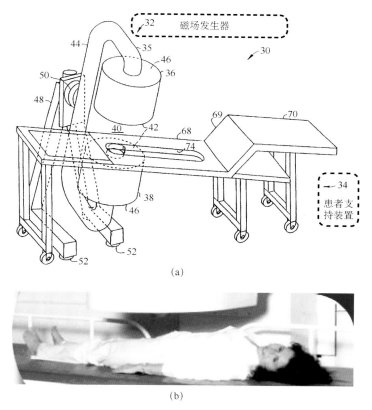

(a)

(b)

图 7.1　"磁分子能量器"（MME）设备以及患者治疗图示

(a) MME（如美国专利文件［41］中所示）由两个主要原件构成：磁场发生器（32）用于产生磁场，患者支持装置（34）用于在磁场中固定患者。其中，磁场发生器由一个磁性电路（35）组成，该磁性电路有一个上电磁铁（36）和一个下电磁铁（38），在它们相邻的极面（42）之间被间隙（40）隔开，并通过一个 C 形核心（或"C 核"）连接在它们的两极上（46）。显示 C 核有一个直径为 8 英寸（20.3cm）的圆形截面。电磁铁与电源并联，以产生同样的磁场。例如，上电磁铁（36）的正极将会面对下电磁铁（38）的负极（反之亦然）。(b) 处于 MME 设备中的患者处于仰卧位；应该注意的是，如果患者想以其他位置接受治疗，例如侧位，磁场发生器装置则可以通过旋转和调整 48、50 和 52 的位置来调整患者的位置

组织或受损组织，那么患者受影响区域则处于磁场中心。双盲临床实验结果显示，该设备似乎有抗腰痛的疗效（临床试验识别号：NCT00325377），并可能改善糖尿病神经病变的症状（临床试验识别号：NCT00134524）。然而这些研究结果却难以解释，因为阳性的治疗结果与安慰剂处理的患者并没有统计学差异，后者也得到了显著性改善（Dean Bonlie，与笔者的个人交流）。这些临床研究展现了在确定磁疗临床疗效过程中的两个反复出现的主题：首先，磁疗在疼痛感知治疗方面（也是这些临床试验的主题）是最有效的；再次，安慰剂的疗效在磁疗中往往也是很显著的，这两点将在7.5.3节中进一步阐述。

7.3.3.2　更高场强的稳态磁场处理

虽然高于1T的强磁场很少被用于磁疗，但是在磁共振成像（MRI）中，人们通常会暴露在1.3T（现在最多是3T）的磁场强度下。截至2016年，有超过1.5亿人接受过MRI检查，其中有1000万人需要每年都接受检查[42]。总的来说，人们认为MRI对健康没有任何明显的影响，不管是有益的还是有害的[43]。由于缺乏明显的反应，因此FDA等监管机构一般认为稳态磁场是安全的[15]。Hartwig等在全面分析了现有关于描述稳态磁场对体外和体内效应的文献后，认为带有1T稳态磁场的MRI仪器通常是无害的[44]，但也有另外一些不确定的报告显示其对急性神经行为（如手眼协调能力的速度、视觉和听觉工作记忆问题）有影响[45]；以及增加MRI工作者的自然流产率（并非统计学显著性的）[44]。值得注意的是，这些研究报道都与MRI工作者有关；毫无疑问，基于这些推测性研究所提出的警告，目前已经加强了相关的安全标准并在继续跟进，只是后续的相关问题还没有被报道。

7.4　三个治疗领域前景

磁疗已经被应用到几乎任何可以想象的人类疾病中。例如，医药网站（http://www.medicinenet.com/script/main/art.asp? articlekey＝22961）总结了用磁场疗法（大部分是通过上面提到的DIY方法）诊断或治疗的病症，包括关节炎、癌症、循环障碍、糖尿病神经病变（神经病变）、纤维肌痛、艾滋病毒/艾滋病、免疫功能紊乱、感染、炎症、失眠、多发性硬化症、肌肉疼痛、神经病变、疼痛、风湿性关节炎、坐骨神经痛、压力以及增加能量和延长寿命。上述AMRi公司利用更高场强的稳态磁场疗法，正在研究其对从脊髓损伤、脑损伤、中风损伤、多发性硬化症、肌肉营养不良、脑瘫、帕金森病、老年痴呆症、充血性心力衰竭到骨关节修复的骨科疾病等各种疾病的治疗。正如之后在7.5节中所述，很多人认为"一刀切"的治疗方法可能对许多适应症都有效是不太可能的，这种质疑在一定程度上也导致了对磁场治疗疗效的怀疑。然而，正如下面讨论的，疼痛的感知、血流量和心血管所受的影响，以及神经系统中细胞所受的影响都为稳态磁场的有益效应提供了令人信服的科学依据，如果能被仔细严格地应用到临床，就会为人类的磁场治疗提供合理的依据（癌症也是一个类似的例子，在本书第 6 章中有详细介绍）。

7.4.1　疼痛感知

大量证据表明，暴露在电磁场中会影响疼痛敏感性（痛觉）和疼痛抑制（镇痛），尤其是急性暴露于各种电磁场会抑制镇痛作用[46]；然而，在一些研究中，由于电磁场的持续时间、强度、频率和重复的差异，实际上却观察到了镇痛效应的增强[46]。虽然许多相关研究涉及不同生物，包括从蜗牛到老鼠再到人类，有的研究使用了时变磁场，但也有大量的证据表明稳态磁场可以影响疼痛感知。在这些发现中，最令人信服的是对亚磁场的研究，在这些研究中，小鼠能够明显地感应到并对周围地磁场的缺失做出反应。其中一项开创性的研究显示，小鼠在曝磁 4～6 天后经历了最大的镇痛反应[29]。后续研究则展现了一种更复杂的双相反应，连续 10 天每天 1 小时的地磁场屏蔽处理中，其疼痛阈值在最初两天内降低，随后在第 5 天急剧上升，而在第 8 天恢复到曝磁前的值[46]。有趣的是，这种反应的动力学大致反映了将在 7.4.3 节中更详细描述的基于体外细胞的中等强度稳态磁场的实验反应[47]。

7.4.2　血液流动/血管形成

在本书第 3 章中已经有过很详细的讨论，磁疗对人类的有益影响通常被认为是改善了血液流动。尽管许多“互联网”的说法都是荒谬的，例如，磁场吸引血液中的铁这一观点是基于人们对血红蛋白是铁磁性的误解；相反，含氧血液中的铁是抗磁性的，这意味着存在着一种真实的但几乎可以忽略的力量来排斥血液；另一方面，脱氧的血液是顺磁性的，这又意味着会有一种几乎可以忽略的力量来吸引血液[48]。不论是哪种方式，这些效应与热运动和血液的环境流动相形见绌（已在第 3 章中详细讨论）。尽管如此，虽然许多相互冲突或包容性的研究结果导致结论不确定，但是有证据表明磁场可以合理地调节人类（或其他哺乳动物）的血液流动。除此之外，其实我们可以将存在的一些“负面”的结果解释为，所使用的磁场的强度不足以深入到目标血管的组织中。例如，上面提到的马的例子[22]，另外一项类似的研究表明 500 高斯（0.05T）的磁场对于健康的年轻男性前臂血流也同样无效[49]；因为在组织内的目标血管的位置上，磁场强度会降低 2～3 个数量级，所以会有这样的结果不足为奇。相比之下，强度高出约 10 倍（4042 高斯或 0.4T）的磁场则影响了接受治疗的手指的血流（有统计学意义）[50]。并且有趣的是，它实际上是减少了血液流动，而这被认为是与治疗有益的目的相悖的。

一组使用了相似磁场强度（0.18～0.25T）的研究也表现出了稳态磁场对兔子血液流动的合理的影响[51-53]。这三项研究均论证了血管扩张的双相反应，在血管收缩时曝磁会增强血管扩张，而当血管扩张时曝磁会增强血管收缩；换句话说，稳态磁场似乎能够维持循环系统的平衡和"正常化"血管功能。另外，在小鼠中也观察到一种概念上相似的归一化效应，经过 4～7 天的持续稳态磁场曝磁后，外科手术造成的血管网络的直径扩张可以被消除[54]。综上所述，这些研究表明，虽然稳态磁场的暴露确实对血流有很有趣的影响，但它很可能不是通过含铁分子（血红蛋白）或细胞（RBCs）本身的磁感应效应来介导的。

相反，磁场对血液流动的治疗效应很可能是通过"非经典"机制（并非在第 3 章中详细讨论的在多种生物中天然存在的三种分子机制：磁铁颗粒、化学磁感应和电磁感应）。这些研究的另一个有趣的特点是需要大于 0.1T（1000 高斯）的场强。正如前面提到的，一种比较简单的解释是较弱的场强不能穿透足够深的组织到达预期作用部位（即血管本身）；另一种解释（同样也在第 3 章中详细讨论过）是 0.2T 或更高的场强能改变脂类的生物物理特性[55]。因此，脂质双分子层的性质（即生物膜）受到的影响可以解释许多在磁疗中观察到的现象。例如，膜的生物物理特性的改变会导致离子通道的变化，并进一步导致离子流的变化，而并非是稳态磁场直接影响了离子运动（例如，通过电磁感应或霍尔效应，有时会被假定来解释磁疗的机制）。类似地，信号通路活性的变化可以通过磁场暴露对细胞膜的生物物理特性的影响来解释，如下面讨论的神经细胞。笔者将在下一节中以本实验室的研究为例来讨论这两个主题。

7.4.3 用于治疗神经系统疾病和神经再生的体外证据

为了找到科学依据来证实利用中等强度磁场（即 0.1～1T）的磁场疗法可能是治疗神经疾病的一种可行方案，我们使用了约 0.25T 的稳态磁场处理 PC12 大鼠肾上腺嗜铬细胞瘤细胞系。PC12 细胞本身能显示出帕金森病（PD）的代谢特征[56,57]，比如拥有多巴胺（DA）合成、代谢和运输的细胞内底物，而且大量表达参与 PD 的腺苷 A_{2A} 受体（如 $A_{2A}R$）[58]。在这些研究中，我们发现稳态磁场的治疗重现了一种 $A_{2A}R$ 选择性拮抗剂 ZM241385 所引发的一些反应；另外，与 ZM241385 类似，暴露于稳态磁场也抵消了由 $A_{2A}R$ 激动剂 CGS21680 加剧的一些 PD 相关的端点[59]。我们通过这些结果提出了一个有趣的假设：稳态磁场可以以一种非侵入性的方式重现出一类有希望的非多巴胺能帕金森病药物（如

ZM241385）所能呈现出的效应；更广泛地说，通过对 $A_{2A}R$ 的调节，稳态磁场具有改善阿尔茨海默病和亨廷顿舞蹈病等其他神经系统疾病的潜力[60]。

　　在笔者实验室的另一项研究中，稳态磁场介导的反应与人类胚胎细胞（hEBD LVEC 细胞系[61]〔已在第 3 章中列出〕）中白介素-6（IL-6）瞬时信号相关联，并可转化为在整个细胞水平上可观察到的变化[47]。在这些细胞中观察到的反应在接触稳态磁场后很快开始，首先在 15～30 分钟内会观察到 IL-6 的 mRNA 的转录增加，然后在接下来的 2～4 天促炎症细胞因子分泌增加。

　　因为 IL-6 可诱导神经干细胞分化为星形胶质细胞[62]，这种类型细胞的增殖会导致疤痕形成而不是再生，这在医学上通常是不需要的，所以我们研究了在 SMF 治疗过程中是否有出现星形胶质细胞的证据。有趣的是，我们并没有观察到与 IL-6 暴露预期的与星形胶质细胞分化（增殖减缓和形态改变）一致的反应；而且星形胶质细胞分化的生化指标也不明显（图 7.2（a））。相反，我们发现了神经元（图 7.2（b））和少突胶质细胞（图 7.2（c）和（d））的标记物则表明稳态磁场调节了其他通路（在这项研究中，稳态磁场曝磁后除了 IL-6 外还有另外 9 种信号通路受到了影响[47]），而事实上这是一种常见的、但通常不需要的 IL-6

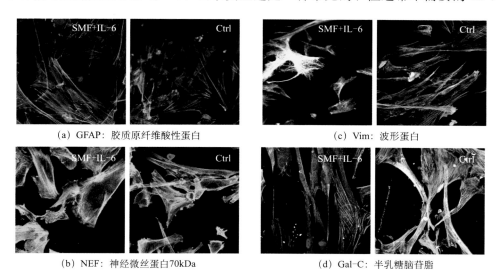

（a）GFAP：胶质原纤维酸性蛋白　　　　　（c）Vim：波形蛋白

（b）NEF：神经微丝蛋白70kDa　　　　　（d）Gal-C：半乳糖脑苷脂

图 7.2　稳态磁场（SMF）处理逆转了 hEBD LVEC（人类胚胎）中的
星形细胞分化（改编自文献［47］）

在这些研究中，细胞用 4.0ng/ml IL-6 和稳态磁场处理（对照细胞不经过任何处理），单层细胞分别用俄勒冈绿色 488 标记的 phalloidin 来标记（纤维状）肌动蛋白，DAPI（蓝色）标记细胞核，以及红色来标记下列标签之一。（a）对照组和处理组都未检测到 GFAP 星形细胞标记物（IL-6 单独处理引起上调，未显示）。神经元标记物（b）和前胶质细胞表达标记物（c）Vim 以及（d）Gal-C 分别联合了 IL-6 和稳态磁场处理（图像经过激光共聚焦获得，所有照片均采取相同的曝光设置）

的促炎性反应。最后，如果 SMF 治疗能够促使体内少突胶质细胞的形成而不伴随星形胶质细胞的增加，那么这种能力可能被用于与少突胶质细胞疾病有关的多发性硬化（MS）的非侵入性治疗。

7.5 稳态磁场的临床研究面临的困难和磁疗的接纳

7.5.1 夸大和模棱两可的言论 vs 完全反对磁疗

即使是长期使用药物，想要精确地将治疗参数与各种病理适应症相匹配仍然是一项艰巨的任务。例如，人类花费了一个世纪的时间才明白如何充分地把阿司匹林作为一种药物来利用；然而事实上，我们对这种药物的某些方面仍然知之甚少。例如，在药理层面上，目前仍未阐明对阿司匹林的酯酶加工的需求[63]。然而科学家们目前已经知道了很多阿司匹林新的药效，包括在短时间间隔内服用高剂量的阿司匹林有抗炎和镇痛效果，而持续服用低剂量的阿司匹林会降低患心血管疾病的风险。另外，没有证据表明阿司匹林对许多其他病症例如胰腺癌或阿尔茨海默病等神经系统疾病有效。这里再次使用阿司匹林作为例子来说明磁场治疗所需要面对的困难和吸取的教训。就像阿司匹林一样，如果对一个错误的医疗适应症进行测试，或者使用了错误的剂量或持续时间，那么将很容易呈现出无效的结论，但这并不意味着它对其他疾病没有任何益处。同样地，如果某种治疗方式对某种疾病没有效果，磁场疗法也不应被认为是无效的；事实上与之相反，仔细研究那些不起作用的条件，可能对指导治疗疾病以及其他磁疗起作用的疾病非常有帮助。

不幸的是，正如 10 年前的一篇囊括 50 多项研究结果的综述所描述的[64,65]，磁疗的效力一直模棱两可，这在很大程度上归因于研究设计的缺陷。在这些研究中，只有两项提供了足够详细的实验方案来真正重复实验；虽然最近还没有一份系统化的研究报告，但从过去 10 年的文献中可以看出，报道中实验条件不完全的问题一直持续到了今天。正如 Markov 非常严肃强调的，在磁场治疗的各种参数明确之前——从一个非常基本的术语水平开始去解决"磁疗法"和"磁场疗法"之间的语义差异（即磁铁本身没有治疗作用但是它们产生的磁场则可以）造成的混乱——磁疗往往被边缘化，并没有被主流科学和医学界完全接受[6]。事实上，Markov（和他的同事们）在至少 20 年的时间里一直在试图对这些问题进行研究，而且在这种情况下，提出了一组必须考虑和明确定义的参数，这些将在 7.5.2 节中进一步讨论。

7.5.2　磁疗中需要控制的参数

市售的电磁场（EMF）设备多种多样——它们通常表现不佳并且有时被冠以不准确的强度规格——使得人们很难比较各项研究中使用的特定设备的物理和工程特性，从而对临床医疗分析造成了巨大的障碍。Markov 概述了一组必须控制的参数，进行了定义（并报道!），以便能够评估磁疗法的结果[6]。这些参数包括：

- 磁场类型
- 磁场强度或磁感应强度
- 空间梯度（dB/dx）
- 位置
- 曝磁时间
- 穿透深度
- 场强变化速率的变化（dB/dt）
- 频率
- 脉冲形状
- 组成（电或磁）
- 稳态磁场治疗的吸引力在于后四个参数（用斜体表示的）并不需要，因此简化了对这种治疗方式的评估，并且在理论上增加了研究的可重复性。

7.5.3　安慰剂效应

正如前面提到的，疼痛反应是唯一的医疗效果，而 10 年前 Del Seppia 及同事们在综述中总结的大量研究结果也显示磁场的治疗效果毫无疑问是有益的[46]。目前，很多相关研究均在动物体内完成，其中多为啮齿类动物，这些研究可能没有安慰剂效应，但在人类中的研究，安慰剂的效应是不能被轻易忽视的。事实上，在确定磁场治疗好处方面存在困难的部分原因是设计了安慰剂效应实验。例如，1978 年的一项研究描述了"极端聪明的人在无意中使用了微妙的辅助线索发展出令人印象深刻的磁场探测记录"[20]。当然，在很多情况下，受试者即使不是"极端聪明"，也很容易弄清楚他们是否属于一项研究的安慰剂对照组，因为真正的磁铁具有可以吸引像回形针这类松散的具有磁敏感性物体的偏好。

而如之前所讨论的，证据表明强度至少为 0.2T 的具有深穿透力的稳态磁场才能够影响膜的生物物理特性[55]，这也表明了人类在细胞水平上的治疗反应[47,59]。以一种深入穿透的方式将磁场传递到人体内特定组织中的一个可行的方法是使用电子线圈来产生所需的中等强度（如 0.3~0.5T）的磁场。MME 设备（图 7.1）就属于该类仪器，它是由 AMRi 公司开发制造的[41]，在患者的上方和下方需要 7 英里①的铜线圈（整个装置的高度接近两层）。从理论上来说，在日常生活中使用自制形式的可穿戴性磁铁（如吸引或不吸引松散的回形针）来进行可控临床试验的缺陷，往往可以通过严格监测治疗环境来避免；然而在实际操作中，产生稳态磁场的电流在通过设备运行时会发出一种可感知的嗡嗡声，使得人们很明显地知道是否正在进行实际的治疗。因此，双盲临床研究（临床识别号：NCT00325377 和 NCT00134524）使其对照组受试者也接受 MME 设备的噪声。有趣的是——或者不出所料——在这些研究中观察到了明显的安慰剂效应，可以解释为对照组受试者相信自己也在接收真正的稳态磁场治疗。

安慰剂效应显示，安慰治疗并不等同于不治疗。事实证明，假治疗（sham-treated）组受试者的低段背部疼痛和糖尿病性神经病变等长期症状，传统治疗方法对其不起作用，但是在假治疗之后，像磁场治疗组受试者一样，症状得到了改善。简单地说，安慰剂效应依赖于对治疗效果的信念；事实上，有人已提出了相反的"反安慰剂"效应，指的是一个对治疗没有信念的人可能会出现症状恶化[66]。值得注意的是，"信念"是一个相当模糊的概念，但在理论上可以通过由大脑控制的阿片类神经递质转化为生理调节。

安慰剂效应可以说是强大的，如果试图客观地衡量它对医学干预的贡献的话，从总体来说大概是药物效应的 30%~40%。安慰剂效应的影响在治疗方式和不同的疾病中有所不同，其中对急性上呼吸道感染患者的镇咳药效果的反应尤为强烈。在这些患者中，85% 的咳嗽减少与安慰剂效应有关，只有 15% 的人对药物有实际的生理效应[67]。看起来安慰剂效应在稳态磁场治疗中也同样普遍存在和有影响，并且对于磁疗的这一方面，我们从精神病学中学到的一课[68]是我们应该考虑去接受而不是感到尴尬。

7.6 结 论

本章描述了各种不同的电磁治疗模式，其中主要关注的是稳态磁场。到目前为止，这种治疗方式在表现出希望的同时也在被贬低，其中部分原因是其从业者的夸张宣扬。因此，当患者接受磁疗治疗时，需要严格的指导方案以维持"质量控制"，以严格地建立针对特定医学适应症的疗效，包括本章中提到和描

---

① 英里，非法定单位，1 英里＝1.609344 千米。

述的几项（例如 7.4 节中的疼痛的感知和管理，血流和血管形成以及神经再生；还有本书第 6 章中的提到的癌症）。

参 考 文 献

［1］ Mourino，M. R.，*From thales to lauterbur，or from the lodestone to MR imaging：Magnetism and medicine*. Radiology，1991. **180**（3）：p. 593-612.

［2］ Palermo，E.，*Does magnetic therapy work？* in *Live Science*. 2015，Online entry：http：//www. livescience. com/40174-magnetic-therapy. html.

［3］ Zyss，T.，*Magnetotherapy*. Neuro Endocrinol Lett，2008. **29**（Suppl 1）：p. 161-201.

［4］ Bassett，C. A.，R. J. Pawluk，and A. A. Pilla，*Acceleration of fracture repair by electromagnetic fields. A surgically noninvasive method*. Ann N Y Acad Sci，1974. **238**：p. 242-262.

［5］ Bassett，C. A.，R. J. Pawluk，and A. A. Pilla，*Augmentation of bone repair by inductively coupled electromagnetic fields*. Science，1974. **184**（4136）：p. 575-577.

［6］ Markov，M. S.，*What need to be known about the therapy with static magnetic fields*. Environmentalist.，2009. **29**：p. 169-176.

［7］ Macklis，R. M.，*Magnetic healing，quackery，and the debate about the health effects of electromagnetic fields*. Ann Intern Med，1993. **118**（5）：p. 376-383.

［8］ Markov，M. S.，*Electromagnetic fields and life*. J Electr Electron Syst，2014. **3**：p. Article 119.

［9］ Goodman，J. H.，R. E. Berger，and T. K. Tcheng，*Preemptive low-frequency stimulation decreases the incidence of amygdala-kindled seizures*. Epilepsia，2005. **46**（1）：p. 1-7.

［10］ Blackman，C. F.，*Treating cancer with amplitude-modulated electromagnetic fields：A potential paradigm shift，again？* Br J Cancer，2012. **106**（2）：p. 241-242.

［11］ Zimmerman，J. W.，et al.，*Cancer cell proliferation is inhibited by specific modulation frequencies*. Br J Cancer，2012. **2012**：p. 307-313.

［12］ Rose，. R. E. C.，et al.，*Is there still a role for pulsed electromagnetic field in the treatment of delayed unions and nonunions*. J Orthop Surg Res，2008. **10**：doi：10. 5580/e5574.

［13］ *Anonymous Guidance for industry and FDA staff—class II special controls guidance document：repetitive transcranial magnetic stimulation（rTMS）systems*.，U. S. F. a. D. Administration.，Editor. 2011：http：//www. fda. gov/MedicalDevices/DeviceRegulation-andGuidance/GuidanceDocuments/ucm265269. htm. p. Document number 1728.

［14］ Martiny，K.，M. Lunde，and P. Bech，*Transcranial low voltage pulsed electromagnetic fields in patients with treatment-resistant depression*. Biol Psychiatry，2010. **68**（2）：p. 163-169.

［15］Anonymous general wellness：Policy for low risk devices—guidance for industry and Food and drug administration staff., U. S. F. a. D. Administration., Editor. 2015：http：//www. fda. gov/downloads/medicaldevices/deviceregulationandguidance/guidancedocuments/ucm429674. pdf.

［16］Byrd，D. and S. Mackey, Pulsed radiofrequency for chronic pain. Curr Pain Headache Rep，2008. **12**（1）：p. 37-41.

［17］Groppa，S.，et al.，A practical guide to diagnostic transcranial magnetic stimulation：Report of an IFCN committee. Clin Neurophysiol，2012. **123**（5）：p. 858-882.

［18］Lefaucheur，J. P.，et al.，Evidence-based guidelines on the therapeutic use of repetitive transcranial magnetic stimulation（rTMS）. Clin Neurophysiol，2014. **125**：p. 2150-2206.

［19］Hartwig，V.，et al.，Biological effects and safety in magnetic resonance imaging：A review. Int J Environ Res Public Health，2009. **6**（6）：p. 1778-1798.

［20］Tucker，R. D. and O. H. Schmitt, Tests for human perception of 60 Hz moderate strength magnetic fields. IEEE Trans Biomed Eng，1978. **25**（6）：p. 509-518.

［21］Wintraub，M.，Magnetic biostimulation in painful peripheral neuropathy：A novel intervention—a randomized，double-placebo crossover study. Am J Pain Manage，1999. **9**：p. 8-17.

［22］Steyn，P. F.，et al.，Effect of a static magnetic field on blood flow to the metacarpus in horses. J Am Vet Med Assoc，2000. **217**（6）：p. 874-877.

［23］Kuipers，N. T.，C. L. Sauder，and C. A. Ray, Influence of static magnetic fields on pain perception and sympathetic nerve activity in humans. J Appl Physiol（1985），2007. **102**（4）：p. 1410-1415.

［24］DC.，J.，Introduction to Magnetism and Magnetic Materials. 2nd ed. 1998：Boca Raton：CRC Press.

［25］Wan，G. J.，et al.，Bio-effects of near-zero magnetic fields on the growth，development and reproduction of small brown planthopper，laodelphax striatellus and brown planthopper，Nilaparvata lugens. J Insect Physiol，2014. **68**：p. 7-15.

［26］Asashima M，S. K.，Pfeiffer CJ.，Magnetic shielding induces early developmental abnormalities in the newt，cynopspyrrhogaster. Bioelectromagnetics，1991. **12**：p. 215-224.

［27］Mo，W. C.，et al.，Altered development of Xenopus embryos in a hypogeomagnetic field. Bioelectromagnetics，2012. **33**（3）：p. 238-246.

［28］Fesenko，E. E.，et al.，Effect of the "zero" magnetic field on early embryogenesis in mice. Electromagn Biol Med，2010. **29**：p. 1-8.

［29］Prato，F. S.，et al.，Daily repeated magnetic field shielding induces analgesia in CD-1 mice. Bioelectromagnetics，2005. **26**（2）：p. 109-117.

［30］Choleris E，D. S. C.，Thomas AW，Luschi P，Ghione G，Moran GR，Prato FS.，Shielding，but not zeroing of the ambient magnetic field reduces stress-induced analgesia *in mice*. Proc Biol Sci. ，2002. **269**：p. 193-201.

［31］Zhang，X.，et al.，*Effects of hypomagnetic field on noradrenergic activities in the brainstem of golden hamster*. Bioelectromagnetics，2007. **28**（2）：p. 155-158.

［32］Xu，M. L.，et al.，*Long-term memory was impaired in one-trial passive avoidance task of day-old chicks hatching from hypomagnetic field space*. Chin Sci Bull.，2003. **48**：p. 2454-2457.

［33］Zhang，B.，et al.，*Exposure to hypomagnetic field space for multiple generations causes amnesia in Drosophila melanogaster*. Neurosci Lett，2004. **371**（2-3）：p. 190-195.

［34］Bliss，V. L. and F. H. Heppner，*Circadian activity rhythm influenced by near zero magnetic field*. Nature，1976. **261**（5559）：p. 411-412.

［35］Wever，R.，*The effects of electric fields on circadian rhythmicity in men*. Life Sci Space Res.，1970. **8**：p. 177-187.

［36］Binhi，V. N. and R. M. Sarimov，*Zero magnetic field effect observed in human cognitive processes*. Electromagn Biol Med，2009. **28**（3）：p. 310-315.

［37］Scott，E.，et al.，*Resveratrol*. Mol Nutr Food Res.，2012. **56**：p. 7-13.

［38］Mori，N.，et al.，*Domino model for geomagnetic field reversals*. Phys Rev E Stat Nonlin Soft Matter Phys，2013. **87**（1）：p. 012108.

［39］Lipowski，A. and D. Lipowska，*Long-term evolution of an ecosystem with spontaneous periodicity of mass extinctions*. Theory Biosci，2006. **125**（1）：p. 67-77.

［40］Hand，E.，*What and where are the body's magnetometers?* Science，2016. **352**：p. 1510-1511.

［41］DR.，B.，*Treatment using oriented unidirectional DC magnetic field*. 2001：United States. p. 317.

［42］*Anonymous information for patients. International Society for Magnetic Resonance in Medicine*. Available online 2016.

［43］Schenck，J. F.，*Safety of strong，static magnetic fields*. J Magn Reson Imaging，2000. **12**（1）：p. 2-19.

［44］De Vocht，F.，et al.，*Acute neurobehavioral effects of exposure to static magnetic fields: analyses of exposure-response relations*. J Magn Reson Imaging.，2006. **23**：p. 291-297.

［45］Evans，J. A.，et al.，*Infertility and pregnancy outcome among magnetic resonance imaging workers*. J Occup Med.，1993. **35**：p. 1191-1195.

［46］Del Seppia，C.，et al.，*Pain perception and electromagnetic fields*. Neurosci Biobehav Rev，2007. **31**（4）：p. 619-642.

［47］Wang，Z.，et al.，*Moderate strength（0. 23-0. 28 T）static magnetic fields（SMF）modulate signaling and differentiation in human embryonic cells*. BMC Genomics，2009. **4**：p. 356.

[48] Zborowski，M.，et al.，*Red blood cell magnetophoresis*. Biophys J，2003. **84**（4）：p. 2638-2645.

[49] Martel，G. F.，S. C. Andrews，and C. G. Roseboom，*Comparison of static and placebo magnets on resting forearm blood flow in young，healthy men*. J Orthop Sports Phys Ther，2002. **32**（10）：p. 518-524.

[50] Mayrovitz，H. N.，et al，*Effects of a static magnetic field of either polarity on skin microcirculation*. Microvasc Res.，2005. **69**：p. 24-27.

[51] Gmitrov，J.，C. Ohkubo，and H. Okano，*Effect of 0. 25 T static magnetic field on microcirculation in rabbits*. Bioelectromagnetics，2002. **23**（3）：p. 224-229.

[52] Okano，H. and C. Ohkubo，*Modulatory effects of static magnetic fields on blood pressure in rabbits*. Bioelectromagnetics，2001. **22**（6）：p. 408-418.

[53] Xu，S.，H. Okano，and C. Ohkubo，*Subchronic effects of static magnetic fields on cutaneous microcirculation in rabbits*. In Vivo，1998. **12**（4）：p. 383-389.

[54] Morris，C. E. and T. C. Skalak，*Chronic static magnetic field exposure alters microvessel enlargement resulting from surgical intervention*. J Appl Physiol（1985），2007. **103**（2）：p. 629-636.

[55] Braganza，L. F.，et al.，*The superdiamagnetic effect of magnetic fields on one and two component multilamellar liposomes*. Biochim Biophys Acta，1984. **801**（1）：p. 66-75.

[56] Blum，D.，et al.，*Extracellular toxicity of 6-hydroxydopamine on PC12 cells*. Neurosci Lett，2000. **283**（3）：p. 193-196.

[57] Meng，H.，et al.，*Effects of Ginkgolide B on 6-OHDA-induced apoptosis and calcium over load in cultured PC12*. Int J Dev Neurosci，2007. **25**（8）：p. 509-514.

[58] Kobayashi，S.，et al.，*Adenosine modulates hypoxia-induced responses in rat PC12 cells via the A2A receptor*. J Physiol，1998. **508**（Pt 1）：p. 95-107.

[59] Wang，Z.，et al.，*Static magnetic field exposure reproduces cellular effects of the Parkinson's disease drug candidate ZM241385*. PLoS One，2010. **5**（11）：p. e13883.

[60] Takahashi，R. N.，F. A. Pamplona，and R. D. Prediger，*Adenosine receptor antagonists for cognitive dysfunction：A review of animal studies*. Front Biosci，2008. **13**：p. 2614-2632.

[61] Shamblott，M. J.，et al.，*Human embryonic germ cell derivatives express a broad range of developmentally distinct markers and proliferate extensively in vitro*. Proc Natl Acad Sci U S A，2001. **98**（1）：p. 113-118.

[62] Taga，T. and S. Fukuda，*Role of IL-6 in the neural stem cell differentiation*. Clin Rev Allergy Immunol，2006. **28**（3）：p. 249-256.

[63] Lavis，L. D.，*Ester bonds in prodrugs*. ACS Chem Biol，2008. **3**（4）：p. 203-206.

[64] Colbert，A. P.，M. S. Markov，and J. S. Souder，*Static magnetic field therapy：Dosimetry considerations*. J Altern Complement Med，2007. **14**（5）：p. 577-582.

［65］Colbert，A.，et al.，*Static magnetic field therapy：Methodological challenges to conducting clinical trials*. Environmentalist.，2009. **29**：p. 177-185.

［66］Kennedy，W. P.，*The nocebo reaction*. Med World，1961. **95**：p. 203-205.

［67］Eccles，R.，*The powerful placebo in cough studies?* Pulm Pharmacol Ther，2002. **15**（3）：p. 303-308.

［68］J.，H.，*Psychiatrists，instead of being embarrassed by placebo effect，should embrace it，author says .，*in *Scientific American*. 2013，Cross-Check：https：//blogs. scientificamerican. com/cross-check/psychiatrists-instead-of-being-embarrassed-by-placebo-effect-should-embrace-it-author-says/.

名 词 索 引